中等职业学校以工作过程为导向课程改革实验项目
电气运行与控制专业核心课程系列教材

U0277243

电子装置组装与调试

李凤玲　主　编
王建立　主　审

机械工业出版社

本书是北京市教育委员会实施的"北京市中等职业学校以工作过程为导向课程改革实验项目"电气运行与控制专业核心课程系列教材之一，依据北京市教育委员会与北京市教育科学研究所组织编写的"北京市中等职业学校以工作过程为导向课程改革实验项目"电气运行与控制专业教学指导方案、电子装置与调试课程标准，并参照相关国家职业标准和行业职业技能鉴定规范编写而成。

　　本书以项目为载体，分为教材和任务单。教材主要内容包括直流稳压电源的组装与调试、收音机的组装与调试、数字钟的组装与调试三个项目。每个项目由项目描述、项目分析、项目目标、四个任务（四个工作过程）、项目小结（巩固与提高）组成。每个任务由任务描述、任务目标、任务实施（若干个活动）、知识链接、知识评价测试题、应知应会小结、知识拓展组成。

　　本书可作为中等职业学校、技工学校电气运行与控制专业、电气技术专业教材。

　　为了便于教学，本书随书配有任务单，并可通过网络（www.cmpedu.com）免费索取相关数字化资源。

图书在版编目（CIP）数据

电子装置组装与调试/李凤玲主编. —北京：机械工业出版社，2014.9（2021.8 重印）

中等职业学校以工作过程为导向课程改革实验项目　电气运行与控制专业核心课程系列教材

ISBN 978-7-111-47991-8

Ⅰ.①电⋯　Ⅱ.①李⋯　Ⅲ.①电子设备-组装-中等专业学校-教材②电子设备-调试方法-中等专业学校-教材　Ⅳ.①TN

中国版本图书馆 CIP 数据核字（2014）第 214584 号

机械工业出版社（北京市百万庄大街 22 号　邮政编码 100037）

策划编辑：高　倩　责任编辑：高　倩　王　荣　版式设计：霍永明

责任校对：纪　敬　封面设计：路恩中　责任印制：常天培

北京机工印刷厂印刷

2021 年 8 月第 1 版第 2 次印刷

184mm×260mm·19.25 印张·456 千字

标准书号：ISBN 978-7-111-47991-8

定价：49.00 元（含教材、任务单）

电话服务　　　　　　　　　网络服务

客服电话：010-88361066　　机　工　官　网：www.cmpbook.com

　　　　　010-88379833　　机　工　官　博：weibo.com/cmp1952

　　　　　010-68326294　　金　书　网：www.golden-book.com

封底无防伪标均为盗版　　机工教育服务网：www.cmpedu.com

编 写 说 明

为了更好地满足首都经济社会发展对中等职业人才的需求，增强职业教育对经济和社会发展的服务能力，北京市教育委员会在广泛调研的基础上，深入贯彻落实《国务院关于大力发展职业教育的决定》及《北京市人民政府关于大力发展职业教育的决定》文件精神，于2008年启动了"北京市中等职业学校'以工作过程为导向'课程改革实验项目"，旨在探索以工作过程为导向的课程开发模式，构建理论实践一体化、与职业资格标准相融合，具有首都特色、职教特点的中等职业教育课程体系和课程实施、评价及管理的有效途径和方法，不断提高技能型人才培养质量，为北京率先基本实现教育现代化提供优质服务。

历时五年，在北京市教育委员会的领导下，各专业课程改革团队学习、借鉴先进课程理念，校企合作共同建构了对接岗位需求和职业标准，以学生为主体、以综合职业能力培养为核心、理论实践一体化的课程体系，开发了汽车运用与维修等17个专业教学指导方案及其232门专业核心课程标准，并在32所中职学校、41个试点专业进行了改革实践，在课程设计、资源建设、课程实施、学业评价、教学管理等多方面取得了丰富成果。

为了进一步深化和推动课程改革，推广改革成果，北京市教育委员会委托北京教育科学研究院全面负责17个专业核心课程教材的编写及出版工作。北京教育科学研究院组建了教材编写委员会和专家指导组，在专家和出版社编辑的指导下有计划、按步骤、保质量完成教材编写工作。

本套教材在编写过程中，得到了北京市教育委员会领导的大力支持，得到了所有参与课程改革实验项目学校领导和教师的积极参与，得到了企业专家和课程专家的全力帮助，得到了出版社领导和编辑的大力配合，在此一并表示感谢。

希望本套教材能为各中等职业学校推进课程改革提供有益的服务与支撑，也恳请广大教师、专家批评指正，以利进一步完善。

北京教育科学研究院

2013 年 7 月

本书是根据"北京市中等职业学校以工作过程为导向课程实验项目"中电气运行与控制专业"电气装置组装与调试"课程标准编写的。

本课程是电气运行与控制专业的专业核心课程，是根据学生就业岗位的典型职业活动分析整合而成的专业公共课程，具有一定的理论性和较强的实践性。

本课程的主要任务是使学生具备电子技术方面的基础知识，具有查阅手册、正确选用、测试电子元器件的能力，能规范地使用常用工具及电子仪器仪表，进行电子装置的组装与调试，具有阅读一般电子电路图的能力。培养良好的合作、环保意识，为后续专业方向核心课程的学习奠定基础。

本书在编写中基本做到不丢电子技术的基本理论，同时还注重电子产品制作工艺的技能训练。本书具有以下特点：

1. 采用以工作过程为导向的理实一体化编写模式。本书体现"以学生为主体"，"做中学、学中做"的教学模式，以项目为载体，通过项目实施，讲解电子技术基础理论及基本技能。学生不仅学习了电子技术的基本理论知识，还掌握了电子焊接工艺、电子产品整机装配流程。

2. 选择载体：直流稳压电源的组装与调试、收音机的组装与调试、数字钟的组装与调试。三个载体覆盖电子技术基础主要知识，按知识点的难易程度由简单到复杂进行设计和排序。载体具有典型性、完整性、可迁移性和可操作性。

3. 项目包含项目描述、项目分析、项目目标、四个任务（四个工作过程）、项目小结（巩固与提高）。每个项目以工作过程为导向分为四个可实施的任务。每个任务包含任务描述、任务目标、任务实施、知识链接（任务准备）、知识评价测试题、应知应会小结、知识拓展。

4. 注重评价，以评促学。评价方案以任务目标对知识、技能、素质三维要求为依据，包含知识评价、技能评价、素质评价。

5. 为了配合教学，本书配有任务单。任务单既突出知识学习的"写一写"、"画一画"、"记一记"、"算一算"，也突出了技能训练中的识别检测元器件、搭接电路、检测电路参数、焊接、组装及调试等。

文字通俗易懂，版面图文并茂，以提高学生的学习兴趣，便于学生自主学习。

本书设计的教学时数为80课时，稍显局促，可在三个项目中选择项目一和项目三，各40学时即可。若学校教学计划课时充裕，建议将教学时数调整到130课时。各项目课时分配参考如下：

序　　号	项目名称	建议课时
一	直流稳压电源的组装与调试（必修）	50
二	收音机的组装与调试（选修）	30
三	数字钟的组装与调试（必修）	50

前言

　　本书由北京铁路电气化学校电子与信号教研室教师联合编写。全书由李凤玲任主编并统稿，由冷丽娟、徐宝平任副主编。王廷华、郝华、邱忠生参编。由王建立任主审。本书的编写过程得到了北京铁路电气化学校电气运行与控制专业教材编委会的帮助和北京市中等职业学校工作过程导向课程教材编写委员会专家的大力支持，在此向他们表示感谢。

　　鉴于编者水平有限，教材中错误及不妥之处在所难免，请读者批评指正，以便进一步完善。

编　者

CONTENTS 目录

目录 CONTENTS

CONTENTS 目录

项目一
直流稳压电源的组装与调试

※项目描述※

在生产和科研中常需要直流稳压电源，例如电解、电镀、电子计算机、电子测量仪器、自动控制装置等；在日常生活中，也有多种电子设备要求稳定的直流电源供电，例如便携式计算机、电子琴、复读机、手机等。这些设备所需要的直流电源的形式、复杂程度千差万别，但通常都是由交流电经过整流得到的。直流稳压电源被广泛应用于多个领域的各种电子设备中，成为最常见的电子技术应用范例。如图1-1所示为常见的直流稳压电源。

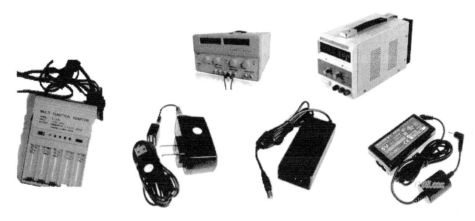

图1-1　常见的直流稳压电源

直流稳压电源项目包含稳压电源和充电器两部分：稳压电源的输出电压常见的有直流3V、5V、6V、9V、12V、24V等，也有的稳压电源的输出直流电压是可以调整的，可做收音机、收录机外接电源；充电器可对5号、7号电池恒流充电，它的功能和参数如下：输入电压为交流220V，输出电压为直流3V、6V，最大输出电流为500mA，普通充电时的输出电流为50~70mA，快速充电时的输出电流为110~180mA。稳压电源和充电器可同时使用，但二者电流之和不允许超过500mA。

※项目分析※

一个完整的直流稳压电源包含电源变压器、整流电路、滤波电路、稳压电路四个基本部分，实际应用电路还有保护电路等。

电源变压器的作用是将交流电源的电压大小加以改变，为整流电路提供大小合适的交流输入电压及实现交流电网与整流电路之间的电隔离（可减小电网与电路间的电干扰和故障影响）；整流电路的作用是将交流电压变换为脉动的直流电压，利用二极管的单向导电性实现整流；滤波电路的作用是降低直流电压的脉动程度，使之趋向平滑，利用储能元器件电容、电感实现滤波；考虑电网电压的波动或负载变化会引起输出电压的变化，所以需加入稳压电路，其作用是通过电路的自动调节使输出电压保持基本恒定，多使用集成三端稳压器实现稳压。如图1-2所示为直流稳压电源的组成。

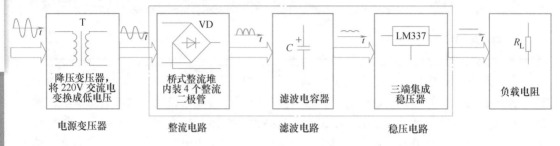

图1-2　直流稳压电源组成

直流稳压电源的组装与调试过程如图1-3所示。

图1-3　直流稳压电源的组装与调试过程

※项目目标※

1. 了解直流稳压电源的组成，了解其工作原理。
2. 认识构成直流稳压电源的电子元器件特性、符号、参数。
3. 根据直流稳压电源的技术指标，会选择合适的电子元器件。
4. 熟练使用万用表检测常用元器件、检测电路中主要部位的电压。
5. 能看懂电路原理图、装配图，了解电子产品制作的基本过程。
6. 学会电子焊接技术，能按装配图焊接电子元器件，且操作规范。
7. 会调试电路，能排查常见故障，会使用示波器观测波形。
8. 通过制作直流稳压电源，对模拟电子技术基础有基本的认知。
9. 培养考虑成本、产品质量和节能环保的意识。
10. 学会查阅资料、自主学习，能养成认真、踏实的做事态度，能够团结协作。

任务一　识别检测电子元器件

※任务描述※

本任务是识别和检测直流稳压电源套件的电子元器件，该套件中有整流二极管、发光二极管及晶体管，它们的型号为：整流二极管1N4001，单色发光二极管（红色、绿色），晶体管9013、8050、8550。

 应用实例

电子元器件是构成电子设备的主要部件。图1-4所示为分立元器件构成的直流稳压电源成型电路板，可看出电路板上焊接的元器件有二极管、发光二极管、晶体管、开关、电阻、电解电容等。因此，制作直流稳压电源应从识别和检测电子元器件开始。

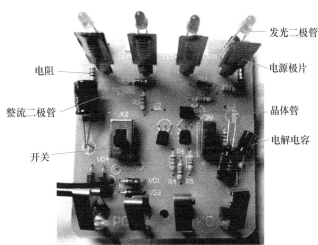

图1-4　直流稳压电源成型电路板

※任务目标※

知识目标：

1. 掌握二极管的结构、符号，理解单向导电性，了解其分类、型号、应用、参数及检测方法。

2. 掌握稳压二极管的符号、特性，了解其应用、参数及检测方法。

3. 掌握发光二极管的符号、特性，了解其分类、应用、参数及检测方法。

4. 掌握光敏二极管的符号、特性，了解其应用及检测方法。

5. 掌握晶体管的结构、符号，理解电流放大特性，了解其分类、应用、参数及检测方法。

能力目标：

1. 能从外形识别二极管、稳压二极管、发光二极管、晶体管等常用电子元器件。

2. 能熟练地使用万用表检测二极管、稳压二极管、发光二极管、晶体管。

3. 会查阅电子元器件手册，会筛选电子元器件。

素质目标：

1. 通过识别及检测电子元器件，培养学生规范使用万用表、规范检测元器件的操作习惯。

2. 养成遵守劳动纪律，安全操作的意识。

3. 培养学生爱岗敬业、热情主动的工作态度。

4. 养成工作整洁、有序，爱护仪器设备的良好习惯，培养5S（起源于日本，指整理、整顿、清扫、清洁、素养，其日文的罗马拼音首字母均为S，因此简称为5S）意识。

※任务实施※

活动一　识别检测二极管

※应知应会※

1. 掌握整流二极管、稳压二极管、发光二极管的符号、特性、参数。
2. 能通过外形识别整流二极管、稳压二极管、发光二极管。
3. 会用万用表检测整流二极管、稳压二极管、发光二极管。

※工作准备※

设备与材料（见图1-5）：整流二极管、稳压二极管、发光二极管各两个；电阻、电容、变压器、开关等若干；指针式万用表一块。

图1-5　设备与材料

※知识链接※

一、半导体的基本知识

 读一读：半导体的特性，P型半导体、N型半导体、PN结的特性。

1. 半导体的主要特性

自然界的物质按导电能力强弱可分为导体、绝缘体和半导体三大类。导电能力介于导体与绝缘体之间的物质为半导体，常用的半导体材料有硅（Si）、锗（Ge）等。

半导体被广泛应用，并不是由于其导电能力介于导体和绝缘体之间，而是它具有独特的性质：

（1）光敏性　半导体受到外界光照激发，其导电能力会大大的增强，利用该特性可以制作光敏电阻、光敏二极管、光敏晶体管等元器件，常用于自动控制系统中。

（2）**热敏性** 半导体受到外界热辐射的激发，其导电能力会大大的增强，利用该特性可以制作热敏元器件，常用于自动控制系统中。

（3）**掺杂性** 在纯净的半导体中掺入微量杂质元素，半导体的导电能力就会大大的增强，利用该特性可以制作二极管、晶体管、场效应晶体管等多种半导体器件。

半导体之所以具有以上特性的根本原因在于半导体的特殊结构及其导电特性。在半导体中，原子结构比较特殊，原子是有规律地整齐有序地排列成晶体。研究发现，在半导体里有两种载流子，带正电的叫空穴，带负电的叫自由电子，因此，半导体中参与导电的载流子有两种，即空穴和自由电子。

2. P 型半导体和 N 型半导体

在纯净半导体中，虽然有自由电子和空穴两种载流子，但由于数目很少，其导电能力很弱，而且导电能力的强弱也不好控制。在硅、锗半导体中，人为掺入其他元素可得到掺杂半导体。

在纯净半导体中掺入三价硼等元素就形成 P 型半导体。P 型半导体是以空穴导电为主的掺杂半导体，在这种半导体中，空穴为多数载流子（简称多子），电子为少数载流子（简称少子），因此又称为空穴型半导体，如图 1-6a 所示。

在纯净半导体中掺入五价磷等元素就形成 N 型半导体。N 型半导体是以电子导电为主的掺杂半导体，电子为多子，空穴为少子，因此又称为电子型半导体，如图 1-6b 所示。

3. PN 结

使用半导体技术中的扩散工艺，将 P 型半导体和 N 型半导体结合在一起，在其交界面上便会形成一个特殊的薄层，即由正负离子组成的空间电荷区（也称耗尽层），称为 PN 结，如图 1-7 所示。

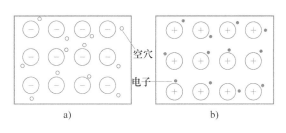

图 1-6 P 型半导体及 N 型半导体

a）P 型半导体 b）N 型半导体

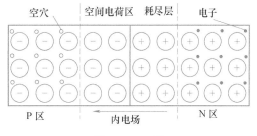

图 1-7 PN 结

PN 结具有单向导电性，即 P 区接电源正极，N 区接电源负极，有电流从 P 区通过 PN 结流向 N 区。这种外加电压称为 PN 结的正向偏置电压，PN 结的工作状态称为正向导通状态。当外加电压 P 区接电源负极，N 区接电源正极时，电路中几乎没有电流。这种外加电压称为 PN 结的反向偏置电压，PN 结的工作状态称为反向截止状态。

二、二极管

 看一看：二极管的外形、结构、符号及特性。

1. 二极管外形、结构及符号

二极管的外形、结构及图形符号如图 1-8 所示。其文字符号为 VD。在 PN 结两端接上电极引线，再加上塑料、金属或其他材料的管壳封装就可以制成二极管。图中正极也称为阳极，负极也称为阴极。在电路符号中箭头的指向为二极管正向导通的电流方向，即在电路中，电流只能从二极管的正极流入，负极流出，二极管内部电流由正极流向负极。

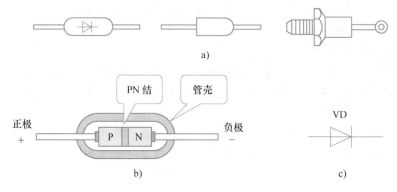

图 1-8　二极管的外形、结构及图形符号

a) 外形　b) 结构　c) 图形符号

二极管品种很多，大小各异，从外观上看较常见的有玻璃壳二极管、塑料壳二极管、金属壳二极管、大功率螺栓状金属壳二极管、片状二极管等；按其材料的不同，可分为锗管和硅管两大类，每一类又分为 N 型和 P 型；按其制造工艺所形成的内部结构不同，可分为点接触式和面接触式两种；按其功能和用途的不同，可分为整流二极管、检波二极管、开关二极管、稳压二极管、发光二极管、光敏二极管和变容二极管等。

2. 二极管的导电实验

二极管具有特别的导电特性，观察图 1-9 所示二极管导电特性。

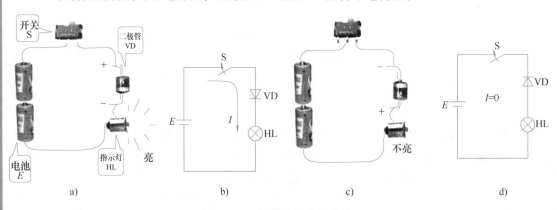

图 1-9　二极管的单向导电性

a) 二极管正向连接实物图　b) 二极管正向连接电路图　c) 二极管反向连接实物图　d) 二极管反向连接电路图

　读一读：二极管的特性、型号、参数。

3. 二极管特性

二极管最重要的特性是单向导电性。在电子电路中，将二极管的正极接在高电位端，负极接在低电位端，二极管就会导通，这种连接方式，称为正向偏置。在正向电压作用下，二极管内部电阻很小，所以会产生较大正向电流，二极管这时的工作状态称为正向导通状态，如图 1-9a、b 所示。

反之，在电子电路中，二极管的正极接在低电位端，负极接在高电位端，此时二极管中几乎没有电流流过，二极管处于截止状态，这种连接方式，称为反向偏置。在反向电压作用下，二极管内部电阻很大，电路中几乎没有电流，这种工作状态称为反向截止状态，如图 1-9c、d 所示。

综上所述，二极管具有加正向偏压导通，加反向偏压截止的单向导电性。

4. 二极管的伏安特性曲线

二极管的伏安特性曲线是指二极管两端电压 U 与流过二极管的电流 I 的关系曲线，如图 1-10 所示。

（1）正向特性　指二极管加正向偏压时对应二极管的电流关系，主要有两个特点：①死区，当加在二极管两端的正向电压很小时，二极管仍然不能导通，流过二极管的正向电流十分微弱。只有当正向电压达到某一数值，二极管才能真正导通，该电压称为死区电压。硅二极管的死区电压约为 0.5V，锗二极管的死区电压约为 0.2V。②正向导通区，二极管导通后，二极管两端的电压基本上保持不变，正向电阻很小，正向电流增长很快。在室温下，硅二极管的管压降为 0.6 ~ 0.7V，锗二极管的管压降为 0.3V。

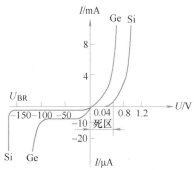

图 1-10　二极管的伏安特性曲线

（2）反向特性　指二极管加反向偏压时对应二极管的电流关系，主要有两个特点：①反向截止区，二极管处于反向偏置时，仍然会有微弱的反向电流流过二极管，称为漏电流，且硅二极管的反向漏电流比锗二极管小得多。②反向击穿区，当二极管两端的反向电压增大到某一数值，反向电流会急剧增大，二极管将失去单向导电性，这种状态称为二极管的击穿。这种现象一旦发生，极易造成二极管的损坏，所以在实际应用中必须防止。

5. 整流二极管的参数

整流二极管的参数是指用来表示整流二极管的性能好坏和适用范围的技术指标。

（1）最大整流电流 I_{FM}　指整流二极管长期工作时允许通过的最大正向平均电流。使用中若工作电流超过该值，则二极管就会因过热而损坏。

（2）最高反向工作电压 U_{RM}　指二极管在使用时允许加的最大反向电压。使用中二极管实际承受的最大反向电压不应超过此值，否则二极管就有被击穿的危险。为了留有余地，通常标定的最高反向工作电压是反向击穿电压的 1/2 ~ 1/3。

（3）反向漏电流 I_R　在规定的反向电压和环境温度下测得的二极管反向电流值。这个电流值越小，二极管单向导电性能越好。

（4）最高工作频率 f_M　指二极管工作的上限频率。超过此值，由于结电容的作用，将影响二极管的单向导电性。一般，小电流二极管的工作频率高达几百兆赫，大电流的工

— 7 —

作频率整流管仅几千赫。在检波或高频整流电路中，应选用 f_M 至少为电路实际工作频率两倍的二极管，否则不能正常工作。

6. 二极管的型号命名

二极管的命名规定由五个部分组成。第一部分用数字"2"表示二极管，第二部分用字母表示材料，第三部分用字母表示类型，第四部分用数字表示序号，第五部分用字母表示规格。比如：2AP1 是 N 型锗材料普通管；2CZ11D 是 N 型硅材料整流管。二极管型号的意义见表 1-1。

表 1-1 二极管型号的意义

第一部分	第二部分	第三部分	第四部分	第五部分
2	A:N 型锗材料 B:P 型锗材料 C:N 型硅材料 D:P 型硅材料 E:化合物	P:普通管 Z:整流管 K:开关管 W:稳压管 L:整流堆 C:变容管 U:光敏管	序号	规格(可缺)

 议一议：如何从外观识别二极管的正、负极？如何用万用表检测二极管的正、负极和好坏？

7. 二极管的识别和检测

使用二极管时，需要知道二极管的型号、好坏和管脚的正、负极性。

通过观察二极管的外形，可区分型号及正、负极，如图 1-11 所示。二极管的正、负极有多种表示方法，如将图形符号印制在二极管上标示出极性；在二极管的负极一端印上一道色圈作标记；二极管两端形状不同，平头为正极，圆头为负极；采用符号标志为"P"、"N"来确定二极管极性等。

用指针式万用表可测试二极管的好坏及正、负极。测量时，选用万用表电阻挡，此时，表内电池的正极与黑表笔相连，负极与红表笔相连，不应与万用表面板上用来表示测量直流电压或电流的"+"、"−"符号混淆。选择 R×100 或 R×1k 挡位（R×1 挡电流较大、R×10k 挡电压较高，都容易使被测管损坏）进行测试。

如图 1-12a 所示，将红、黑表笔分别接二极管的两端。若测得电阻很小，约在几百欧

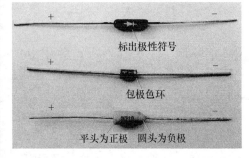

图 1-11 二极管的正、负极识别

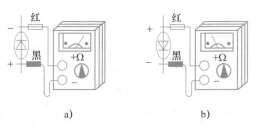

图 1-12 万用表测试二极管
a）测出正向电阻（小） b）测出反向电阻（大）

到几千欧时，则此时测得为二极管的正向电阻值，与黑表笔相接触的是二极管的正极，与红表笔相接触的是负极。若测得电阻大，如图1-13b所示，大于几百千欧，则测得为二极管的反向电阻值，红表笔所接的电极为二极管正极，黑表笔所接的电极为二极管负极。

再将二极管两个电极对调位置，两次测得二极管正向阻值小，反向阻值大，表明二极管质量是好的。如果两次测得的阻值都很小，则表明二极管内部已经短路；若两次测得的阻值都很大，则表明二极管内部已经断路。

用数字式万用表测二极管时，将数字式万用表的选择挡放在二极管检测挡，红表笔接二极管的正极，黑表笔接二极管的负极，此时测得的电压才是二极管的正向导通电压，这与指针式万用表的表笔接法正好相反，原因在于选用数字式万用表电阻挡时，内部电池的正极与红表笔相连，负极与黑表笔相连。

三、稳压二极管

 看一看：稳压二极管的外形、结构及符号。

1. 稳压二极管外形、结构及符号

稳压二极管又称齐纳二极管，是一种用特殊工艺制造的硅二极管。稳压二极管简称稳压管，文字符号为VZ，其外形和图形符号如图1-13所示。稳压二极管主要应用于稳压电路中，起稳压作用。

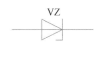

a)   b)

图1-13　稳压二极管的外形和图形符号

a）外形　b）图形符号

 读一读：稳压二极管的特性、参数。

2. 稳压二极管的特性及主要参数

稳压二极管与普通二极管的不同之处在于它采用了特殊的制造工艺，使其适宜在击穿区域工作而不致损坏。当反向电压达到击穿电压的数值时，很小的电压增加，就会引起很大的电流增加，这样，在一个很大的电流范围内，其电压几乎保持恒定，这就是所谓的稳压特性。稳压二极管的伏安特性曲线如图1-14所示。

（1）稳定电压 U_Z　即反向击穿电压，每一个稳压二极管只有一个稳定电压，但由于同一型号的稳压二极管参数差别较大，所以 U_Z 不是一个固定值，一般有一个小的数值范围。

（2）稳定电流 I_Z　指稳压二极管在稳定电压下的工作电流。

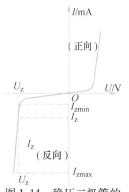

图1-14　稳压二极管的
伏安特性曲线

其值在稳压区域的最大电流和最小电流之间，若流过电流小于最小电流时，稳压二极管不能起稳压作用。

（3）最大稳定电流 I_{ZM}　指稳压二极管最大工作电流，超过该值时，稳压二极管将过热损坏。

（4）温度系数 K　指温度变化引起的稳定电压变化。通常，稳定电压值 $U_Z < 6V$ 的稳压二极管具有负的温度系数；而稳定电压值 $U_Z > 6V$ 的稳压二极管具有正的温度系数；当然 6V 左右的稳压二极管受温度影响最小。为了降低温度系数，可将两只大于 6V 的稳压二极管反向串联起来进行温度补偿，从而使温度系数可以相互抵消，稳压二极管就具有更高的电压稳定性。稳压二极管的作用是稳压，主要用于各种稳压电路中，具体应用时要使其处于反向偏置状态。

 议一议：如何从外观识别稳压二极管的正、负极？如何用万用表检测稳压二极管的极性、好坏？

3. 稳压二极管的识别和检测

从外形上看，金属封装稳压二极管管体的正极一端为平面形，负极一端为半圆面形。塑封稳压二极管管体上，印有彩色标记的一端为负极，另一端为正极。也可用万用表判别其极性，测量的方法与普通二极管相同。稳压二极管质量好坏的判别方法与普通二极管相同，只是稳压二极管的反向电阻要小一些。

四、发光二极管

 看一看：发光二极管的外形、结构、符号及应用。

1. 发光二极管的外形、结构及符号

发光二极管是一种将电能变成光能的半导体器件。它的文字符号为 VL，外形与图形符号如图 1-15 所示。发光二极管用磷化镓、磷砷化镓等半导体材料制成，可将电能转化成不同波长（颜色）的光，可发红、黄、绿等色光。

2. 发光二极管的应用

发光二极管具有体积小、工作电压低、工作电流小、发光均匀、寿命长、颜色鲜艳等优点，可以用作光源发生器和显示器件（如光耦合器、显示单元）或作为信号灯和刻度显示等。发光二极管除单个使用外，也常做成七段数码显示器、点阵显示屏。使用发光二

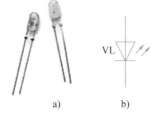

图 1-15　发光二极管的外形及图形符号

a）外形　b）图形符号

极管时要注意正、负极，正、负极可从管脚长短来识别，长脚为正，短脚为负。发光二极管的工作温度一般为 $-20 \sim 75℃$，安装时不要与电路中发热元器件靠近，工作时不允许超过规定的极限值，以防电流过大时管子烧毁。发光二极管的发光功率近似地与导通电流成正比。目前大多数产品可以由集成电路直接驱动。也可按用户需要制成各种不同的封装形式，使用起来十分方便。

 读一读：发光二极管的分类、参数。

3. 发光二极管的分类和参数

发光二极管简称 LED，种类很多，按发光光谱可分为可见光 LED 和红外 LED 两大类，其中可见光 LED 包括红、绿、黄、橙、蓝等颜色；按发光效果可分为固定颜色 LED 和变色 LED 两类，其中变色 LED 包括双色和三色等；按外形可分为圆形、方形等。

发光二极管与普通二极管一样具有单向导电性，但正向工作电压比普通二极管高，其导通电压在 1.5~2.5V，而反向击穿电压比普通二极管低，约为 5V。发光二极管可用直流、交流、脉冲电源点亮，工作电流一般为几毫安至几十毫安。

 议一议：如何用万用表检测发光二极管的好坏？

4. 发光二极管的检测方法

用万用表可检测发光二极管的好坏，选用万用表电阻挡的 R×10k 挡测其正、反向电阻值。用万用表的黑表笔接发光二极管的正极（即长管脚），红表笔接发光二极管的负极（即短管脚），此时发光二极管有发光亮点，正向电阻小于 50kΩ。再将两表笔对调后与发光二极管的两个电极相接，表针应不动，发光二极管中无发光亮点，或反向电阻大于 200kΩ 时，均为正常。若正、反向电阻均为无穷大，则表明管子已坏。

五、光敏二极管

 看一看：光敏二极管的外形、符号、原理、应用。

1. 光敏二极管的外形、符号

光敏二极管是一种常用的光敏半导体器件，能将光能转化成电能。它的文字符号为 VL，其外形与图形符号如图 1-16 所示。

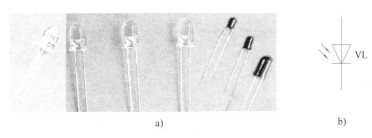

图 1-16 光敏二极管的外形与图形符号
a）外形 b）图形符号

2. 光敏二极管的原理及应用

光敏二极管有一个能受到光照射的 PN 结，当光线照射 PN 结时，便将能量传递给电子，使电子获得能量挣脱原子轨道的束缚，成对地产生电子和空穴，使得流过 PN 结的电流发生变化，这就是光电效应。光敏二极管工作在反偏状态下，流过它的电流随光照度的增大而增大。在没有光照时，流过二极管的电流是很微弱的暗电流。在有光照时，其电流（亮电流或光电流）的增长与光照成正比。

光敏二极管的作用是进行光电转换，适用于制造光耦合器、红外线遥控装置。因为它有线性的感光性能，所以也被用于照度计和曝光表中。

议一议：如何用万用表检测光敏二极管的好坏？

3. 光敏二极管的检测

使用光敏二极管时，应尽量选用暗电流小（指没有光照射时流过的电流）的产品，且极性不能接反。检测光敏二极管时可用万用表 R×1k 挡。光敏二极管极性为长正短负，黑表笔接负极，红表笔接正极时，用遮光物遮住光敏二极管的透明窗口，此时所测反向电阻应为无穷大；移去遮光物，使光敏二极管的透明窗口朝向光源或用灯泡照射，表针向右偏转至几千欧处，如图 1-17 所示。在无光照时，正、反向电阻差别应较大，有光照时，反向电阻急剧减小，据此可判断光敏二极管的好坏，表针偏转越多，说明光敏二极管灵敏度越高。

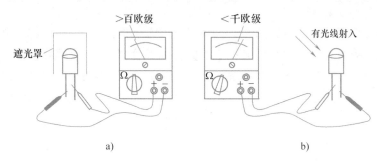

图 1-17 光敏二极管的检测

a）无光照 b）有光照

※活动实施步骤※

一、识别二极管

通过实物识别，区分普通二极管、稳压二极管、发光二极管、光敏二极管，完成任务单表 1-2。

二、检测二极管

1. 使用万用表检测普通二极管、稳压二极管，选择电阻挡 R×100 或者 R×1k 挡，检测电路如图 1-18 所示。完成任务单表 1-3。

2. 使用万用表检测发光二极管，选择电阻挡 R×10k 挡，发光二极管管脚长正短负，

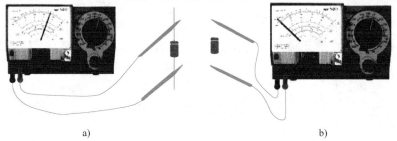

图 1-18 二极管的检测电路

a）测正向电阻 b）测反向电阻

红表笔接负极，黑表笔接正极。完成任务单表 1-3。

三、评价方案

评价表见表 1-2。

表 1-2 二极管识别与检测评价表

序号	评 价 内 容		评 价 标 准
1	外观识别元器件	普通二极管	能从外观正确识别普通二极管、稳压二极管、发光二极管、光敏二极管，能识别各管的正、负极
		稳压二极管	
		发光二极管	
		光敏二极管	
2	二极管检测	万用表	会正确使用万用表，选择挡位正确，会电气调零，会万用表复位
		整流二极管	分清正反向电阻、会测正反向电阻、读数准确，会判断正、负极，会判断质量好坏
		稳压二极管	
		发光二极管	
		光敏二极管	
3	安全、规范操作		操作安全、规范，爱护元器件、仪表等设备，表格填写工整
4	5S 现场管理		现场做到整理、整顿、清扫、清洁、素养

活动二　识别检测晶体管

※应知应会※

1. 掌握 NPN 型晶体管、PNP 型晶体管的符号、特性、参数。
2. 能通过外形识别晶体管。
3. 会用万用表检测 NPN 型晶体管、PNP 型晶体管。

※工作准备※

设备与材料（见图 1-19）：NPN 型晶体管、PNP 型晶体管各两个，指针式万用表一块。

图 1-19　设备与材料

※知识链接※

一、晶体管的结构、符号、分类

 看一看：晶体管的外形、结构、符号、分类、应用。

1. 晶体管的结构、符号

晶体三极管是由两个 PN 结构成的三端半导体器件，简称为晶体管。晶体管的外形及管脚极性如图 1-20 所示。晶体管的结构和符号如图 1-21 所示。

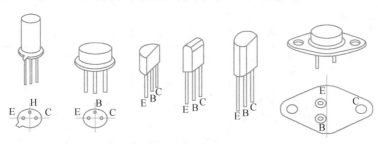

图 1-20　晶体管的外形及管脚极性

图 1-21 中，最下层半导体是发射载流子的，故称为发射区，其管脚称为发射极，用字母 E（e）表示。中间的一层是基区，作用是控制载流子的发射，其管脚称为基极，用字母 B（b）表示。最上层是集电区，作用是收集载流子，其管脚称为集电极，用字母 C（c）表示。靠近集电区的 PN 结称为集电结，靠近发射区的 PN 结称为发射结。发射极箭头方向代表管中电流的方向。

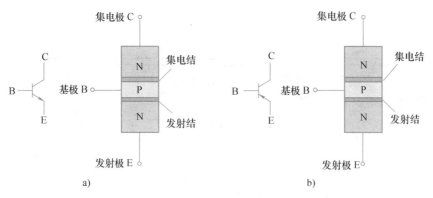

图 1-21　晶体管的结构和符号
a）NPN 型　b）PNP 型

在制作晶体管时，要求其内部具有以下特点：

发射区的掺杂浓度要远远大于基区，以便有足够的载流子供发射。基区很薄，掺杂少，以减少复合机会，使载流子易通过。集电区的面积比发射区要大，利于收集载流子。

基于以上特点，可知晶体管并不是两个 PN 结的简单组合，使用时不可以将发射极和集电极颠倒使用。

在模拟电路中，晶体管主要起放大作用，如放大电路；在数字电路中，晶体管主要起开关作用，如非门、与非门等门电路。

2. 晶体管的分类

晶体管的种类很多，按使用的半导体材料可分为硅管、锗管和化合物管；按晶体管的基本结构可分为 NPN 型和 PNP 型两大类；按工作频率可分为低频管、高频管和超高频管等；按电流容量可分为小功率管、中功率管和大功率管；按功能和用途可分为低噪声放大管、中高频放大管、低频放大管、开关管等多种类型。常用晶体管的封装形式有金属封装和塑料封装两大类。

二、晶体管的电流放大作用

 看一看：晶体管的电流放大作用。

1. 晶体管的电流放大作用

晶体管具有电流放大作用，其实质是晶体管能以基极电流（I_B）微小的变化量来控制集电极电流（I_C）较大的变化量，即电流放大特性。要使晶体管能够正常放大信号，必须使发射结处于正向偏置，而集电结处于反向偏置，如图1-22所示。对于NPN型晶体管，C、B、E三个电极的电位必须符合 $U_C > U_B > U_E$。

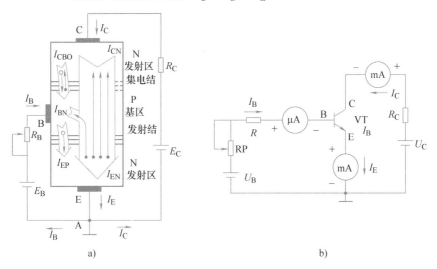

图1-22　晶体管的电流放大

显然，对于PNP型晶体管，要使其具有电流放大作用，也必须使发射结正偏，集电结反偏。对于PNP型晶体管，电源的极性与NPN型晶体相反，应符合 $U_C < U_B < U_E$。因此，基极和集电极相对发射极的电压必须都是负的，即将两个电源都改变极性即可。在本书以后的电路分析中，都以使用NPN型晶体管为例。

2. 晶体管各极的电流分配关系

在NPN型晶体管中，I_B 和 I_C 流入晶体管，I_E 流出晶体管；在PNP型晶体管中，I_B 和 I_C 流出晶体管，I_E 流入晶体管。不管是NPN型或PNP型，都满足

$$I_E = I_B + I_C \tag{1-1}$$

有时考虑到 I_B 比 I_C 小得多，为了计算方便，也可以认为

$$I_E \approx I_C \tag{1-2}$$

集电极电流 I_C 会因基极电流 I_B 的变化而变化。集电极电流变化量 ΔI_C 与基极电流变化量 ΔI_B 的比值称为晶体管交流电流放大系数，以 β 表示。

$$\beta = \frac{\Delta I_C}{\Delta I_B} = \frac{I_C}{I_B} \tag{1-3}$$

三、晶体管的特性曲线

1. 输入特性曲线

输入特性曲线是反映晶体管输入回路电压和电流关系的曲线，是当 U_{CE} 为某一定值时，基极电流 i_B 和发射结电压 u_{BE} 之间的关系曲线，如图 1-23 所示。

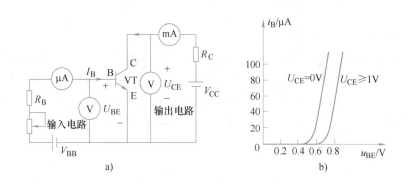

图 1-23　晶体管电流电压关系测试及输入特性曲线

a）测试电路图　b）输入特性曲线

当 $U_{CE}=0$ 时，输入特性曲线与二极管的正向伏安特性相似，存在死区电压 U_{on}（也称开启电压），硅管的 $U_{on} \approx 0.5V$，锗管的约为 $0.1V$。只有当 $u_{BE} > U_{on}$ 时，基极电流 i_B 才会上升，晶体管正常导通。硅管的导通电压约为 $0.7V$，锗管的约为 $0.3V$。

随着 U_{CE} 的增大输入特性曲线右移，但当 U_{CE} 超过一定数值（$U_{CE} \geq 1V$）后，曲线不再明显右移而基本重合。

2. 输出特性曲线

输出特性曲线是反映输出回路电压与电流关系的曲线，是指基极电流为某一定值时，集电极电流与集电极-发射极电压之间的关系，如图 1-24 所示。根据晶体管集电结和发射结的偏置情况，可以在它的输出特性曲线上划分三个区域，它对应晶体管的三种工作状态。

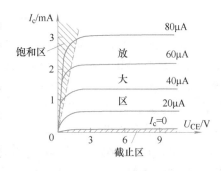

（1）放大状态　工作在放大区的晶体管是发射结正偏、集电结反偏时的工作区域，此时晶体管处于放大状态，对于 NPN 型晶体管，其 $U_C > U_B > U_E$。在这种情况下，$I_C = \beta I_B$，I_C 受 I_B 的控制，其控制系数为 β。由于该段特性曲线与横轴 U_{CE} 平行，显然 I_C 不受 U_{CE} 的影响。

图 1-24　晶体管的三个工作区域

（2）截止状态　截止区在 $I_B = 0$ 曲线以下区域，I_C 在该区域基本为零。此时，要求晶体管发射结反偏或零偏，此时集电结也为反偏。在这种情况下，由于没有集电极电流，所以集电极和发射极之间相当于一个断开的开关。

（3）饱和状态　饱和区内，$I_C = \beta I_B$ 的关系不存在，I_B 的变化几乎不影响 I_C。此时，要求发射结正偏，集电结也正偏。在这种情况下，I_C 增大到 I_B 无法控制并为某一常数的情况。由于集电极和发射极之间完全导通，管压降很小，所以集电极和发射极之间相当于一个闭合的开关。饱和时的管压降称为饱和压降，用 U_{CES} 表示。一般情况下，锗管的饱和压降为 0.1V，硅管的为 0.3V，都可以近似看成 0V。

对于 PN 结，$U_P > U_N$ 时为正偏；$U_N > U_P$ 时为反偏，根据晶体管工作时各个电极的电位高低，可判断集电结、发射结的正、反偏情况，从而判别晶体管的工作状态。因此，电子产品维修人员在维修过程中，经常使用万用表测量晶体管各脚的电压，从而判别晶体管的工作情况和工作状态。

四、晶体管的参数及命名

 读一读：晶体管的参数、命名。

1. 晶体管的参数

晶体管参数可分成极限参数、静态参数和动态参数。

（1）电流放大系数　它是表征晶体管电流放大能力的参数，包括直流电流放大系数 $\bar{\beta}$、交流电流放大系数 β。一般 $\bar{\beta} = \beta$，在几十到几百之间，选择 β 要适当，β 太大，晶体管工作稳定性差；β 太小，电流放大能力差。

（2）极限参数　由制造厂家规定给出的，不允许超过的最高参数。否则，将会引发器件参数的改变，缩短其使用寿命甚至完全损坏。

1）集电极最大允许电流 I_{CM}。当集电极电流 I_C 增大到 I_{CM} 附近时，晶体管的 β 值会降低，将 β 下降到某规定值时的 I_C 定义为集电极最大允许电流 I_{CM}。

2）集电极反向击穿电压 $U_{CEO(BR)}$。基极开路时，集电结上允许施加的最大电压称为集电极反向击穿电压。超过此值，晶体管会被击穿而损坏。

3）集电极最大允许耗散功率 P_{CM}。集电极电流流过集电结时使结温升高，导致晶体管发热，引起晶体管参数变化。在参数变化不超过允许值时，集电极所消耗的最大功耗定义为 P_{CM}。

（3）极间反向饱和电流　包括集电极与基极间反向饱和电流 I_{CBO} 和集电极与发射极间反向饱和电流 I_{CEO}，均为人们不希望出现的漏电流，它们对温度很敏感，选用时越小越好。二者关系为 $I_{CEO} = (1 + \beta)I_{CBO}$。

2. 晶体管的命名

晶体管型号的意义见表 1-3，符号的第一部分"3"表示晶体管，符号的第二部分表示器件的材料和结构，符号的第三部分表示功能。

表 1-3　晶体管型号的意义

第一部分	第二部分	第三部分	第四部分	第五部分
3	A:PNP 型锗材料	U:光敏管	序号	规格（可缺）
	B:NPN 型锗材料	K:开关管		
	C:PNP 型硅材料	X:低频小功率管		
	D:NPN 型硅材料	G:高频小功率管		
		D:低频大功率管		
		A:高频大功率管		

五、晶体管的识别与检测

议一议：如何从外观识别晶体管的电极？如何用万用表检测晶体管的电极及好坏？

1. 晶体管的识别

晶体管的管脚排列方式具有一定的规律，因此，根据晶体管的管脚排列可识别三个电极。目前，晶体管种类较多，封装形式不一，管脚也有多种排列方式。一般情况下，对于小功率金属封装晶体管，观察其底视图，使三个管脚构成等腰三角形，顶点是基极，左边为发射极，右边为集电极，即从左向右依次为 E、B、C，如图 1-25 所示；对于中小功率塑料晶体管，管脚是一字形排列，使其平面朝向自己，三个管脚朝下放置，则从左到右依次为 E、B、C。大功率晶体管一般直接用金属外壳作集电极。

2. 晶体管的检测

图 1-25　晶体管的管脚排列

（1）管型判断　先假定一个管脚为基极，将万用表选挡开关放在 R×1k 挡或 R×100 挡，先电气调零，然后将黑表笔接在假定的基极上，红表笔分别接另外两个管脚，如图 1-26 所示。若两次测得电阻值大小不同，则假定的基极不正确，继续假定另一个为基极，直到两次测得电阻值均小且相同，则假定的基极正确，此管型为 NPN 型晶体管。若是用红表笔接在假定的基极上，黑表笔分别接另外两个管脚，重复以上测试。若两次测得电阻值大小不同，则假定的基极不正确，继续假定另一个为基极直到两次测得电阻值均小且相同，则假定的基极正确，此管型为 PNP 型晶体管。

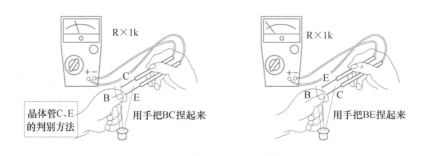

图 1-26　晶体管的测量

结论：用黑表笔找到基极的晶体管为 NPN 型晶体管；用红表笔找到基极的晶体管为 PNP 型晶体管。

（2）发射极（E）、集电极（C）判断　NPN 型晶体管：用黑表笔接基极以外的任意一个管脚，并用手将这个管脚与基极捏住，将人体电阻接入，但不要使黑表笔将两个极短路，红表笔接另一个管脚，观察万用表上的指针摆动；需将黑表笔与红表笔对调，按上述方法重测一次。比较两次表针摆动幅度，摆动幅度较大的一次黑表笔所接管脚为集电极，红表笔所接管脚为发射极。

PNP 型晶体管的检测与 NPN 型晶体管相似，只是红、黑表笔的接法与 NPN 型晶体管正好相反。用红表笔接基极以外的任意一个管脚，并用手将这个管脚与基极捏住，将人体电阻接入。但不要使红表笔将两个极短路，黑表笔接另一个管脚，观察万用表上的指针摆动，再将黑表笔与红表笔对调，按上述方法重测一次。比较两次表针摆动幅度，摆动幅度较大的一次红表笔所接管脚为集电极，黑表笔所接管脚为发射极。

※活动实施步骤※

一、识别晶体管

1. 识读晶体管的型号，完成任务单表1-5。
2. 依据管脚排列常识，识别晶体管管脚，完成任务单表1-5。

二、检测晶体管

1. 测量 NPN 型晶体管的管脚和管型，检测电路如图1-27所示。完成任务单表1-5。

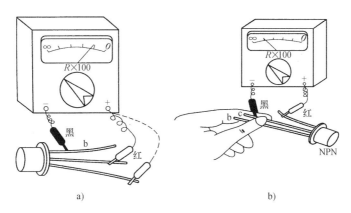

图 1-27　NPN 型晶体管判断基极的检测

2. 测量 PNP 型晶体管的管脚和管型，与 NPN 型晶体管的测法相似，只是红、黑表笔接法相反，完成任务单表1-5。

三、评价方案

评价表见表1-4。

表 1-4　晶体管识别与检测评价表

序号	评价内容		评价标准
1	识别	型号识读	能从外观识读型号，说明含义
		管脚判断	能从外观判断三个电极
2	检测	万用表	会正确使用万用表。选择挡位正确，会电气调零，会万用表复位
		NPN 型	会检测三个电极，会判断管型，会判断质量好坏
		PNP 型	
3	安全、规范操作		操作安全、规范，爱护器件、仪表等设备，表格填写工整
4	5S 现场管理		现场做到整理、整顿、清扫、清洁、素养

一、填空题

1. 物质按导电能力强弱可分为_____、_____和_____。最常见的两种半导体材料是_____和_____。

2. 半导体中存在着两类载流子，其中带负电的载流子叫作_____。掺杂型半导体有_____型半导体和_____型半导体。N型半导体中多数载流子是_____，P型半导体中多数载流子是_____。

3. PN结P区电位高于N区时为_____偏置，P区电位低于N区时为_____偏置，PN结具有_____特性。

4. 二极管的符号为_____，加正向电压时_____，加反向电压时_____，此特性称为二极管的_____。

5. 硅二极管的死区电压为_____，导通后的压降约为_____；锗二极管的死区电压为_____，导通后的压降约为_____。

6. 二极管加反向电压过大时会发生_____，普通二极管使用时_____出现这种现象。

7. 稳压二极管工作在_____区，其符号是_____。稳压二极管是特殊工艺制作的_____材料二极管，它的特点是工作在_____状态可以起稳压作用。它的两个主要参数是_____和_____。

8. 发光二极管的符号为_____，功能是_____。

9. 光敏二极管的符号为_____，功能是_____。

10. 在二极管的4个参数中，反向截止时应注意的参数是_____和_____。

11. 晶体管的结构如下：两个PN结为_____结和_____结；三个区是_____、_____和_____区。

12. 晶体管的三种工作状态是_____、_____和_____。

13. 一个NPN型晶体管发射结和集电结都正偏，则此晶体管处于_____状态；当发射结和集电结都反偏时，此晶体管处于_____状态；当发射结正偏、集电结反偏时，晶体管处于_____状态。

14. 晶体管三个电极电流的关系是_____，其中_____很小，所以_____。

15. 晶体管的交流电流放大系数 β = _____。

二、单项选择题

1. 图1-28所示电路中，_____图的指示灯不会亮。

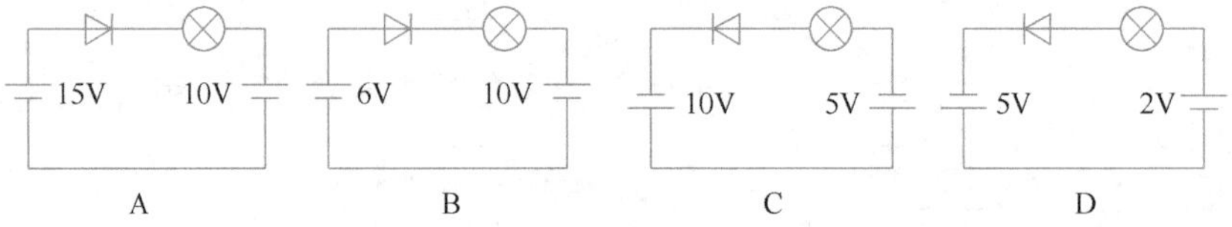

图1-28 二极管控制灯泡电路

2. 图1-29是两个由理想二极管组成的电路，两个电路的输出电压分别是_____。

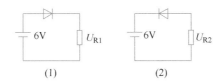

图1-29 二极管电路

    A. $U_{R1}=0$，$U_{R2}=0$ B. $U_{R1}=6V$，$U_{R2}=0$

    C. $U_{R1}=0$，$U_{R2}=6V$ D. $U_{R1}=6V$，$U_{R2}=6V$

3. 用万用表 R×1k 挡测量二极管，若红表笔接正极，黑表笔接负极时读数为50kΩ；表笔对调读数为1kΩ，则该二极管的情况是_____。

    A. 内部已断路不能用   B. 内部已短路不能用

    C. 没有坏，但性能不好   D. 性能良好

4. 某二极管的击穿电压为300V，当直接对220V正弦交流电进行半波整流时，该二极管_____。

    A. 会击穿   B. 不会击穿   C. 不一定击穿   D. 完全截止

5. 硅材料晶体管处于放大状态时，发射结的正偏电压为_____。

    A. 0.1~0.3V   B. 0.5~0.8V   C. 0.9~1.0V   D. 1.2V

6. NPN型晶体管工作在放大状态时，其两个结的偏压规律是_____。

    A. $U_{BE}>0$、$U_{BE}<U_{CE}$ B. $U_{BE}<0$、$U_{BE}<U_{CE}$

    C. $U_{BE}>0$、$U_{BE}>U_{CE}$ D. $U_{BE}<0$、$U_{CE}>0$

三、判断题

1. 二极管导通时，电流是从负极流出，从正极流入的。   （   ）

2. 二极管的反向漏电流越小，其单向导电性越好。   （   ）

3. 二极管只有在截止时，才可能发生击穿现象。   （   ）

4. 晶体管的主要性能是具有电流和电压放大作用。   （   ）

5. 晶体管为电压控制型器件。   （   ）

6. 集电极处于反向偏置的晶体管，其一定是工作在截止状态。   （   ）

7. 用万用表测得晶体管的任意二极间的电阻均很小，说明该管的两个PN结均开路。

                                                             （   ）

8. 晶体管的输入特性曲线反映 U_{BE} 与 I_C 的关系。   （   ）

四、分析计算题

1. 某晶体管的①管脚流出电流为3mA，②管脚流入电流为2.95mA，③管脚流入电流为0.05mA。试判断晶体管各管脚名称，并指出管型。

2. 两个稳压二极管的稳压值均为6V，将它们组成如图1-30所示的三个电路。分别求 U_o 的值。

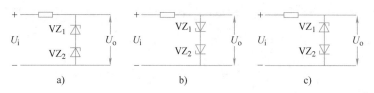

图1-30 稳压二极管电路

3. 晶体管三个极对地电位如图1-31所示，判断晶体管的工作状态。

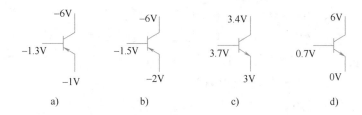

图1-31 晶体管的工作状态

※应知应会小结※

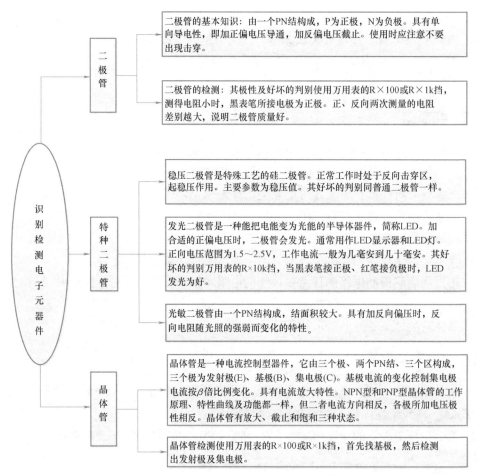

拓展一 认识贴片元器件

一、贴片元器件的特点与分类

贴片元器件（SMC／SMD）也称片状元器件，是电子设备微型化、高集成化的产物，是一种无引线或短引线的新型微小型元器件，适合安装于没有通孔的印制电路板上，是表面组装技术（SMT）的专用元器件。

1. 贴片元器件的特点

贴片元器件的主要特点为：尺寸小，重量轻，形状标准化，无引线或短引线，适合在印制电路板上进行表面安装。与传统的通孔元器件相比，贴片元器件安装密度高，减小了引线分布的影响，降低了寄生电容和电感，高频特性好，并增强了抗电磁干扰和射频干扰能力。目前，贴片元器件已在计算机、移动通信设备、医疗电子产品等高科技产品和摄录一体机、彩电高频头、VCD 机、DVD 机等电器设备中得到了广泛的应用。

2. 贴片元器件的分类

常见的标准贴片元器件有电阻（*R*）、排阻（RA 或 RN）、电感（*L*）、电容（*C*）、排容（CP）、钽质

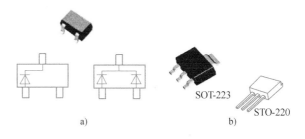

图 1-32　贴片二极管及晶体管
a）贴片二极管　b）贴片晶体管

电容（*C*）、二极管（VD）、晶体管（VT）。图 1-32 所示为贴片二极管及晶体管。

二、贴片元器件的极性

贴片集成电路有的有极性，有的没有极性，一般规律如下：

1）贴片陶瓷电阻、贴片陶瓷电容、贴片电感、贴片熔丝等一般没有极性。

2）贴片钽质电容有线端一般为正极。

3）贴片铝质电容、贴片电解电容、贴片二极管等有线端一般为负极。

4）贴片发光二极管长端一般为负极。

5）贴片晶体管及贴片集成电路器件本体上一般有极性标志。

拓展二 认识场效应晶体管

场效应晶体管简称场效应管，也称为单极型晶体管，与电流控制型器件晶体管不同的是，它属于电压控制型半导体器件，具有输入电阻高、噪声小、功耗低、动态范围大、易于集成、没有二次击穿现象、安全工作区域宽、热稳定性好等优点，可应用于放大、电子开关、阻抗变换、可变电阻、恒流源电路中。场效应晶体管有结型场效应晶体管（FET）和绝缘栅场效应晶体管（简称 MOS 管）两种，后者使用较多。场效应晶体管的基本原理是利用栅极电压控制漏极电流，实质上就是控制导电沟道电阻的大小。场效应晶体管的分类及图形符号见表 1-5。表 1-5 显示箭头向内为表示为 N 沟道，反之为 P 沟道；断续线为

增强型，连续线为耗尽型。

表 1-5　场效应晶体管的分类及图形符号

分　类	图　形　符　号	
结型场效应晶体管	N沟道 漏极 G 栅极 D S 源极	P沟道 漏极 栅极 G D S 源极
绝缘栅场效应晶体管	N沟道耗尽型 G D 衬底 S	P沟道耗尽型 G D 衬底 S
	N沟道增强型 G D 衬底 S	P沟道增强型 G D 衬底 S

一、结型场效应晶体管的结构和图形符号

结型场效应晶体管的文字符号为 VF，图 1-33 是结型场效应晶体管的结构示意图和图形符号。结型场效应晶体管有三个电极：栅极（G）、源极（S）和漏极（D）。漏极（D）、源极（S）之间的 N 型区（或 P 型区）称为导电沟道。

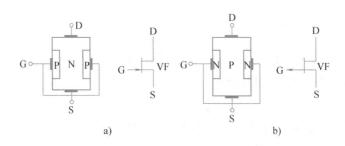

图 1-33　结型场效应晶体管的结构示意图和图形符号
a) N 沟道　b) P 沟道

二、N 沟道结型场效应晶体管的特性曲线

转移特性曲线是用来说明在一定的漏源电压 U_{DS} 下，栅源电压 U_{GS} 和漏极电流 I_D 之间变化关系的曲线，如图 1-34a 所示。当 $U_{GS} = 0$ 时，漏极电流为 I_{DSS}，称为饱和电流。当 $U_{GS} = U_P$ 时，$I_D = 0$，此时的栅源电压 U_{GS} 称为夹断电压，用 U_P 表示。

输出特性曲线是用来说明当 U_{GS} 一定时，I_D 和 U_{DS} 之间变化关系的曲线，如图 1-34b 所示。输出特性曲线可分为三部分：可变电阻区、饱和区（放大区或恒流区）和击穿区，分别为图中的 I 区、II 区和 III 区。

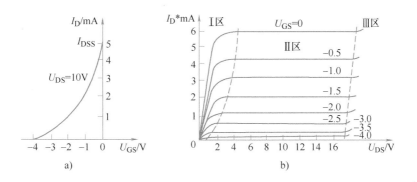

图 1-34 N 沟道结型场效应晶体管的特性曲线

a）转移特性曲线 b）输出特性曲线

三、绝缘栅场效应晶体管的结构

目前，应用最广泛的绝缘栅场效应晶体管是金属-氧化物-半导体场效应晶体管，简称 MOS 管，它也有 N 沟道和 P 沟道两类，其中每一类又可以分为增强型和耗尽型两种。N 沟道耗尽型绝缘栅场效应晶体管的结构和图形符号如图 1-35 所示，其沟道的两个引出电极分别称为源极（S）和漏极（D），控制端称为栅极（G）。

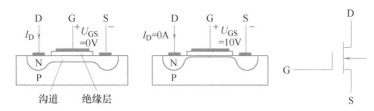

图 1-35 N 沟道耗尽型绝缘栅场效应晶体管的结构和图形符号

四、N 沟道耗尽型 MOS 管的电压电流关系

耗尽型 MOS 管在制作时已在源、漏极之间预先制成了一条原始沟道。图 1-36 是对 N 沟道耗尽型 MOS 管进行电压电流关系测试的电路。由图 1-36 可见，MOS 管是通过加在栅、源极之间的电压（电场）作用（效应）控制沟道截面，从而控制电流大小的。尽管栅、源极之间加有电压，但栅极至沟道之间有绝缘层的隔离，并不出现控制电流，即输入电阻很高。图 1-36 中，U_{DS} 为源、漏极之间所加电压，U_{GS} 为栅、源极之间所加电压，I_D 为漏极电流。测试结果如下：

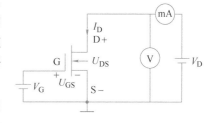

图 1-36 N 沟道耗尽型 MOS 管电压电流关系测试

1）当 $U_{DS} > 0$ 时，即使 $U_{GS} = 0$，$I_D \neq 0$ 且 I_D 的大小随 U_{GS} 的变化而变化。

2）当 U_{DS} 取较大值时，保持 U_{GS} 为常数，即使 U_{DS} 变化，I_D 也保持不变，表现出恒流特性。U_{GS} 取不同值时，重复上述过程，可得一组以 U_{GS} 为参量的 $I_D = f(U_{DS})$ 曲线。它们与晶体管的输出特性曲线有些类似。

3）当 $U_{GS}=0$ 时，$I_D \neq 0$。$U_{GS} > 0$ 时，其值越大，I_D 越大；$U_{GS} < 0$ 时，负值越增加，I_D 越小。可见，U_{GS} 可以控制 I_D 的大小。

4）当 U_{GS} 足够负时，$I_D = 0$，此时的 U_{GS} 值称为夹断电压，以 U_P 表示，即，当 $U_{GS} \leqslant U_P$ 时，$I_D = 0$。

综上所述，可得结论如下：

MOS 管的漏极电流 I_D 受 U_{DS} 和 U_{GS} 两者的影响，即 $I_D = f(U_{DS}, U_{GS})$。U_{GS}、U_{DS} 能直接控制 I_D 的大小。因此，它是一种电压控制器件。只有在 $U_{GS} \leqslant U_P$ 时，$I_D = 0$，U_{GS} 失去控制作用。

当 U_{DS} 较大时，U_{GS} 保持恒定，表现出明显的恒流特性。上述在两个 N 区间预先已形成导电沟道的 MOS 管称为耗尽型 MOS 管。增强型 MOS 管则是在两个 N 区之间未预先形成导电沟道，基本工作原理是：当 $U_{GS}=0$ 时，漏、源之间没有导电沟道，$I_D=0$；当 $U_{GS} > 0$ 时，漏、源之间才有导电沟道，加上一定的漏源电压，便形成 I_D。

那么，当 $U_{GS}=0$ 时，$I_D=0$，MOS 管不能导通。只有在栅极上施加足够大的正向电压使电场增到足够强时，才能形成导电沟道，使 MOS 管导通。

五、场效应晶体管的主要参数

1. 动态跨导 g_m

动态跨导是表征场效应晶体管放大能力的参数，用 g_m 表示。当 U_{DS} 固定时，I_D 的变化量 ΔI_D 与引起此变化的 U_{GS} 的变化量 ΔU_{GS} 的比值，称为跨导，即

$$g_m = \Delta I_D / \Delta U_{GS} \qquad (U_{DS} = 常数) \qquad (1-4)$$

2. 夹断电压 U_P

夹断电压是指使管子截止所需要的 U_{GS} 的最小值，当 $U_{GS} \leqslant U_P$ 时，管子截止，$I_D = 0$。

3. 直流输入电阻 R_{GS}

直流输入电阻是指源极和栅极之间的等效电阻，其阻值一般很大，为 $10^7 \sim 10^{14} \Omega$。

六、N 沟道增强型 MOS 管的特性曲线

转移特性曲线和输出特性曲线如图 1-37 所示。

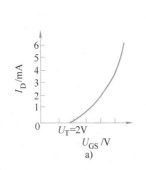
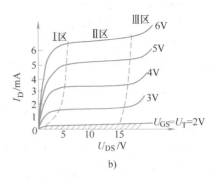

图 1-37　N 沟道增强型 MOS 管的特性曲线
a）转移特性曲线　b）输出特性曲线

七、MOS 管的检测及使用注意事项

1. MOS 管的检测

（1）判定栅极（G）　将万用表拨至 R×1k 挡，用万用表的黑表笔任意接一电极，红表笔依次去接触其余的两个极，测其电阻，若两次测得的电阻值近似相等，则黑表笔所接触的为栅极，另外两电极为漏极和源极。漏极和源极互换，若两次测出的电阻都很大，则为 N 沟道；若两次测得的阻值都很小，则为 P 沟道。

（2）判定源极（S）、漏极（D）　在源、漏极之间有一个 PN 结，因此根据 PN 结正、反向电阻存在差异，可识别源极与漏极。用交换表笔法测两次电阻，其中电阻值较低（一般为几千欧至十几千欧）的一次为正向电阻，此时黑表笔接的是源极，红表笔接漏极。

2. 使用注意事项

检测 MOS 管时，操作人员的双手应先对地放电（如双手触摸自来水管道），操作人员的手腕应佩戴接地环，接地环与大地相接。

MOS 管在使用时要注意电压极性，以及电压和电流数值不能超过最大允许值。

MOS 管输入电阻阻抗极高，故不能在开路状态下保存。MOS 管出厂时通常装在黑色的导电泡沫塑料袋中，切勿自行随便拿个塑料袋装；也可用细铜线把各个管脚连接在一起，或用锡纸包装，即使不使用，也应将三个电极短路，以防感应电动势将栅极击穿。取出的 MOS 管不能在塑料板上滑动，应用金属盘来盛放待用器件。

为了防止栅极击穿，要求一切测试仪器、电烙铁都必须有外接地线。焊接时，用小功率电烙铁迅速焊接、或切断电源后利用余热焊接，MOS 管各管脚的焊接顺序是漏极、源极、栅极。拆卸时顺序相反。MOS 管的栅极在允许条件下，最好接入保护二极管。在检修电路时，应注意查证原有的保护二极管是否损坏。

MOS 管的漏极和源极通常制成对称的，故可互换使用。但有些产品源极与衬底已连在一起，此时漏极和源极不能互换使用。

结型场效应晶体管应用的电路可以使用 MOS 管，但增强型 MOS 管应用的电路不能用结型场效应晶体管代替。

任务二　识读直流稳压电源电路图

※任务描述※

本任务以识别直流稳压电源电路图为主，引导学生认识和了解模拟电子技术的典型电路，识读整流电路、滤波电路、稳压电路、放大电路，认识集成稳压器、集成运算放大器，会使用示波器观察波形，使用万用表观测典型电路主要部位电压，了解各典型电路参数，会进行简单的计算，能处理简单故障，具备绘制直流稳压电源电路图的能力。

　　电路图是用图形符号表示电子元器件，用连线表示导线所构成的图。通过电路图可以了解电路中各元器件的型号、参数；可以研究电流的来龙去脉，了解电路中各部位的电压，进而了解电路功能等。

　　应用实例：图1-38所示是由分立元器件构成的直流稳压电源电路图，从图中可看出，电路中包含桥式整流电路、滤波电路、放大电路、稳压电路等。因此，了解直流稳压电源的结构和工作原理应从识读各种典型模拟电路入手。

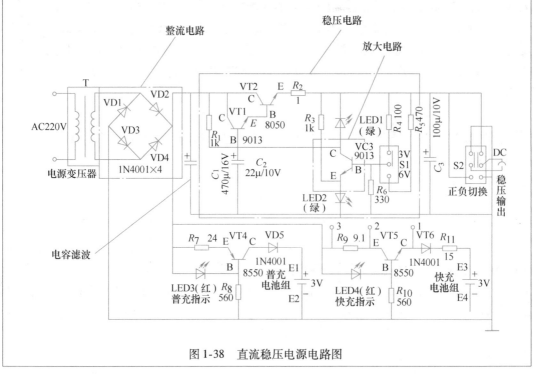

图1-38　直流稳压电源电路图

※任务目标※

知识目标：

1. 掌握单相整流电路的组成、原理、计算；认识滤波电路、稳压电路。
2. 掌握基本放大电路的组成、原理、公式法估算；了解多级放大电路的耦合方式。
3. 了解反馈的概念、类型、作用。
4. 了解三端集成稳压器的外形、引脚、型号含义及典型应用。
5. 掌握集成运算放大器的符号、理想特性和典型应用电路。

能力目标：

1. 会使用电子实验箱、万用表测试单管放大电路参数、整流滤波电路参数。
2. 会使用示波器观察单管放大电路、整流滤波电路的波形。
3. 会分析共发射极基本放大电路、整流电路、稳压电路、集成运算放大器应用电路。

素质目标：

1. 培养学生分析问题、解决问题的能力，养成科学的思维方式。
2. 培养学生规范使用工具及仪器仪表的习惯；培养学生爱岗敬业、热情主动的工作态度。

3. 养成遵守劳动纪律，安全操作的意识；养成工作整洁、有序、爱护仪器设备的良好习惯。

※任务实施※

活动一　识读整流电路

※应知应会※

1. 掌握单相桥式整流电路组成、工作原理、计算。

2. 会搭接单相桥式整流电路，会使用示波器、万用表测试单相桥式整流电路的波形、参数。

3. 能进行简单故障分析。

※工作准备※

设备与材料（见图1-39）：万用表、示波器、电子实验箱、导线若干。使用电子实验箱上提供的电阻、二极管电桥、交流电源，完成单相桥式整流电路搭接、检测。

图1-39　设备与材料

※知识链接※

一、单相半波整流电路

　看一看：单相半波整流电路的组成、原理、波形。

整流电路是应用二极管的单向导电作用，把交流电压变为脉动直流电压。整流电路可分为单相整流、三相整流。单相整流多用于小容量整流装置中，三相整流多用于大容量整流装置中。从整流所得的电压波形看，又可分为半波整流与全波整流。按组成整流电路的器件可分为不可控整流、半控整流、全控整流三种。

单相整流电路常用的有半波整流和桥式整流两种。单相半波整流电路能量利用率低，只适用于一些小负载且要求不高的场合。单相桥式整流利用能量效率较高，得到广泛应用。

1. 单相半波整流电路组成

单相半波整流电路如图1-40a所示。图中，T是变压器，VD是二极管，R_L 是直流负载电阻。变压器T起变换电压和隔离的作用。二极管由于具有单向导电性，可将交流电变为直流电，所以起整流作用。电阻负载具有电压与电流成正比，两者波形相似的特点。

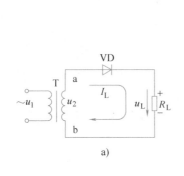

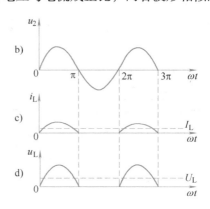

图 1-40　单相半波整流电路及波形

a) 电路图　b) 输入电压波形　c) 输出电流波形　d) 输出电压波形

2. 工作原理

观察单相半波整流电路的输入电压及输出电压波形（图1-40b、d）可看出：当 u_2 为正半周即正值时（a端为正、b端为负，即a端电位高于b端电位），二极管VD导通，电流自a端经二极管VD自上而下地流过负载 R_L 到b端，因为二极管正向压降很小，可认为负载两端电压 u_L 与 u_2 几乎相等，即 $u_L \approx u_2$。

当 u_2 为负半周即为负值时（b端为正、a端为负，即b端电位高于a端电位），二极管VD截止，则负载 R_L 上的电流 $i_L = 0$，负载上的电压 $u_L = 0$。

可见，在交流电 u_2 工作的全周期内，R_L 上只有自上而下的单方向电流，实现了整流。u_2、u_L、i_L 相应的波形如图1-40b、c、d所示。可以看出，电路的输出电压及电流的大小是波动的，但方向不变。这种大小波动方向不变的电压和电流，称为脉动直流电（它的波形不平滑，通常称其含有交流成分或纹波成分）。由 u_L 的波形可见，这种电路仅利用了电源电压 u_2 的半个波，故称为半波整流电路，它输出的是半波脉动直流电。

> **议一议**：如何计算单相半波整流电路的输出电压大小？如何选用整流二极管？

3. 负载和整流二极管上的电压和电流

整流输出电压 u_o 即是负载两端电压 u_L，其大小以其平均值 U_L 表示。由图1-41可见，理论和实验都证明，负载两端电压 U_L 与变压器二次电压有效值 U_2 的关系为

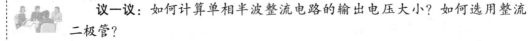

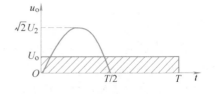

$$U_o = U_L = 0.45 U_2 \qquad (1-5)$$

式（1-5）表明，半波整流电路输出的直流电压

图 1-41　半波电压的平均值

平均值，等于输入的交流电压有效值的45%。

流过负载的电流 I_L 是

$$I_L = \frac{U_L}{R_L} = 0.45\frac{U_2}{R_L} \tag{1-6}$$

由电路图可知，流过整流二极管的正向工作电流 I_{VD} 和流过负载 R_L 的电流 I_L 相等，即

$$I_{VD} = I_L = 0.45\frac{U_2}{R_L} \tag{1-7}$$

当二极管截止时，它承受的反向峰值电压 U_{RM} 是 u_2 的最大值，即

$$U_{RM} = \sqrt{2}U_2 \approx 1.41U_2 \tag{1-8}$$

4. 整流二极管的选择

选用半波整流二极管时应根据 I_F 和 U_{RM} 的计算值，满足下列两个条件：

1）通过二极管的电流 I_{VD} 与负载电流 I_L 相等，所以选用二极管时，要满足

$$I_F \geq I_{VD} \tag{1-9}$$

2）二极管承受的最大反向电压就是变压器的二次侧交流电压 u_2 的最大值，即

$$U_{RM} \geq \sqrt{2}U_2 \tag{1-10}$$

根据 I_F 和 U_{RM} 的计算值，查阅有关半导体器件手册，选用合适的二极管型号，使其额定值大于计算值一倍左右。

单相半波整流电路结构简单，所用整流器件少，但半波整流设备利用率低，而且输出电压脉动较大，一般仅适用于整流电流较小（几十毫安以下）或对脉动要求不严格的直流设备，如蓄电池充电等。分析该电路的主要目的在于利用其简单易学的特点，建立起整流电路的基本概念。

二、单相全波整流电路

 看一看：单相全波整流电路的组成、原理、波形。

1. 单相全波整流电路组成

变压器中心抽头式单相全波整流电路如图 1-42a 所示，可以看作是由两个半波整流电路组合成的。VD1、VD2 为性能相同的整流二极管，VD1 的阳极连接 a 点，VD2 的阳极连接 b 点。

2. 工作原理

观察单相全波整流电路的输入电压及输出电压波形（图 1-42b）可看出：当 u_2 为正半周时，图中 a 端为正，b 端为负，则 a 端电位高于中心抽头 c 处电位，且 c 处电位又高于 b 端电位。所以二极管 VD1 导通，VD2 截止，电流 i_{VD1} 自 a 端经二极管 VD1 自上而下流过 R_L 到变压器中心抽头 c 处；当 u_2 为负半周时，b 端为正，a 端为负，则 b 端电位高于中心抽头 c 处电位，且 c 处电位又高于 a 端电位。所以二极管 VD2 导通，VD1 截止，电流 i_{VD2} 自 b 端经二极管 VD2，也自上而下流过负载 R_L 到 c 处，i_{VD1} 和 i_{VD2} 叠加形成全波脉动直流电流 i_L，在 R_L 两端产生全波脉动直流电压 u_L。可见，在整个 u_2 周期内，流过二极管的电流 i_{VD1}、i_{VD2} 叠加形成全波脉动直流电流 i_L，于是 R_L 两端产生全波脉动直流电压 u_L。故电路称为全波整流电路。电路中，u_2、i_{VD1}、i_{VD2}、i_L 和 U_L 的波形对应关系如图 1-42b 所示。

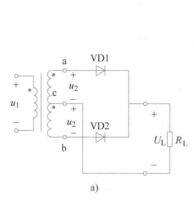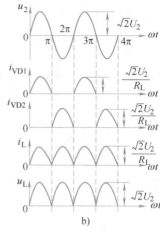

a)　　　　　　　　　　　　　b)

图 1-42　单相全波整流电路及波形

a）电路　b）波形

　　　　　议一议：如何计算单相全波整流电路的输出电压大小？如何选用整流二极管？

3. 负载和整流二极管上的电压和电流

全波整流电路的负载 R_L 上得到的是全波脉动直流电压，所以全波整流电路的输出电压比半波整流电路的输出电压增加一倍，电流也增加一倍，即

负载电压 $\qquad\qquad\qquad U_L = 0.9U_2 \qquad\qquad\qquad$ (1-11)

负载电流 $\qquad\qquad\qquad I_L = \dfrac{0.9U_2}{R_L} \qquad\qquad\qquad$ (1-12)

二极管的平均电流只有负载电流的一半，即

$$I_{VD} = \frac{1}{2}I_L \qquad\qquad (1-13)$$

每个二极管承受反向峰值电压是变压器二次侧两个绕组总电压的峰值，即

$$U_{RM} = 2\sqrt{2}U_2 \qquad\qquad (1-14)$$

单相全波整流电路具有输出电压高、纹波电压较小的优点，但需要变压器的二次侧有中心抽头，每只整流二极管承受的最大反向电压，是变压器二次电压最大值的两倍。

4. 整流二极管的选择

选用整流二极管时应根据 I_F 和 U_{RM} 的计算值，满足下列两个条件：

（1）通过二极管的电流 I_{VD} 与负载电流 I_L 相等，所以选用二极管时有如下关系

$$I_F \geqslant I_{VD} \qquad\qquad (1-15)$$

（2）二极管承受的最大反向电压就是变压器的二次侧交流电压 u_2 的最大值，即

$$U_{RM} \geqslant \sqrt{2}U_2 \qquad\qquad (1-16)$$

根据 I_F 和 U_{RM} 的计算值，查阅有关半导体器件手册选用合适的二极管型号，使其额定值大于计算值一倍左右。

三、单相桥式整流电路

 看一看：单相桥式整流电路的组成、原理、波形。

1. 单相桥式整流电路组成

单相桥式整流电路如图 1-43 所示，这是 3 种习惯画法。电路中采用了 4 只二极管接成电桥形式，故称桥式整流电路。电桥的一组对角顶点接交流输入电压；另一组对角顶点接至直流负载。

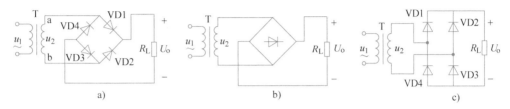

图 1-43　单相桥式整流电路

2. 工作原理

单相桥式整流电路的工作过程如图 1-44 所示。当 u_2 为正半周时（见图 1-44a），a 端电位高于 b 端（即 a 端为正，b 端为负），二极管 VD1 和 VD3 导通，VD2 和 VD4 截止，电流 i_{VD1} 自 a 端流过 VD1、R_L、VD3 到 b 端，它是自上而下流过 R_L。

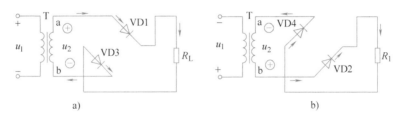

图 1-44　单相桥式整流电路的工作过程
a）u_2 正半周时的电流流向　b）u_2 负半周时的电流流向

当 u_2 为负半周时（见图 1-44b），b 端电位高于 a 端（即 b 端为正，a 端为负），二极管 VD2 和 VD4 导通，VD1 和 VD3 截止，电流 i_{VD2} 自 b 端流过 VD2，也是自上而下的通过 R_L，经 VD4 到 a 端。这样，在 u_2 的整个周期内，都有方向不变的电流通过 R_L，且 i_{VD1} 和 i_{VD2} 叠加形成 i_L。

电路中 u_2、i_{VD1}、i_{VD2}、i_L 和 u_L 的波形对应关系如图 1-45 所示。从波形图可看出，通过负载 R_L 的电流 i_L 是全波脉动直流，R_L 两端电压是全波脉动直流电压 u_L。所以这种整流电路属于全波整流类型，称为单相桥式整流电路。

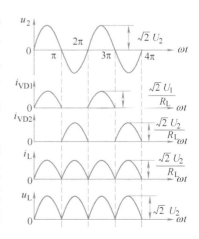

图 1-45　单相桥式整流电路波形图

议一议：如何计算单相桥式整流电路的输出电压大小？如何选用整流二极管？

3. 负载和整流二极管上的电压和电流

由以上的讨论可知，单相桥式整流电路在负载 R_L 上得到的是全波脉动直流电，负载上电压和电流计算公式为

$$U_L = 0.9 U_2 \qquad (1-17)$$

$$I_L = \frac{0.9 U_2}{R_L} \qquad (1-18)$$

单相桥式整流电路中，每个二极管在电源电压变化一周期内只有半个周期导通，因此，每个二极管的平均电流值是负载电流的一半，即

$$I_{VD} = \frac{1}{2} I_L \qquad (1-19)$$

每个二极管在截止时承受的反向峰值电压是 u_2 的峰值，即

$$U_{RM} = \sqrt{2} U_2 \qquad (1-20)$$

4. 整流二极管的选择

选用整流二极管时应根据 I_F 和 U_{RM} 的计算值〔可由式（1-15）、式（1-16）求得〕，查阅有关半导体器件手册，选用合适的二极管型号，使其额定值大于计算值一倍左右。

【例1-1】 有一直流负载，需要直流电压 $U_L = 60V$，直流电流 $I_L = 4A$。若采用桥式整流电路，求电源变压器二次电压 U_2，并选择整流二极管。

解：因为 $U_L = 0.9 U_2$，所以 $U_2 = \dfrac{U_L}{0.9} = \dfrac{60V}{0.9} \approx 66.7V$

流过二极管的平均电流

$$I_{VD} = \frac{1}{2} I_L = \frac{1}{2} \times 4A = 2A$$

二极管承受的反向峰值电压

$$U_{RM} = \sqrt{2} U_2 = 1.41 \times 66.7V \approx 94V$$

查晶体管手册，可选用整流电流为 3A，额定反向工作电压为 100V 的整流二极管 2CZ12A（3A/100V）共 4 只。

单相桥式整流电路适用于中、小功率的整流。必须注意，桥式整流电路的 4 只二极管的正、负极不能接反。交流电压和直流负载分别应接的对角顶点也不能接错。否则，可能发生电源短路，不仅会烧坏整流二极管，甚至会烧坏电源变压器。单相整流电路只用三相供电线路中的一相电源，如果电流较大，将使三相负载严重不平衡，影响供电质量。因此，大功率整流（几千瓦以上）一般采用三相整流电路。三相整流不仅可以做到三相电源的负载平衡，而且输出的直流电压脉动较小。

※活动实施步骤※

一、搭接单相桥式整流电路

搭接电路：按照电路原理图 1-46 所示，在电子实验箱上搭接单相桥式整流电路。

二、检测单相桥式整流电路

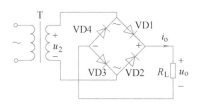

1. 观察波形

用示波器观察交流电压 u_2 和负载电阻上 U_L 的电压波形。在任务单表 1-9 中画出波形图。

2. 测量电压

选用万用表的交流电压挡，测交流电压 U_2，用直流电压挡测量整流输出电压平均值 U_L，将数据记入任

图 1-46　单相桥式整流电路

务单表 1-9，同时根据相应的公式将理论值计算后填入任务单表 1-9 中，对比二者差值。

3. 归纳与思考

（1）单相桥式整流中，若二极管 VD1 接反会出现什么情况？若 VD2 断开会出现什么情况？

（2）若将桥式整流电路中的 4 只二极管均反接，对输出电压有何影响？

三、评价方案

评价表见表 1-6。

表 1-6　单相桥式整流电路检测评价表

序号	评价内容		评价标准
1	桥式整流	搭接电路	接线正确、熟练
		观察波形	示波器接线正确，会调波形
		测量输出电压	挡位选择正确，会接线，读数正确
2	安全、规范操作		操作安全、规范，爱护仪器设备，表格填写工整
3	5S 现场管理		现场做到整理、整顿、清扫、清洁、素养

活动二　识读滤波电路

※应知应会※

1. 掌握单相桥式整流电容滤波电路的组成、原理。能画出单相桥式整流电容滤波电路的输出波形。

2. 了解单相桥式整流电感滤波电路的组成。了解复式滤波电路的组成。

3. 会搭接单相桥式电容、电感滤波电路。

4. 会用万用表检测单相桥式整流电容、电感滤波电路的输出电压。

5. 会用示波器观察电路的输出波形。

※工作准备※

设备与材料：万用表、示波器、电子实验箱（见图 1-47）、导线若干。使用电子实验箱上提供的电阻、电容、二极管电桥、交流电源，完成单相桥式整流电容滤波、电感滤波电路的搭接、检测。

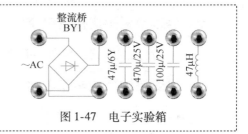

图 1-47　电子实验箱

※知识链接※

一、电容滤波电路

看一看：单相半波整流电容滤波电路及单相桥式整流电容滤波电路的组成、原理、波形。

整流电路虽把交流电转变为直流电，但整流输出的直流电压脉动程度仍然比较大，不能直接作为电子设备的直流电源使用。因此，常使用滤波电路减小整流电路输出电压中的脉动成分。滤波电路有电容滤波、电感滤波和复式滤波。电容滤波适用于负载电流较小并且负载基本不变的场合。电感滤波适用于负载电流变化较大的场合。复式滤波效果较好，是较为实用的滤波器。

1. 单相半波整流电容滤波电路

在单相半波整流电路中，加入滤波电容，电容 C 与负载电阻 R_L 相并联，构成单相半波整流电容电路，如图 1-48 所示。

电路中电容 C 与负载电阻 R_L 相并联，因此，负载两端电压等于电容器 C 两端电压，即 $U_L = U_C$，由于电容器的滤波作用，输出电压的波形如图 1-49 所示。

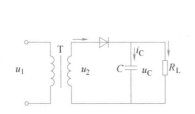

图 1-48　单相半波整流电容滤波电路

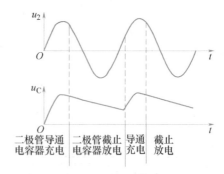

图 1-49　单相半波整流电容滤波电路输出电压波形

设起始时电容器两端电压为零。当 u_2 由零进入正半周时，二极管导通，电容 C 被充电，其两端电压 u_C 将随 u_2 的上升而逐渐增大，直至达到 u_2 的最大值。在此期间，电源经二极管同时向负载提供电流。

当 u_2 从最大值开始下降时，由于电容器两端电压不会突变，将出现 $u_2 < u_C$ 的情况。这时，二极管则因反向偏置而提前截止，电容器通过 R_L 放电为负载提供电流，通过负

载的电流方向与二极管导通时的电流方向相同。在 R_L 和 C 足够大的情况下，放电过程持续时间较长，直至交流电压 u_2 正向上升至 $u_2 > u_C$ 时，二极管再次导通，重复上述过程。

由于二极管的正向导通电阻很小，所以电容充电很快，u_C 紧随 u_2 升高。当 R_L 较大时，电容器放电较慢，负载两端的电压慢慢下降，甚至几乎保持不变。因此，输出电压不仅脉动程度减小，其平均值也可得到提高。

2. 单相桥式整流电容滤波电路

在单相桥式整流电路中，加入滤波电容，电容 C 与负载电阻 R_L 相并联，构成单相桥式整流电容滤波电路。其工作原理和单相半波整流电容滤波电路类似，如图 1-50 所示，所不同的只是在一个周期内电容充放电各两次，其输出波形更加平滑，输出电压也有所提高，它的输出电压波形如图 1-51 所示。

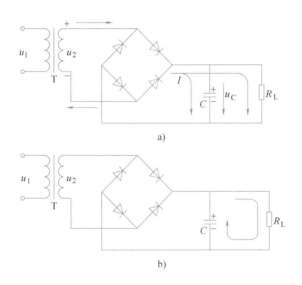

图 1-50　单相桥式整流电容滤波电路

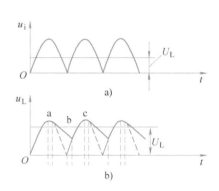

图 1-51　单相桥式整流电容滤波
电路输出电压波形

 议一议：电容的大小对滤波效果有什么影响？

3. 电容的选择

在滤波电路中，电容容量越大，滤波效果越好，输出波形越趋于平滑。但电容容量过大瞬间充电电流太大，一般为了获得比较平滑的直流电压，通常选取 $R_L C \geq (3 \sim 5)\dfrac{1}{2}T$ 来选择滤波电容，其中 T 为交流电的周期。

若取 $R_L C = 4 \times (T/2) = 2T$，电容滤波后的输出电压的平均值约为

半波整流电容滤波 $\qquad\qquad\qquad U_L = U_2$ $\qquad\qquad\qquad$ (1-21)

桥式整流电容滤波 $\qquad\qquad\qquad U_L = 1.2U_2$ $\qquad\qquad\qquad$ (1-22)

电容滤波输出电压随输出电流变化很大，所以电容滤波只适用于负载电流较小并且负载基本不变的场合。

二、电感滤波电路

看一看：单相桥式整流电感滤波电路的组成、波形。

1. 电感滤波电路组成

单相桥式整流电感滤波电路如图 1-52 所示，在单相桥式整流电路中，加入滤波电感，电感 L 与负载电阻 R_L 相串联，构成单相桥式整流电感滤波电路。

2. 电感滤波原理

电感 L 与负载电阻 R_L 串联，利用通过电感的电流不能突变的特性来实现滤波。当通过电感中的电流增大时，自感电动势的方向与原电流方向相反，自感电动势阻碍了电流的增加，同时也将能量储存了起来，使电流变化率减小。反之，当通过电感中的电流减小时，自感电动势的方向与原电流方向相同，自感电动势的作用又阻碍了电流的减小，同时释放能量，使电流变化率减小，因此减少了输出电压的脉动，在负载上得到较平滑的电压。不仅如此，当负载变化引起输出电流变化时，电感线圈也能抑制负载电流的变化。所以电感滤波适用一些大功率整流设备和负载电流变化较大的场合。

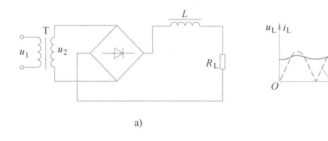

图 1-52　电感滤波电路及输出波形

a) 单相桥式整流电感滤波电路　b) 输出波形

显然，L 越大，滤波效果越好。但电感量较大时（几亨至几十亨），电感器的铁心粗大笨重、线圈匝数较多，其应用有一定的局限性，在小功率的电子设备中很少采用。

三、复式滤波器

读一读：复式滤波器组成及特点。

为了取得更好的滤波效果，使输出电压脉动更小，可用电容和电感混合组成复式滤波器。常见的有 L 型和 π 型两种，如图 1-53 所示。

L 型滤波器如图 1-53a 所示，同时利用电感阻止交流分量和电容旁路交流分量的特性，所以滤波效果较好。又因电感线圈电流不能突变，所以在接通电路的瞬间冲击电流较小，适用于大电流电路。

LC-π 型滤波器如图 1-53b 所示，由于再并联一个电容器，所以滤波性能更好一些，因此在许多电子设备中得到广泛应用。考虑到冲击电流，C_1 的电容量应比 C_2 小，这种滤波器适用于小电流电路。

对于负载电流较小和负载比较稳定的场合，为了简单经济，可用适当的电阻 R 代替电感 L 组成 RC-π 型滤波器，如图 1-53c 所示。RC-π 型滤波器结构简单，电阻 R 还起降压、限流作用，滤波效果较好，是最实用的一种滤波器。

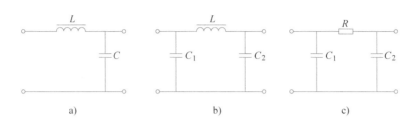

图 1-53　复式滤波器

a）L 型滤波器　b）LC-π 型滤波器　c）RC-π 型滤波器

※ 活动实施步骤 ※

一、搭接、测试单相桥式整流电容滤波电路

1. 搭接单相桥式整流电容滤波电路

按照如图 1-54 所示电路图，对照电子实验箱上相应位置，按任务单表 1-11 完成单相桥式整流电容滤波电路搭接。

2. 测试单相桥式整流电容滤波电路

按任务单表 1-11 完成单相桥式整流电容滤波电路测试。

二、搭接、测试单相桥式整流电感滤波电路

1. 搭接单相桥式整流电感滤波电路

按照如图 1-55 所示电路图，对照电子实验箱上相应位置，按任务单表 1-11 完成单相桥式整流电感滤波电路搭接。

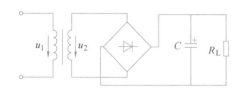

图 1-54　单相桥式整流电容滤波电路

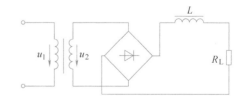

图 1-55　单相桥式整流电感滤波电路

2. 测试单相桥式整流电感滤波电路

按任务单表 1-11 完成单相桥式整流电感滤波电路测试。

3. 归纳与思考

（1）电容值的大小与滤波效果分析。

（2）本次实验电容滤波与电感滤波哪个效果好？

三、评价方案

评价表见表1-7。

表1-7 滤波电路测试评价表

序号	评价内容	评价标准
1	万用表测交流电压	挡位选择正确、表笔连接正确,读数准确,熟练完成,表笔复位
2	万用表测直流电压	挡位选择正确、表笔连接正确,读数准确,熟练完成,表笔复位
3	示波器观察波形	接线正确、调钮正确、波形稳定,熟练完成
4	数据及数据分析	数据准确,分析正确
5	搭接电路	接线正确,熟练完成
6	安全、规范操作	操作安全、规范,爱护仪器设备
7	5S现场管理	现场做到整理、整顿、清扫、清洁、素养

活动三 识读稳压电路

※应知应会※

1. 了解稳压二极管并联型稳压电路组成、原理、特点。了解晶体管串联型稳压电路组成。

2. 认识集成稳压器。

3. 会搭接稳压二极管并联型稳压电路并测试,会应用集成稳压器。

※工作准备※

设备与材料:万用表、电子实验箱(见图1-56)、导线若干。

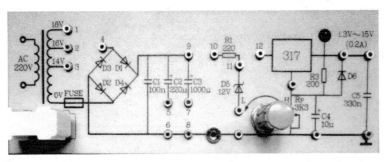

图1-56 电子实验箱

※知识链接※

一、稳压二极管并联型稳压电路

 看一看:稳压二极管并联型稳压电路的组成。

稳压电路有并联型稳压电路、串联型稳压电路和开关型稳压电路等。并联型稳压电路是利用硅稳压二极管的稳压特性来稳定负载电压，适用于功率较小和负载电流变化不大的场合。串联型稳压电路中，调整管与负载串联，且输出电压可以调节，适用于稳压精度要求高、对效率要求不高的场合。开关型稳压电路则克服了串联型稳压电路的缺点，在现代电子设备中得到广泛应用。

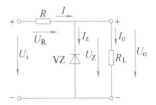

图 1-57　稳压二极管并联型稳压电路

1. 电路组成

稳压二极管并联型稳压电路如图 1-57 所示。稳压二极管 VZ 与负载 R_L 并联，电阻 R 起限流作用，用以保护稳压二极管，同时限制负载电流。稳压电路的输入电压 U_i 是由整流滤波电路提供的直流电压，而输出电压 U_o 即稳压二极管的稳定电压 U_Z。

　议一议：分析并联型稳压电路的原理，电路有何特点？

---

2. 工作原理

稳压二极管并联型稳压电路各电压电流标示如图 1-57 所示。若电网电压波动，导致输入电压 U_i 增大时，$U_i = U_R + U_o$，VZ 两端电压即输出电压 U_o 也将增大，$U_o = U_Z$。根据稳压二极管的反向击穿区特性，只要加在稳压二极管上的反向电压稍有增加，其工作电流 I_Z 就显著增大。这时，电路电流 I 增大，在电阻 R 上的电压降增大，以抑制输出电压的升高，使得负载两端电压基本保持不变。其工作过程是：

$$U_i \uparrow \rightarrow U_o \uparrow \rightarrow I_Z \uparrow \rightarrow I \uparrow \rightarrow I_R \uparrow \rightarrow U_R \uparrow \rightarrow U_o \downarrow$$

反之，输入电压降低时，其工作过程与上述相反，通过稳压二极管与电阻 R 的调节作用，将使电阻 R 上的电压降减小，以抑制输出端电压的降低而使负载电压基本不变，U_o 仍保持稳定。

如果电网电压不变而负载发生变化时，该电路也能起到稳压作用。当负载电流变大而使电源的端电压降低时，稳压二极管的工作电流将减小，以补偿负载电流的变化。因此，通过电阻 R 的电流基本不变。这样，电阻 R 上的电压降基本不变，输出端电压便趋向稳定。其工作过程是：

$$I_o \uparrow \rightarrow I \uparrow \rightarrow I_R \uparrow \rightarrow U_o \downarrow \rightarrow I_Z \downarrow \rightarrow I_R \downarrow \rightarrow U_o \uparrow$$

为使稳压电路正常工作，输入电压 U_i 必须高于稳压二极管的稳定电压 U_Z。通过稳压二极管的工作电流也必须在最大稳定电流与最小稳定电流之间。因此，必须适当选择限流电阻 R 的阻值。

3. 电路特点

在稳压二极管稳压电路中，输出电压的大小总等于稳压二极管的稳压值，即 $U_o = U_Z$。为了提高电路带负载的能力，减少输出电压的波纹，常在稳压二极管上并联一个滤波电容。在实际应用中，如果选择不到稳压值符合需要的稳压二极管，也可以使用稳压值较低的稳压二极管串联后，来获得所需的电压值。

并联型稳压电路结构简单，但输出电压由稳压二极管的稳压值决定不能调节，输出电流也受稳压二极管电流限制，变化范围小，只适用于功率较小和负载电流变化不大的场合。

二、晶体管串联型稳压电路

看一看：晶体管串联型稳压电路的组成。

1. 晶体管串联型稳压电路组成

串联型稳压电路克服了稳压二极管稳压电路的输出电压不能调节，负载电流允许变化范围小的缺点，稳压效果较好，是一种常用的稳压电路。它由取样电路、基准电压、比较放大电路、调整器件组成，框图如图 1-58 所示。

晶体管串联型稳压电路如图 1-59 所示。

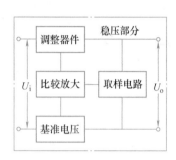

图 1-58　串联型稳压电路框图

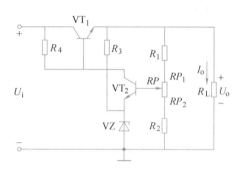

图 1-59　晶体管串联型稳压电路

（1）取样电路　取样电路的作用是取出输出电压的一部分，它由 R_1、R_2 和 RP 组成，与负载 R_L 并联，通过它可以反映输出电压 U_o 的变化。它将输出电压 U_o 一部分作为取样电压 U_f（即 VT_2 的基极电位 U_{B2}），送到比较放大环节。

（2）基准电压　基准电压的作用是提供一个稳定的标准电压 U_Z，作为调整、比较的标准。这部分电路由限流电阻 R_3 与稳压二极管 VZ 组成。

（3）比较放大电路　比较放大器的作用是比较取样电压相对基准电压的变化，并进行放大从而影响调整器件。它由晶体管 VT_2、R_4 组成，具体是将取样电压 U_f 与基准电压 U_Z 之差（U_{BE2}）放大后去控制调整器件 VT_1。

（4）调整器件　根据比较放大电路给出的信号，对输出电压进行调整，使输出电压保持稳定。由晶体管 VT_1 组成，它是串联型稳压电路的核心元器件。VT_1 必须选择大功率晶体管。

议一议：分析串联型稳压电路的原理，电路有何特点？如何计算输出电压范围？

2. 工作原理

串联型稳压电路的自动稳压过程按电网波动和负载电阻变动两种情况分述如下：

电网波动　　$U_i \uparrow \to U_o \uparrow \to U_f \uparrow \to U_{BE2} \uparrow \to I_{B2} \uparrow \to I_{C2} \uparrow \to U_{CE2} \downarrow \to U_{BE1} \downarrow \to I_{B1} \downarrow \to U_{CE1} \uparrow \to U_o \downarrow$

负载电阻波动　　$R_L \downarrow \to U_o \downarrow \to U_f \downarrow \to U_{BE2} \downarrow \to I_{B2} \downarrow \to I_{C2} \downarrow \to U_{CE2} \uparrow \to U_{BE1} \uparrow \to I_{B1} \uparrow \to U_{CE1} \downarrow \to U_o \uparrow$

当 $U_i \downarrow$ 或 $R_L \uparrow$ 时的调整过程与上述相反。从上述调整过程可以看出，该电路是依靠电压负反馈来稳定输出电压的。

3. 输出电压

串联型稳压电路的输出电压 U_o，由取样电路的分压比和基准电压的乘积决定。因此，调节电位器 RP 的滑动端子可调节输出电压 U_o 的大小。U_o 的调节范围为

$$U_{omax} = \frac{R_1 + R_2 + RP}{R_2} U_Z$$

$$U_{omin} = \frac{R_1 + R_2 + RP}{R_2 + RP} U_Z$$

串联型稳压电路中的比较放大电路也可由集成运算放大器组成，如图 1-60 所示。图中，用复合管代替了 VT_1，以便扩大输出电流；基准电压 U_Z 和取样电压 U_f 分别接于集成运算放大器的同相和反相输入端。其电路组成部分、工作原理及输出电压的计算与前述电路完全相同。

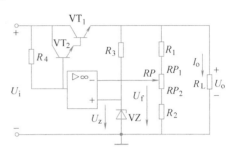

图 1-60　采用集成运算放大器和复合管的稳压电路

三、集成稳压器

读一读：集成电路小知识；集成稳压器的类型、特点。

分立元器件稳压电路存在可靠性差、体积大等缺点。随着电子技术的发展，集成化的稳压器应用越来越广泛。

1. 集成电路

集成电路就是将一个或多个成熟的单元电路（元器件和连线）做在一块硅材料的半导体芯片上，再从这块芯片上引出几个引脚，作为电路供电和外界信号的通道，外观加以封装即可。从 1962 年世界上第一个集成电路诞生以来，集成电路的技术越来越先进，从一块芯片上集成了几十个元器件到集成几十万、几百万个元器件（其中绝大多数是晶体管），它在实际中的应用也越来越广泛。集成技术的每一次发展，也都带来电子技术的一次进步。

集成电路和分立器件电路相比，有以下许多优点。

1）集成电路中的电路的制造工艺都是相同的，设计定型后的产品使用时一般都不存在调试问题。

2）将大量的元器件封装在很小的一个外壳里，使得总体成本降低了不少，比用分立元器件组装出的相同功能的电路要便宜得多。

3）用集成电路制造的电子电器，焊接点也少，出故障的可能性也就随之小了许多，它内部元器件的连线短，使得电路工作的可靠程度也大大提高。

4）当集成电路出故障时，更换也十分方便。

2. 集成稳压器

集成稳压器的电路结构绝大多数为串联型稳压电路，具有性能好、体积小、重量轻、价格便宜、使用方便，有过热、短路电流限流保护和调整管安全区等保护措施，使用安全可靠等优点。集成稳压器按照输出电压是否可调，可分为固定式和可调式两大类型。

（1）三端电压固定式集成稳压器　三端电压固定式集成稳压器，它将稳压电路中的所有元器件做在一起，形成一个稳压集成块，对外只引出三个引脚，即输入端、输出端和公共端。其封装形式有金属壳封装和塑料封装两种。

三端电压固定式集成稳压器有 W78×× （正电压输出）和 W79×× （负电压输出）两大系列，外形及引脚排列如图 1-61 所示。输出电压为 5V、6V、8V、12V、15V 、18V 和 24V 等，输出电压值由型号中的后两位数字表示。例如，W7805 表示输出电压为 +5V，W7912 表示输出电压为 −12V。在保证充分散热的条件下，输出电流有 0.1A （字母 L 表示）、0.5A （字母 M 表示）和 1.5A （无字母）。例如，W78L12 说明输出正电压 12V，电流 0.1A；W7908 说明输出负电压 8V，电流 1.5A。

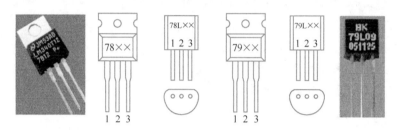

图 1-61　三端电压固定式集成稳压器的外形及引脚排列

W78×× 系列稳压器 1 脚为输入端、2 脚为输出端、3 脚为公共端；W78×× 系列稳压器 3 脚为输入端、2 脚为输出端、1 脚为公共端，应用电路如图 1-62 所示。交流电网电压经变压、整流、电容滤波后的不稳定直流电压加到 W78×× 系列或 W79×× 系列稳压器，其中电容 C_1 用于减小输入电压的脉动，C_2 用于削弱电路的高频噪声。

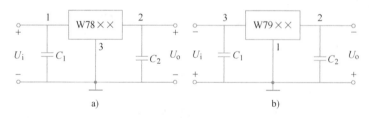

图 1-62　三端电压固定式集成稳压器的典型应用
a）W78×× 系列应用　b）W79×× 系列应用

使用三端电压固定式集成稳压器后，可使稳压电路变得简洁，只需在输入端和输出端上分别加一个滤波电容就可以了，但接线时应注意区分输入端与输出端，如果接错，将使调整管的发射结承受过高的反向电压，可能导致击穿。W78×× 及 W79×× 系列集成稳压器属于功耗较大的集成电路，必须装配散热器才能正常工作。如果散热不良，稳压器内部的过热保护电路对输出电压进行限制，使稳压器中止工作。

三端电压固定式集成稳压器，原为固定输出电压设计的，但如外接某些元器件后，也可以改变输出电压，并使输出电压可调。能输出正、负电源的电路如图 1-63 所示。

（2）三端可调式集成稳压器　三端可调式集成稳压器的输出电压在小范围内调节，有一定的灵活性，稳定性优于固定式。它也分正电压稳压器 W317××/W217××/W117×× 系列和负电压稳压器 W137××/W237××/W337×× 系列。外形及引脚排列如图 1-64 所示，三个端子为输入端、输出端、调整端。W317××/W217××/W117×× 系列

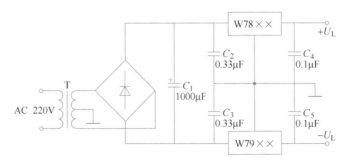

图 1-63　输出正、负电源的电路

的 1 脚为调整端、2 脚为输入端、3 脚为输出端；W137 × ×/W237 × ×/W337 × ×系列的 1 脚为调整端、3 脚为输入端、2 脚为输出端。通过调整外接电阻 R 和电位器 RP 组成典型调压电路如图 1-65 所示，需调节电位器 RP，就能使输出电压在 1.2 ~ 37V 范围内连续可调。

W ×17 或 W ×37 系列中的 × 含义如下：1 表示军品，2 表示工业品，3 表示

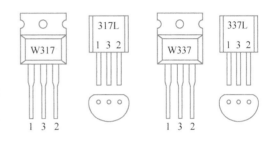

图 1-64　三端可调式集成稳压器的外形及引脚排列

民品。输出电流表示方式同三端固定式集成稳压器一样，有 0.1A（字母 L 表示）、0.5A（字母 M 表示）和 1.5A（无字母）。

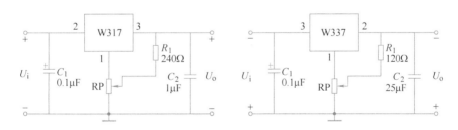

图 1-65　三端可调式集成稳压器的典型调压电路

※活动实施步骤※

一、搭接、测试稳压二极管并联型稳压电路

1. 连接稳压二极管并联型稳压电路。按任务单图 1-19、图 1-20 所示电路图，在电子实验箱上搭接电路。

2. 测量稳压效果。改变变压器二次电压值，测量输出电压，填入任务单表 1-14 中，分析数据，观察稳压效果。

二、搭接、测试集成稳压器应用电路

1. 按照任务单图 1-21，连接三端可调式集成稳压器（W317）稳压电路。

2. 测量三端可调式集成稳压器稳压电路输出电压范围。使输入电压 $u_i = 16V$。调节电子实验箱上的电位器 RP 向左旋到头（即 RP 最小），读出输出电压 u_{omin}，填入任务单表 1-15 中。再将电位器 RP 向右旋到头（即 RP 最大），读出输出电压 u_{omax}，填入任务单表 1-15 中。

三、评价方案

评价表见表 1-8。

表 1-8　稳压电路测试评价表

序号	评价内容	评价标准
1	万用表测输出电压	挡位选择正确,表笔连接正确,读数准确,熟练完成,表笔复位
2	搭接电路	接线正确,熟练完成
3	数据及数据分析	数据填写清晰、准确,分析正确
4	安全、规范操作	操作安全、规范,爱护仪器设备
5	5S 现场管理	现场做到整理、整顿、清扫、清洁、素养

活动四　识读放大电路

※应知应会※

1. 掌握晶体管基本放大电路的组成、原理。
2. 会分析计算晶体管基本放大电路的参数。
3. 会测试晶体管基本放大电路的参数。
4. 了解静态工作点稳定的放大电路、多级放大电路、放大电路中的反馈。

※工作准备※

　　设备与材料：万用表、毫伏表、示波器、电子实验箱、分立电路板（见图 1-66）、导线若干。

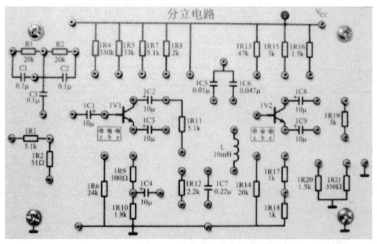

图 1-66　分立电路板

※知识链接※

一、放大电路概述

 读一读：放大电路的作用、实质、种类。放大电路中电压、电流的表示。

1. 放大电路的作用和实质

放大电路又称放大器，其作用是把微弱的电信号放大成较强的电信号。扬声器就是放大器的典型应用，如图 1-67 所示。扬声器是将输入送话器的微弱电信号经扬声器内部放大电路将信号放大成较强的电信号输出，从而发出足够的声音。

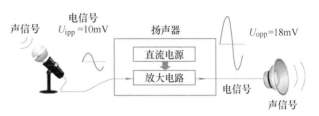

图 1-67 扬声器的原理

放大电路的实质是一种能量的转换，它是将直流电能转换为输出信号的能量。因此，放大电路必须接直流电源才能工作。由于晶体管具有电流放大的特性，因此，放大电路是以晶体管为主的电路。

2. 放大器的种类

放大器的形式和种类很多，主要可以分为交流放大器和直流放大器两种。按放大的对象来分，有电压、电流和功率放大器等；按放大器的工作频率来分，有低频、中频和高频放大器等；按放大器中晶体管的连接方式来分，有共发射极、共基极和共集电极放大器等；按放大器的级数来分，有单级和多级放大器；按元器件分为分立元器件放大器和集成放大器；按通频带不同分为宽带放大器和谐振放大器；按是否引入反馈分为基本放大器和负反馈放大器等。

晶体管构成的基本放大电路有三种组态，即共发射极放大电路、共集电极放大电路、共基极放大电路，如图 1-68 所示。共发射极放大电路的电压、电流、功率放大倍数都较大，所以广泛应用在多级放大电路的中间放大级。共集电极放大电路只有电流、功率放大作用，无

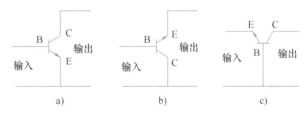

图 1-68 基本放大电路的三种组态
a）共发射极 b）共集电极 c）共基极

电压放大作用，它的输入电阻大、输出电阻小，用于阻抗匹配或缓冲电路，常用在多级放大电路的输入、输出级。共基极放大电路频率特性好、电压放大倍数大，所以多用作高频放大器、高频振荡器及宽带放大器。

3. 电路的电压电流符号规定

由于放大电路既有直流电源作用又有交流信号源作用，所以在放大电路中既有直流分量，又有交流分量。为了便于区分不同的分量，通常做以下规定：

— 47 —

直流量：大写字母大写下标，如 I_B、I_C、I_E、U_{BE}、U_{CE}。

交流量：小写字母小写下标，如 i_b、i_c、i_e、u_{be}、u_{ce}。

交流和直流叠加量：小写字母大写下标，如 i_B、i_C、i_E、u_{BE}、u_{CE}。

 看一看：放大电路的组成及原理。

4. 放大原理

放大电路的工作状态分静态和动态两种。未加输入信号时，晶体管的直流工作状态称为静态，此时各极电压、电流均为直流。给晶体管加入交流输入信号之后的工作状态称为动态，这时晶体管各极电压、电流是交流量叠加直流量。

图 1-69b 所示的共发射极放大电路中，输入信号 u_i 通过电容 C_1 的耦合送到晶体管的基极和发射极。直流电源 V_{CC} 通过偏置电阻 R_B 提供 U_{BEQ}，此时在基极与发射极之间的信号 u_{BE} 即为输入交流量 u_i 叠加直流量 U_{BEQ}，则必然会产生一个 i_B 流过输入回路，进入晶体管放大。被放大的 i_C 是 i_B 的 β 倍，该电流流过电阻 R_C 后，形成的电压波形也是与 i_C、i_B 相似的 u_{CE}。在 V_{CC} 值一定的条件下，晶体管 C、E 极之间的电压降和 R_C 上电压降的变化方向相反，即 u_{CE} 波形与 i_C 波形相位相反（互差180°）。

在隔离电容 C_2 作用下，只有 u_{CE} 中交流分量可以耦合到负载上，而直流分量被阻断。这个交流分量就是输出信号 u_o，显然该数值比输入信号 u_i 要大得多。

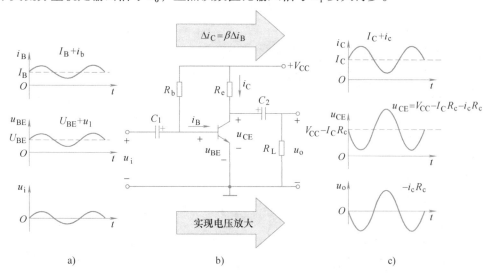

图 1-69　共发射极放大电路及放大原理波形图

a）输入回路工作波形　b）共发射极放大电路　c）输出回路工作波形

综上所述，在共发射极放大电路中，输出的电压与输入电压相位相反，频率相同，幅度得到放大，因此该电路通常称作反相放大器。

在此需要说明的是，适当大小的直流量是保证交流信号不失真放大的重要条件，其值过大或过小都会引起输出波形失真。因此若要不失真地放大信号，必须要有合适的静态工作点。

5. 静态工作点

静态工作点是指在静态情况下，电流、电压参数在晶体管输入、输出特性曲线簇上所确定的点，用 Q 表示，一般包括 I_{BQ}、I_{CQ}、U_{CEQ}。放大电路静态工作点的设置是否合适，对放大电路的性能有极其重要的影响，是放大电路能否正常工作的重要条件。

如果静态工作点的位置选择不当，或者静态工作点不稳定，都可能导致输出信号失真。例如，在音频放大中表现为声音失真，在电视扫描放大电路中表现为图像比例失真。由静态工作点设置不合适引起的失真主要有截止失真和饱和失真两类。静态工作点偏低，接近截止区，引起截止失真，如图 1-70 所示输出电压波形的正半周出现平顶；静态工作点偏高，接近饱和区，引起饱和失真，如图 1-71 所示输出电压波形的负半周出现平顶。

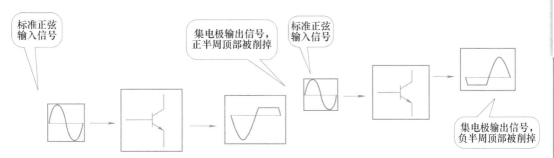

图 1-70　晶体管进入截止区后信号的失真　　　图 1-71　晶体管进入饱和区后信号的失真

为了避免产生失真，静态工作点 Q 选择的原则是在正弦信号全周期内，晶体管均工作在放大区，只有当静态工作点在放大区时，晶体管才能不失真地对信号进行放大，因此，要使放大电路正常工作，必须使它具有合适的静态工作点。

要想使晶体管进入放大区，无论是 NPN 型晶体管还是 PNP 型晶体管，必须给晶体管各个电极一个合适的直流电压，以保证晶体管的发射结正偏，集电结反偏。

 议一议：需要分析放大电路哪些参数？

6. 放大电路的分析

放大电路的分析方法有估算法和图解法两种。估算法较为简便，常用来对放大电路进行分析，可用来估算静态工作点、输入电阻、输出电阻、电压放大倍数；图解法要作出直流负载线、交流负载线，用来分析放大电路的动态特性比较直观。放大电路的分析内容主要包含静态分析（直流分析）和动态分析（交流参数分析）。静态分析主要是估算静态工作点，即 I_{BQ}、I_{CQ}、U_{CEQ} 三个量的值；动态分析主要分析衡量放大器性能指标的电压放大倍数、输入电阻、输出电阻。

（1）电压放大倍数 A_u　电压倍数是指放大器输出信号的电压 u_o 与输入信号的电压 u_i 的比值，它反映放大器的电压放大能力，用 A_u 表示，其定义式为

$$A_u = \frac{u_o}{u_i}$$

一般将用分贝表示的放大倍数称为增益，用 G 表示，则电压增益 G_u 为

$$G_u = 20\lg A_u (\mathrm{dB})$$

当 $A_u = 10$ 时，$G_u = 20\mathrm{dB}$；当 $A_u = 100$ 时，$G_u = 40\mathrm{dB}$；当 $A_u = 1000$ 时，$G_u = 60\mathrm{dB}$。

（2）输入电阻 r_i　输入电阻是从放大电路的输入端看进去的等效电阻，对信号源来说就是负载，其值越大，信号电压损失越小。其定义式为

$$r_i = \frac{u_i}{i_i}$$

（3）输出电阻 r_o。 输出电阻是从放大电路的输出端看进去的等效内阻，对负载来说就是信号源内阻，其值越小，带负载能力越强，输出电压越稳定。其定义式为

$$r_o = \frac{u_o}{i_o}$$

二、共发射极放大电路

看一看：共发射极放大电路的组成。

1. 共发射极放大电路的组成

图 1-72 所示是 NPN 型晶体管组成的共发射极放大电路，整个电路分为输入回路和输出回路两大部分。图中，发射极是输入回路和输出回路的公共端，故称此电路为共发射极基本放大电路。

V_{cc} 为放大电路提供能源，是直流电源，为电路提供工作电压和电流。

晶体管 VT 是电路的核心，起电流放大作用。

R_B 是基极偏置电阻，提供大小合适的基极偏置电流，使电路有合适的静态工作点，R_B 一般为几十千欧到几百千欧。

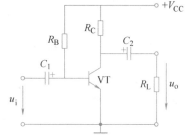

图 1-72　共发射极放大电路

R_C 是集电极负载，将放大的电流的转为放大的电压输出。R_C 一般为几千欧到十几千欧。

C_1、C_2 是输入、输出耦合电容，通交流隔直流，避免放大电路的直流成分影响到信号源和负载。通常 C_1 和 C_2 选用电解电容，一般为几微法到几十微法。

议一议：如何具体分析放大电路的静态工作点、交流参数？

2. 静态分析

（1）画直流通路　直流通路指静态时，放大电路直流通过的路径。在直流情况下，电容可视为开路，因此画直流通路时把电容支路断开即可，图1-73为放大电路的直流通路。

（2）估算静态工作点　静态分析主要是确定放大电路的静态工作点 Q（I_{BQ}、I_{CQ}、U_{CEQ}）。静态时，电源 V_{CC} 通过 R_B 给晶体管的发射极加上正向偏置，产生的

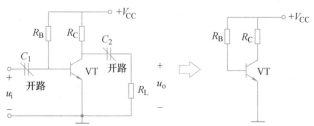

图 1-73　放大电路的直流通路

基极电流用 I_{BQ} 表示，集电极电流用 I_{CQ} 表示，此时的集-射电压用 U_{CEQ} 表示。放大电路的静态值分别为

$$I_{BQ} = \frac{V_{CC} - U_{BE}}{R_B} \qquad (1-23)$$

因为 $V_{CC} \gg U_{BE}$，$U_{BE} \approx 0$，所以

$$I_{BQ} = \frac{V_{CC}}{R_B} \qquad (1-24)$$

$$I_{CQ} = \beta I_{BQ} \qquad (1-25)$$

$$U_{CEQ} = V_{CC} - I_{CQ}R_C \qquad (1-26)$$

【例1-2】 在图1-72中已知：$V_{CC} = 12V$，$R_C = 4k\Omega$，$R_B = 300k\Omega$，$\beta = 37.5$。用估算法计算静态工作点。

解： $I_{BQ} = \dfrac{V_{CC}}{R_B} = \dfrac{12V}{300k\Omega} = 0.04mA$

$I_{CQ} = \beta I_{BQ} = 37.5 \times 0.04mA = 1.5mA$

$U_{CEQ} = V_{CC} - I_{CQ}R_C = 12V - 1.5mA \times 4k\Omega = 6V$

3. 动态分析

（1）画交流通路　交流通路是指输入交流信号时，放大电路交流信号流通的路径。由于容抗小的电容以及内阻小的直流电源可视为对交流短路，因此画交流通路时只需把容量较大的电容及直流电源简化为一条短路线即可。图1-74为放大电路的交流通路。

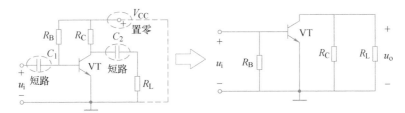

图1-74　放大电路的交流通路

（2）估算交流参数　放大电路有输入信号的工作状态称为动态。动态分析主要是确定放大电路的电压放大倍数 A_u、输入电阻 R_i 和输出电阻 R_o 等。

1）晶体管输入电阻 r_{be} 的估算。晶体管的 B 极和 E 极之间存在一个等效电阻，称为晶体管的输入电阻 r_{be}，对于小功率晶体管在共发射极接法时，r_{be} 是一个常数，常用式（1-27）近似估算

$$r_{be} \approx 300\Omega + (1+\beta)\frac{26(mV)}{I_E(mA)} \qquad (1-27)$$

式中，I_E 是晶体管发射极电流的静态值，一般可取 $I_E \approx I_{CQ}$。

2）电压放大倍数 A_u。放大器的输出端有无负载时，其输出电压不相同。

无负载时的电压放大倍数　　　　　$A_u = -\beta \dfrac{R_C}{r_{be}} \qquad (1-28)$

有负载 R_L 时的电压放大倍数　　　　　$A_u = -\beta \dfrac{R'_L}{r_{be}} \qquad (1-29)$

式中，负号表示输出电压与输入电压反相，$R'_L = R_C // R_L$。如果电路的输出端开路，即 $R_L = \infty$，则有

$$A_u = -\beta \frac{R_C}{r_{be}}$$

3）输入电阻 r_i。

$$r_i \approx R_B // r_{be}$$

— 51 —

但通常 $R_B \gg r_{be}$，因此

$$r_i \approx r_{be} \qquad (1\text{-}30)$$

4）输出电阻 r_o

$$r_o = R_C \qquad (1\text{-}31)$$

【例1-3】 在图1-72中，$V_{CC} = 12V$，$R_C = 4k\Omega$，$R_L = 4k\Omega$，$\beta = 37.5$。试求放大电路的电压放大倍数、输入电阻、输出电阻。

解：在例1-2中已求出，$I_{CQ} = \beta I_{BQ} = 1.5mA$，由式（1-27）可求出

$$r_{be} \approx 300\Omega + (1+\beta)\frac{26mV}{I_E} = 300\Omega + (1+37.5) \times \frac{26mV}{1.5mA} = 967\Omega$$

则 $\quad A_u = -\beta\frac{R_L'}{r_{be}} = -\beta\frac{R_C /\!/ R_L}{r_{be}} = -\frac{37.5 \times (4 /\!/ 4)}{0.967} = -77.6$

$$r_i \approx r_{be} \approx 967\Omega$$

$$r_o = R_C = 4k\Omega$$

三、静态工作点稳定的放大电路

 读一读：温度变化对放大电路静态工作点的影响。

1. 温度变化对静态工作点的影响

当晶体管受热时，其静态电流 I_C 数值上升明显，会引起静态工作点发生偏移，严重时会引起放大信号的波形失真。所以放大电路必须保证静态工作点的稳定。

共发射极放大电路结构简单，当直流电源 V_{CC} 和基极偏置电阻 R_B 为定值时，偏置电流 I_B 也即固定，电路自身无法自动调节静态工作点，故称为固定偏置放大电路，此电路的静态工作点会随环境温度的变化而变化，放大信号不稳定，严重时会出现失真现象，因此实际应用时很少采用这种放大电路，而采用能自动稳定静态工作点的放大电路，常见的稳定静态工作点的放大电路形式有分压式偏置放大电路、集电极-基极偏置放大电路。

 看一看：静态工作点稳定的放大电路构成，电路静态工作点稳定的原理。

2. 分压式偏置放大电路的组成

图1-75所示为分压式偏置放大电路，是在固定偏置电路的基础上，增加了 R_{B2}、R_E、C_E 三个元件构成。

R_{B1} 是上偏置电阻，R_{B2} 是下偏置电阻，电源电压 V_{CC} 经 R_{B1}、R_{B2} 串联分压后为晶体管基极提供基极电压 U_{BQ}。R_E 是发射极电阻，起到稳定静态电流的作用，C_E 并联在 R_E 两端，称为射极旁路电容，它的容量较大，对交流信号相当于短路，这样交流信号的放大能力就不会因为电阻 R_E 的接入而降低。

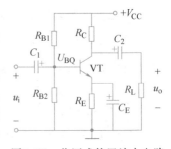

图1-75 分压式偏置放大电路

3. 稳定静态工作点原理

1）利用分压原理，可确定基极电位是某一定值，即基极电压由 R_{B1}、R_{B2} 分压决定，而与晶体管的参数无关，不会随温度变化。考虑到电路中流入基极的电流 I_{BQ} 要远远小于

流过 R_{B2} 电阻的电流（只要合适选择 R_{B1} 和 R_{B2} 的阻值即可）。那么略去对 I_{BQ} 的影响，有

$$U_{BQ} = \frac{R_{B2}}{R_{B1} + R_{B2}} V_{cc} \qquad (1\text{-}32)$$

2）利用 R_E 反馈电阻作用，起稳定静态工作点作用。由式（1-33）可以看出 I_{CQ} 大小取决于 U_{BQ}、R_E，而这二者固定不变，I_{CQ} 也基本不变。

$$I_{CQ} \approx I_{EQ} = \frac{U_{BO} - U_{BEO}}{R_E} \qquad (1\text{-}33)$$

$$U_{CEQ} = V_{CC} - I_{CQ}(R_C + R_E) \qquad (1\text{-}34)$$

3）C_E 称为射极旁路电容，由于 C_E 容量较大，对交流信号来讲，相当于短路，从而减小了电阻 R_E 对交流信号放大能力的影响。

综上所述，分压式偏置放大电路主要用于稳定静态工作点，其输出电阻、电压放大倍数与基本共发射极放大电路是一样的，只是输入电阻稍有变化，为

$$R_i = R_{B1} // R_{B2} // r_{be} \approx r_{be} \qquad (1\text{-}35)$$

4. 稳定静态工作点过程

当温度升高，分压式偏置放大电路稳定工作点的过程可表示为

T（温度）$\uparrow$（或 $\beta \uparrow$）$\to I_{CQ} \uparrow \to I_{EQ} \uparrow \to U_{EQ} \uparrow \to U_{BEQ} \downarrow \to I_{BQ} \downarrow \to I_{CQ} \downarrow$。

在上述稳定静态工作点的过程中，发射极电阻 R_E 起着重要的反馈作用。当输出回路电流 I_C 发生变化时，通过 R_E 上的电压变化来影响基-射极间的电压，从而使基极电流 I_B 向相反方向变化，从而抑制了集电极电流 I_{CQ} 的增大，自动稳定了电路的静态工作点。

分压式偏置放大电路的静态工作点稳定性好，不受温度影响。基极电压 U_{BQ} 固定与晶体管的参数无关。在满足 $I_2 \gg I_{BQ}$ 和 $U_{BQ} \gg U_{BEQ}$ 两个条件下，静态工作点将主要由电源电压和电路参数决定，与晶体管的参数几乎无关，在更换晶体管时，不必调整静态工作点，给维修带来很大方便，在电器设备中得到广泛应用。

四、多级放大电路

 看一看：多级放大电路的组成及耦合方式。

1. 多级放大电路的耦合方式

单级放大电路的电压放大倍数一般只有几十到几百，实际应用中，常需要把一个电压为 mV 和 μV 数量级，功率不到 1mW 的微弱信号放大几千倍或更高。这就需要把几个单级放大电路连接起来组成多级放大电路。

多级放大电路的组成框图如图 1-76 所示。输入级和中间级的任务是电压放大，根据需要将微弱的信号放大到足够大，为输出级提供所需要的输入信号；输出级一般为功率放大电路用于驱动负载。

多级放大电路由两个或两个以上的单级放大电路组成，级与级之间的连接方式称为耦合。常用的耦合方式有阻容耦合、变压器耦合、直接耦合、光耦合等。

为确保多级放大电路能正常工作，级间耦合必须满足以下两个基本要求：一是必须保证前级信号能顺利传输到后级，并尽可能减小功率损耗和波形失真；二是耦合电路对前、后级放大电路的静态工作点没有影响。

（1）阻容耦合　阻容耦合也称 *RC* 耦合，电路如图 1-77 所示。电容 *C* 将前、后级静态工作点隔开。用容量足够大的耦合电容进行连接，传递交流信号。由于前、后级放大电路之间的直流电路被隔离，因此该电路的优点是静态工作点彼此独立，互不影响。VT_1 和 VT_2 的工作点由各自的偏置元件独立确定。这种耦合方式存在的缺点是放大倍数与频率有关，不宜传输直流或变化缓慢的信号。

图 1-76　多级放大电路组成框图

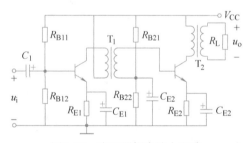

图 1-77　阻容耦合放大电路

（2）变压器耦合　变压器耦合放大电路如图 1-78 所示。变压器耦合是利用一、二次绕组之间没有直接电的联系的特点，将两个放大电路的直流量隔开，即前、后级有各自独立的静态工作点。它的缺点是传输变压器是电感元件，所以放大电路会受到一定频率范围的限定，并且体积和重量都较大，价格较贵。其优点是能实现良好的功率匹配（阻抗匹配）。

（3）直接耦合　直接耦合放大电路如图 1-79 所示。由于它的前、后级之间没有隔直流的电容或变压器，因此适用于放大直流或变化缓慢的信号。直接耦合放大电路的缺点是前、后级电路的静态工作点互相影响。直接耦合放大电路便于电路集成化，故在集成电路中得到广泛应用。

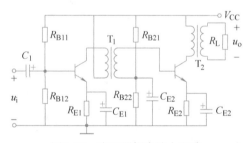

图 1-78　变压器耦合放大电路

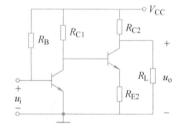

图 1-79　直接耦合放大电路

（4）光耦合　如图 1-80 所示，放大电路的前级与后级的耦合器件是光耦合器件，前级的输出信号通过发光二极管转换为发光信号，该光信号照射在光敏晶体管上，还原成电信号输送至后级的输入端。光耦合既可传输交流信号也能传输直流信号；既可以实现前、后级的电气隔离，又便于集成化。

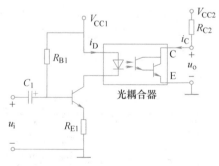

图 1-80　光耦合放大电路

> 议一议：如何计算多级放大电路的电压放大倍数？什么是阻容耦合放大电路的幅频特性？

2. 多级放大电路的电压放大倍数

无论哪种耦合方式的多级电压放大电路，其放大倍数都应是各级放大电路放大倍数的乘积，即

$$A_u = A_{u1}A_{u2}A_{u3}\cdots \tag{1-36}$$

若用分贝（dB）表示，则多级放大总增益为各级增益的代数和，即

$$G_u(\mathrm{dB}) = G_{u1}(\mathrm{dB}) + G_{u2}(\mathrm{dB}) + G_{u3}(\mathrm{dB}) + \cdots$$

在多级放大电路中，对放大信号而言，前一级输出信号就是后一级的输入信号，所以可将后级放大电路的输入电阻视为前级电路的负载。当交流信号 u_i 经第一级放大电路放大后，其输出电压 u_{o1} 就作为第二级电压放大电路的输入电压 u_{i2} 再进行放大。若不计耦合电路上的电压损失，则有 $u_{o1} = u_{i2}$。这样，第二级放大电路就成为第一级放大电路的负载，即第二级放大电路的输入电阻 R_{i2} 是第一级放大电路的负载电阻 R_{L1}。必须注意，每一级的电压放大倍数并不是孤立的，而是考虑了后级对前级放大电路的影响后所得的电压放大倍数。考虑到输出信号与输入信号之间的相位关系，电压放大倍数要连同负号一起计算。显然，由偶数级组成的多级放大电路，输入与输出信号是同相位的，而由奇数级组成的多级放大电路，输入与输出信号是反相的。

由于输入级连接着信号源，它的主要任务是从信号源获得输入信号。多级放大电路的输入电阻就是输入级的输入电阻，即 $R_i = R_{i1}$。多级放大电路的输出级就是电路的最后一级，其作用是推动负载工作。多级放大电路的输出电阻就是输出级的输出电阻，即 $R_o = R_{on}$。

3. 阻容耦合放大电路的幅频特性

（1）幅频特性　电路电压放大倍数的幅度与频率的关系称为放大电路的幅频特性，可用幅频特性曲线表示，如图 1-81 所示。

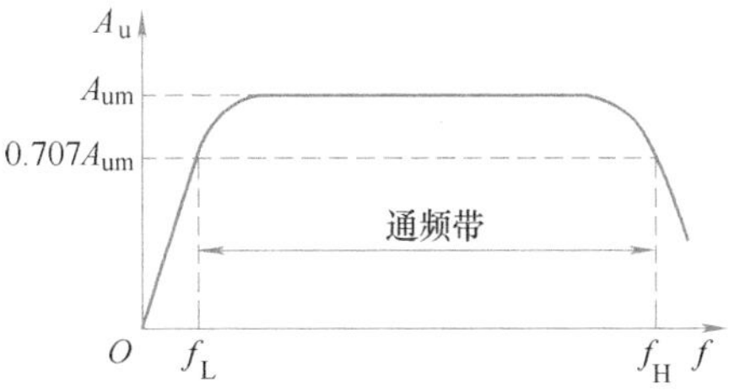

任何一种放大器，由于电感、电容和晶体管极间电容的限制。放大信号的频率都有一个上、

图 1-81　阻容耦合放大电路幅频特性曲线

下限范围，超过这个范围，放大倍数会迅速下降。通常工程上规定，当放大倍数下降到原值 70.7% 时的上、下限频率宽度称为频带宽度，简称带宽。所对应的低端频率 f_L 称为下限频率，高端频率 f_H 称为上限频率。f_L 与 f_H 之间的频率范围称为通频带，是放大电路的重要指标，用 BW 表示，则

$$BW = f_H - f_L \tag{1-37}$$

（2）多级放大电路的通频带　多级放大电路的通频带比它的任何一级的通频带都窄，且级数越多，通频带越窄。为了满足多级放大器通频带的要求，必须把每个单级放大器的通频带选的更宽些。

五、放大电路中的负反馈

读一读：反馈的基本概念，负反馈对放大电路的影响，负反馈的几种组态。

反馈在科学技术中的应用非常广泛，通常自动调节和自动控制系统都是基于反馈原理构成的。利用反馈原理还可以实现稳压、稳流等。在放大电路中引入适当的反馈，可以改善放大电路的性能，也可以构成各种振荡电路等。

1. 反馈的基本概念

将放大电路输出信号（电压或电流）的一部分或全部，通过某种电路（称为反馈电路）送回到输入端，并与之叠加的过程称为反馈。

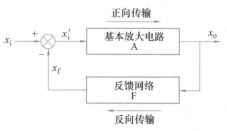

图1-82 负反馈放大电路组成框图

图1-82所示为负反馈放大电路组成框图，它由基本放大电路A、反馈网络F两部分组成。基本放大电路由单级或多级放大电路组成，完成信号从输入端到输出端的正向传输。反馈网络一般由电阻元件组成，完成信号从输出端到输入端的反向传输，即通过它来实现反馈。图中，箭头表示信号的传输方向，x_i表示外部输入信号，x_o表示输出信号，x_f表示反馈信号，x_i'表示基本放大电路的净输入信号，它们既可以是电压，也可以是电流。

2. 反馈的类型

（1）正反馈与负反馈 凡是反馈信号削弱输入信号，也就是使净输入信号减小的反馈称为负反馈；反馈信号如能起到加强净输入量的作用，则称为正反馈。正反馈使输出信号和输入信号相互促进不断增强，一般用于振荡电路中；负反馈一般用于放大电路。

（2）直流反馈与交流反馈 反馈信号中只含直流成分的称直流反馈，只含交流成分的，则称交流反馈。直流反馈仅对放大电路的直流性能（如静态工作点）有影响；交流反馈则只对其交流性能有影响（如放大倍数、输入电阻、输出电阻等），而交、直流反馈则对二者均有影响。

（3）电压反馈与电流反馈 按反馈信号在输出端取样方式可分为电压反馈、电流反馈两种类型，如图1-83所示。反馈信号取自输出电压，且与输出电压成正比的是电压反馈；反馈信号取自输出电流，且与输出电流成正比的是电流反馈。电压反馈时，

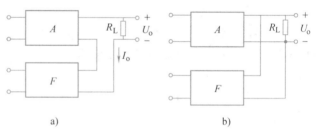

图1-83 反馈信号在输出端的取样方式
a）电流反馈 b）电压反馈

反馈网络与基本放大电路在输出端并联连接；电流反馈时，反馈网络与基本放大电路在输出端串联连接。

一般，在放大电路中引入电压负反馈，可以稳定输出电压；引入电流负反馈，则可以稳定输出电流。

（4）串联反馈与并联反馈 按反馈信号在输入端接入方式可分为串联反馈、并联反馈两种类型，如图1-84所示。反馈信号与信号源的输入信号在输入回路中串联连接着，称串联反馈，反馈信号以电压形式出现；反馈信号与信号源的输入信号在输入回路中并联连接着，则称并联反馈，反馈信号以电流形式出现。

在放大电路中引入串联负反馈，可以使放大电路的输入电阻增大；引入并联负反馈，则可以使放大电路的输入电阻减小。

3. 负反馈放大器的4种组态

按反馈信号的取样方式及接入输入端的方式，可组合成4种基本组态：电压串联负反馈、电压并联负反馈、电流串联负反馈和电流并联负反馈，组态分别如图1-85所示。

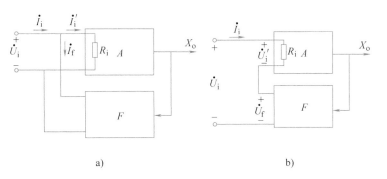

a)   b)

图 1-84　反馈信号在输入端的连接方式

a）并联反馈　b）串联反馈

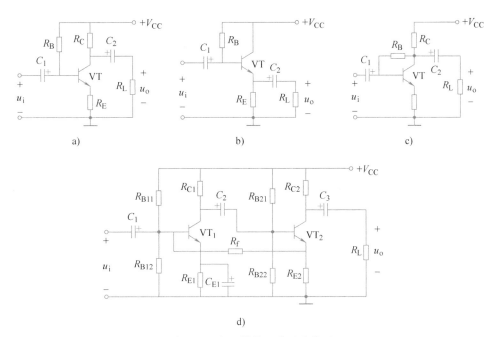

图 1-85　负反馈的 4 种基本类型

a）电流串联负反馈　b）电压串联负反馈　c）电压并联负反馈　d）电流并联负反馈

4. 负反馈对放大电路性能的影响

 议一议：负反馈对放大电路的性能有哪些影响？

负反馈使放大电路的电压放大倍数降低，但却可以改善放大电路的性能。引入负反馈后，它对放大电路的工作性能主要产生以下几个方面的影响。

（1）降低放大倍数　由于负反馈使净输入信号减小，输出信号减小，相对于原输入信号的放大倍数（又称闭环放大倍数）降低。

设基本放大电路的放大倍数为 A，反馈网络的反馈系数为 F，则反馈放大电路的放大倍数为

$$A_f = \frac{x_o}{x_i} = \frac{x_o}{x_d + x_f} = \frac{A}{1 + AF} \tag{1-38}$$

通常称 A_f 为反馈放大电路的闭环放大倍数，A 为开环放大倍数，可以看出 $A_f < A$。$1 + AF$ 为反馈深度，它反映了负反馈的程度，反馈越深，闭环放大倍数比开环放大倍数小得越多。

（2）提高了放大倍数的稳定性 实际电路中由于环境温度的变化、电源电压和负载的波动使电压放大倍数不稳定，而负反馈有稳定输出信号的作用，可以使放大倍数的稳定性提高。

（3）减小放大电路的非线性失真 晶体管的非线性特性使输出信号的波形产生非线性失真，即正、负半周放大幅度不一致，负反馈的补偿作用可以有效改善波形失真，如图 1-86 所示。

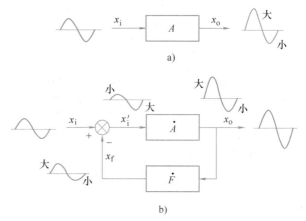

非线性失真引起输出波形正半周较大，负半周较小。图 1-86b 中，反馈网络将输出失真波形按比例引回输入端（正半周大，负半周小），与正弦输入信号相减（负反馈），使净输入量产生预失真（正半周小，负半周大），其波形与原失真信号的畸变方向相反。经放大后，输出波形得到明显改善。

图 1-86 负反馈对非线性失真的改善

a）无反馈情况 b）有反馈情况

（4）展宽放大电路的通频带 放大电路加入负反馈之后，引起放大倍数的下降，在中频区，放大倍数下降多；在高频和低频区，放大倍数下降少，使得幅频特性曲线变得更平坦，通频带更宽，如图 1-87 所示。

（5）改变放大电路的等效输入电阻和输出电阻

1）对输入电阻的影响。放大器加入负反馈后，其输入电阻变化情况取决于输入端的反馈连接方法。串联负反馈在输入端使净输入电压减小，输入电流减小，相对于原输入电压，输入电阻增大；并联负反馈在输入端使输入电流增大，在原输入电压不变的情况下，输入电阻减小。

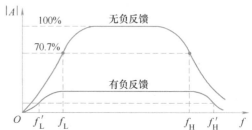

图 1-87 负反馈展宽放大电路的通频带

2）对输出电阻的影响。放大器加入负反馈后，其输出电阻变化情况取决于输出端的反馈信号的取得方式。输出电阻是从放大器输出看进去的等效电阻，如把放大电路看成一个信号源，它就是信号源的内阻。当负载变化时，信号源内阻引起的压降会使输出电压也发生变化。由于电压负反馈具有稳定输出电压的作用，在引入负反馈后，输出电压随负载变化的程度要比无负反馈时小，这就体现了放大器输出电阻在引入电压负反馈时减小了。因此，如果输出端是电压负反馈，则输出电阻减小；如果输出端是电流负反馈，则输出电阻增大。

此外，放大电路引入负反馈后，还能提高电路的抗干扰能力，降低噪声。实质上，这些都是降低放大倍数，来换取放大电路的多方面性能的改善。因此，负反馈电路在电子电路中得到广泛的应用。

5. 负反馈电路举例——射极输出器

 看一看：射极输出器电路的组成及特点。

（1）射极输出器的组成　射极输出器电路如图 1-88a 所示。射极输出器是一种共集电极放大电路。由图 1-88b 可看出，它的输入信号 u_i 和输出信号 u_0 都以集电极为公共端点，输出信号由发射极输出。输出电压与输入电压仅相差基极与发射极之间的交流压降。在电路中，R_E 既在输入回路又在输出回路，既通过直流电流又通过交流电流，因此，R_E 是反馈元件，射极输出器中反馈类型是电压串联负反馈。

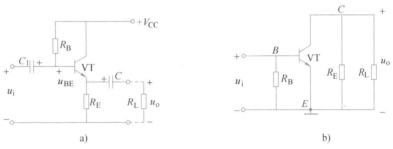

图 1-88　射极输出器电路及交流通路

（2）射极输出器的特点　射极输出器电路的电压放大倍数小于且近似等于 1，为正值，说明输入电压和输出电压近似相等，波形基本相同，$u_i \approx u_0$ 发射极（输出端）信号变化紧紧跟随输入端信号，所以又称该电路为射极跟随器。因射极输出器的输出电压紧紧跟随输入电压，所以其输出电压很稳定，即具有恒压特性。

射极输出器具有很高的输入电阻。利用这一特点将其使用在多级放大器的第一级，由于其取用电流很小，可以减少信号源的负担。

射极输出器的输出电阻是很低的，通常的数值只有几十欧。利用射极输出器输出电阻很小的特点，可以将其使用在多级放大器的输出级，以便更好地与负载配合，从而提高多级放大器的放大能力。

此外，如果将射极输出器作为中间级使用，也可以很好地将前、后级进行良好的配合。由此可见，射极输出器适用于多级放大器的输入级、中间级、输出级。

※活动实施步骤※

一、搭接单管放大电路

1. 实验原理电路图如 1-89 所示，将原理图与电路板对照，了解电路板上各元器件的具体位置。

2. 按照电路图在电路板上搭接单管共发射极基本放大电路，断电接线，RP 调到最大，搭接完毕检查无误即可。

二、检测单管放大电路

1. 测直流电源 12V，完成任务单表 1-19。

2. 测放大电路静态工作点，即晶体管三个极的电位。调节 RP 获得合适的静态工作点，完成任务单表 1-20。

3. 测量电路不接负载时、接入负载 $R_L = 5.1\text{k}\Omega$ 时输出电压，求电压放大倍数，完成任务单表 1-21。

4. 观察波形，用示波器观察放大电路输出波形，画出输出波形，填入任务单表 1-21。

5. 总结归纳：接入负载 R_L 对电压放大倍数的影响。

三、评价方案

评价表见表 1-9。

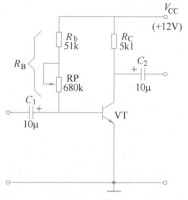

图 1-89　单管共发射极基本放大电路

表 1-9　单管放大电路检测评价表

序号	评价内容	评价标准
1	搭接电路	接线正确，熟练完成
2	万用表测测直流电压 12V、静态工作点	挡位选择正确，表笔连接正确，RP 调节正确，读数准确，熟练完成
3	正弦信号引入	接线正确，调钮正确，熟练完成
4	毫伏表测输出电压	挡位选择正确，接线正确，读数准确，熟练完成
5	示波器观察波形	接线正确，调钮正确，波形稳定，分辨失真
6	数据计算、分析	会计算电压放大倍数，归纳分析正确
7	安全、规范操作	操作安全、规范，爱护仪器设备
8	5S 现场管理	现场做到整理、整顿、清扫、清洁、素养

活动五　认识集成运算放大器

※应知应会※

1. 集成运算放大器的组成、符号、理想特性。
2. 掌握同相放大电路、反相放大电路的组成及计算。
3. 会检测同相放大电路、反相放大电路的参数

※工作准备※

设备与材料：万用表、电子实验箱、集成运放电路实验板（见图 1-90）、导线若干。

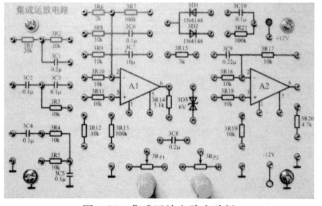

图 1-90　集成运放电路实验板

— 60 —

※知识链接※

一、集成运算放大器概述

 看一看：集成运算放大器的组成、符号。

1. 集成运算放大器的组成、符号

集成运算放大器是目前最通用的模拟集成器件，简称集成运放，是一种高电压放大倍数（几万至几千万倍）的多级直接耦合放大器。集成运算放大器的内部电路一般由四部分组成，如图1-91所示。

图1-91　集成运算放大器组成框图

输入级是影响集成运放工作性能的关键级，为了保证直接耦合放大器静态工作点的稳定，通常采用差分放大器。中间级主要用来进行电压放大，要求有高的电压放大倍数，故一般采用共发射极放大电路。输出级的作用是减小输出电阻，提高电路的带负载能力，输出级通常采用互补对称放大电路。偏置电路的主要目的是给各级放大电路提供稳定的直流偏置。

集成运算放大器既可以作为直流放大器，也可以作为交流放大器。其特点是电压放大倍数很大，功率放大能力很强，输入电阻非常大和输出电阻很小。集成运放符号如图1-92所示。图中，"–"端为反相输入端，"+"端为同相输入端。

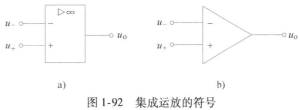

图1-92　集成运放的符号
a）新标准　b）旧标准

集成运算放大器外形如图1-93所示，主要有圆壳式和双列直插式，现在使用的多为双列直插式。

通常运算放大器工作时，需要一组正、负的电压。当然，运放也有采用单个电源电压工作的。在电路图中电源电压连接不再标出，但实际应用中必须连接电源才能正常工作。常用的LM741的引脚、外形如图1-94所示，8脚为空脚。

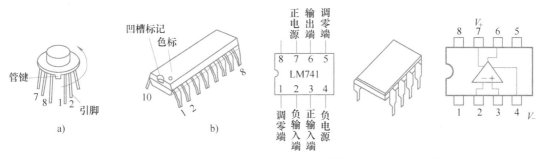

图1-93　集成运算放大器外形
a）圆壳式　b）双列直插式

图1-94　LM741的引脚、外形

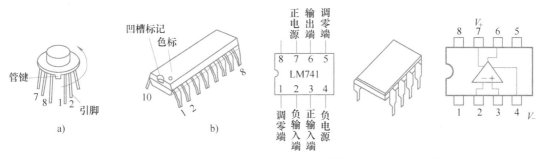

— 61 —

议一议：集成运算放大器有哪些类型？理想特性是什么？

2. 集成运算放大器的分类及理性特性

集成运算放大器分为通用型和特殊型两大类，其中通用型集成运算放大器按主要参数由低到高分为通用Ⅰ型、通用Ⅱ型和通用Ⅲ型；特殊型集成运算放大器又分为高输入阻抗型、高精度型、宽带型、低功耗型、高速型和高压型等。由于运算放大器性能优良，通常将实际运算放大器看成理想运算放大器进行分析，如图 1-95 所示，它具备以下理想特性：

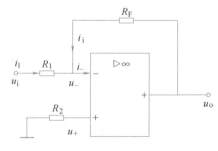

图 1-95　理想运算放大器的等效电路

开环电压放大倍数为无穷大　　　$A_{uo} \to \infty$

输入电阻为无穷大　　　　　　　$r_i \to \infty$

输出电阻为零　　　　　　　　　$r_o \to 0$

频带宽度为无穷大　　　　　　　$BW = \infty$

根据上述观点，可以推出两个重要结论：①运算放大器两个输入端的输入电流均为 0，即 $i_+ = i_- = 0$，通常称为"虚断"；②理想集成运算放大器两输入端电位相等，即 $u_+ = u_-$，通常称为"虚短"。

二、集成运算放大器的应用

看一看：同相放大器、反相放大器、差分放大器的组成。

议一议：如何分析电路参数？

集成运算放大器主要有三种输入方式，即反相输入、同相输入和差分输入。因此，集成运算放大器有三种基本应用放大电路，即反相放大器、同相放大器、差分放大器。反相放大器可拓展为反向求和运算电路。差分放大器可拓展为减法运算电路。

1. 反相放大器

反相放大器电路结构如图 1-96 所示，输入信号从运算放大器的反相输入端加入，在输出端与输入端接有反馈电阻 R_F，作用是将部分输出信号反送到输入端，形成负反馈。在同相端接有平衡电阻 R_2，且 $R_2 = R_2 // R_F$。目的是抑制零点漂移。

反相放大器的电压放大倍数主要取决于 R_F 和 R_1。因同相端接地，故 $u_+ = 0$，根据 $u_+ = u_-$，则 $u_- = u_+ = 0$。在 u_i 的作用下，输入电流 i_1 为

$$i_1 = \frac{u_i - u_-}{R_1} = \frac{u_i}{R_1}$$

图 1-96　反相放大器电路

流过 R_F 电流为

$$i_F = \frac{u_- - u_o}{R_F} = -\frac{u_o}{R_F}$$

由基尔霍夫电流定律 $\qquad i_1 = i_- + i_F$

根据 $i_+ = i_- = 0 \qquad\qquad i_- = 0$

则有 $\qquad\qquad\qquad i_F = i_1$

所以 $\qquad\qquad\qquad \dfrac{u_i}{R_1} = -\dfrac{u_o}{R_F}$

电路输出电压与输入电压关系为

$$u_o = -\frac{R_F}{R_1}u_i \tag{1-39}$$

反相放大器的电压放大倍数为

$$A_{uF} = -\frac{R_F}{R_1} \tag{1-40}$$

式（1-40）中负号说明反相放大器的输入和输出信号反相，其数值大小由比例系数 $\left(-\dfrac{R_F}{R_1}\right)$ 来决定，与运算放大器内部电路无关。

【例1-4】 在反相放大器电路中，若取 $R_1 = R_F$，求此时的输入-输出关系式。

解： 由式（1-39），$u_o = -\dfrac{R_F}{R_1}u_i$，当 $R_1 = R_F$ 时，$u_o = -u_i$。

此时，输入与输出大小相等，相位相反，所以此反相放大器实际是一种"反相器"。

集成运算放大器作反相比例运算时，输出电压与输入电压关系为 $u_o = -\dfrac{R_F}{R_1}u_i$，当比例系数 $-\dfrac{R_F}{R_1} = -1$ 时，集成运算放大器成为反相器。

2. 同相放大器

同相放大器电路结构如图 1-97 所示，电路结构与反相放大器相似，反馈电阻 R_F 仍跨接于输出端和反相输入端之间。不同之处是输入信号由同相端加入，反相端经电阻 R_1 接地。

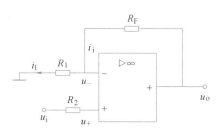

图 1-97　同相放大器电路

根据 $\qquad\qquad\qquad u_- = u_+$

又因 $\qquad\qquad\qquad i_- = 0$

即 $\qquad\qquad\qquad u_i = u_+$

所以 $\qquad\qquad\qquad u_- = u_i$

$$i_1 = \frac{u_-}{R_1} = \frac{u_i}{R_1} \quad i_F = \frac{u_o - u_-}{R_F} = \frac{u_o - u_i}{R_F}$$

根据 $\qquad\qquad\qquad i_- = 0$

那么 $\qquad\qquad\qquad i_1 = i_F$

所以 $\qquad\qquad\qquad \dfrac{u_i}{R_1} = \dfrac{u_o - u_i}{R_F}$

电路输出电压与输入电压关系为

$$u_o = \left(1 + \frac{R_F}{R_1}\right)u_i \tag{1-41}$$

式（1-41）的同相放大器的输入和输出信号同相，电压放大倍数为

$$A_{uF} = 1 + \frac{R_F}{R_1} \tag{1-42}$$

【例1-5】 在同相放大器中，若取 $R_F = 0$，$R_1 = \infty$。求放大器输入-输出关系式。

解： 因为

$$u_o = \left(1 + \frac{R_F}{R_1}\right)u_i$$

由于 $\qquad\qquad\qquad\qquad\qquad R_F = 0,\ R_1 = \infty$

则有 $\qquad\qquad\qquad\qquad\qquad\qquad u_o = u_i$

此时，输出与输入大小相等，相位一致，所以此同相放大器实际是一种"同相跟随器"，如图 1-98 所示。

集成运算放大器作同相比例运算时输出电压与输入电压关系为 $u_o = \left(1 + \dfrac{R_F}{R_1}\right)u_i$，当比例系数 $\left(1 + \dfrac{R_F}{R_1}\right) = 1$ 时，集成运算放大器成为电压跟随器。

3. 差分放大器

差分放大器电路结构如图 1-99 所示，有两个输入信号，分别由反相、同相端输入。当 $R_1 = R_2$、$R_3 = R_F$ 时，电路输出电压与输入电压的关系为

$$u_o = \frac{R_F}{R_1}(u_{i2} - u_{i1}) \tag{1-43}$$

集成运算放大器还可以构成很多应用电路，如加法运算电路、减法运算电路、振荡器、比较器等，是应用非常广泛的模拟集成器件。

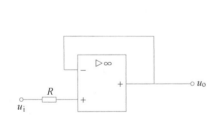

图 1-98　电压跟随器

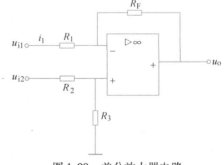

图 1-99　差分放大器电路

※活动实施步骤※

一、搭接、检测反相放大器

1. 搭接反相放大器电路。原理电路如图 1-100a 所示：$R_1 = 10\text{k}\Omega$，$R_F = 100\text{k}\Omega$，$R_2 = 10\text{k}\Omega$，在集成运放电路实验板中搭接出反相放大器电路。

2. 检测反相放大器电路的输出电压，并计算电路的放大倍数。按照任务单步骤完成表 1-23。

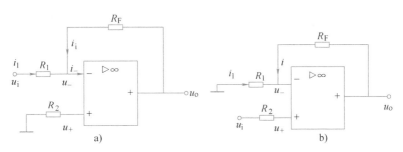

图 1-100 同相放大器电路与反相放大器电路

a）同相放大器 b）反相放大器

二、搭接、检测同相放大器

1. 搭接同相放大器电路。电路如图 1-102a 所示：$R_1 = 10k\Omega$，$R_F = 100k\Omega$，$R_2 = 10k\Omega$，在集成运放电路实验板中搭接出同相放大器电路。

2. 检测同相放大器电路的输出电压，并计算电路的放大倍数。按照任务单步骤完成表 1-24。

三、评价方案

评价表见表 1-10。

表 1-10 集成运算放大器应用电路检测评价表

序号	评价内容	评价标准
1	搭接电路	接线正确，熟练完成
2	电位器调测	电位器连接正确，万用表量程选择正确，表笔连接正确，调节旋钮正确，读数准确，熟练完成
3	反相运算电路输出值测量	接线正确，输入信号正确，万用表量程选择正确，表笔连接正确，读数准确，熟练完成
	同相运算电路输出值测量	
4	反相运算电路输出值计算	公式填写正确，计算正确
	同相运算电路输出值计算	
5	安全、规范操作	操作安全、规范，爱护仪器设备
6	5S 现场管理	现场做到整理、整顿、清扫、清洁、素养

活动六 分析直流稳压电源电路图

※应知应会※

会识读直流稳压电源电路图。

※工作准备※

 读一读：复杂电路图的读图方法。

电路原理图反映了电子产品中各元器件之间，各单元电路之间的相互关系和工作原理。识读复杂电路图的基本方法如下：首先，熟悉构成电路图中各元器件的符号，列出元

项目一

器件表格；其次，将复杂电路分割为几个简单的主干电路，分析各主干电路中的元器件作用；最后，从输入到输出，沿电路的电流走向理顺电路，找出几个关键测试点，并清楚该点电流、电压值范围及波形特征。直流稳压电源电路图如图 1-101 所示。

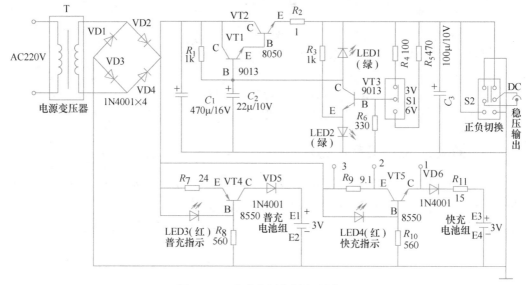

图 1-101　直流稳压电源电路图

直流稳压电源的基本原理如下：220V 交流市电经变压器降压、全波桥式整流电路整流、滤波后，一路经 VT1、VT2 调整后，作为稳压输出，另一路经 VT4、VT5 向电池进行充电。稳压部分电路中 VT3 等元器件组成输出电压的采样、放大和指示。当输出电压降低时，VT3 的基极分压下降，其集电极电流下降，从而使流入 VT1 的基极电流增加，经 VT1、VT2 放大调整后，使 VT2 的 C-E 间电压下降，使输出电压升高，达到稳压输出的目的；反之，当输出电压升高时，VT2 的 C-E 间电压增大，使输出电压下降，当输出电压选择开关处于 6V 输出时，具体工作原理同前面类似，不再详述。本电路设计还具有过电流报警显示，当输出电流超出一定值时，限流电阻 R_2 上的电压增大，此时过电流显示发光二极管发光，表示输出过电流。

※活动实施步骤※

一、识读直流稳压电源电路图

1. 直流稳压电源电路图如图 1-101 所示，分析电路由哪些元器件组成？填入任务单表 1-27。
2. 电路由哪几部分主干电路组成？说明各主干电路的作用。

二、评价方案

评价表见表 1-11。

表 1-11　识读直流稳压电源电路图评价表

序号	评价内容	评价标准
1	元器件清单	名称正确，数量正确
2	主干电路名称、作用	电路划分正确，名称正确，电路作用说明到位

测试题（1）

一、填空题

1. 直流稳压电源由_____、_____、_____和_____四部分组成。

2. 三端电压固定式集成稳压器有_____和_____两大系列。三端固定式集成稳压器有三个端子，即_____、_____和_____端。

3. 三端固定式集成稳压器 CW7812 输出_____电压，大小为_____V。

4. 要获得 −9V 直流电压，应选用_____型三端固定式集成稳压器。

5. W317 可调式集成稳压器有三个端子，即_____、_____和_____端。

6. 整流电路的作用是_____，整流常用的元器件是_____。整流按所得的电压波形可分为_____和_____；按相位分为_____和_____。

7. 滤波电路的功能是_____，常用滤波元器件是_____和_____。前者应与负载_____联，后者应与负载_____联。_____适用于负载电流小的场合。

8. 稳压电路的作用是_____。具有稳压功能的器件是_____。常用的稳压电路按调整元器件与负载的连接方式可分为_____型和_____型。

二、画图题

1. 单相桥式整流电容滤波电路图。

2. 电路如图 1-102，请进行合理连线，使之构成 5V 的直流电源。

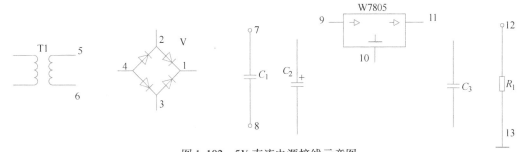

图 1-102　5V 直流电源接线示意图

三、判断题

1. 整流电路可将正弦电压变为脉动直流电压。　　　　　　　　　　　　（　　　）

2. 电容滤波电路适用于小负载电流，电感滤波电路适用于大负载电流。（　　　）

3. 整流电路加滤波后，电压波动减小了，故输出电压也下降。　　　　　（　　　）

4. 直流电源是一种能量转换电路，它将交流能量转为直流能量。　　　　（　　　）

5. 串联型稳压电路的稳压效果优于并联型稳压电路。　　　　　　　　　（　　　）

四、选择题

1. 整流电路输出的电压属于（　　　　）。

A. 交流电压   B. 稳定的直流电压   C. 脉动直流电压

2. 在单相桥式整流电路中，若有一只二极管断开，则负载两端的直流电压将(   )。

A. 变为零   B. 下降   C. 升高   D. 保持不变

3. 某二极管的击穿电压为300V，当直接对220V正弦交流电进行单相半波整流时，该二极管(   )。

A. 会击穿   B. 不会击穿   C. 不一定击穿   D. 完全截止

4. 单相桥式整流电路中，通过二极管的平均电流为(   )。

A. 输出平均电流的1/4   B. 输出平均电流的1/2   C. 输出平均电流

五、计算题

单相桥式整流电路如图1-103所示，变压器二次电压有效值为20V，负载电阻 $R_L = 200\Omega$，试求：（1）输出电压的大小；（2）流过二极管的平均电流和二极管承受的最大反向电压；（3）若VD4接反会怎样？（4）若VD3断开会怎样？

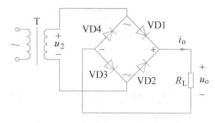

图1-103　单相桥式整流电路

测试题（2）

一、填空题

1. 多级放大电路的级间耦合方式主要有_____、_____、_____和_____。

2. 多级放大电路级联的级数越多，则放大电路的总放大倍数越_____，通频带越_____。

3. 放大电路的静态工作点的设置必须合适，工作点过高可能产生_____失真，工作点过低可能产生_____失真。

4. 两级放大电路的放大倍数 $A_{u1} = 20$，$A_{u1} = 50$，其总放大倍数为_____。若输入信号 $u_i = 5\text{mV}$，放大后的输出信号 u_o 为_____。

5. 放大电路的基本分析方法主要有两种，即_____和_____。放大电路的分析包括_____和_____两部分。

6. 在共发射极基本放大电路中，输出电压与输入电压频率_____，相位_____，因此，该放大电路通常称为_____。

7. 放大电路实质是一种_____，是将_____转换成_____。

8. 对直流通路而言，放大器中的电容可视为_____；对交流通路而言，放大器中容抗小的电容可视为_____，内阻小的电源可视为_____。

9. 幅频特性曲线是指_____的幅度与_____关系曲线。

二、画图题

1. 画出共发射极放大电路原理图。

2. 画出共发射极放大电路的直流通路、交流通路。

三、判断题

1. 共射极放大电路既能放大电压，也能放大电流。　　　　　　　　(　)
2. 基本放大电路中，晶体管起电压放大作用。　　　　　　　　　　(　)
3. 分压式偏置放大电路能稳定晶体管的静态工作点。　　　　　　　(　)
4. 放大器的输入电阻越大越好。　　　　　　　　　　　　　　　　(　)
5. 放大器的输出电阻越大越好。　　　　　　　　　　　　　　　　(　)

四、选择题

1. 放大器输出信号的能量来源于（　　　）。

A. 电源　　　　　　　　B. 晶体管　　　　　　　　C. 输入信号

2. 放大器电压放大倍数为 -40，其中负号代表（　　　）。

A. 放大倍数小于 0　　B. 衰减　　　　　　　　C. 同相放大　　　　　　D. 反相放大

3. 某放大器的放大倍数为 $-20\mathrm{dB}$，该放大器是（　　　）。

A. 放大器　　　　　　B. 衰减器　　　　　　　C. 同相放大器　　　　　D. 反相放大器

4. 某多级放大电路的各级放大倍数为 $A_{u1} = -10$，$A_{u2} = -100$，$A_{u3} = 10$，则总电压放大倍数为（　　　）。

A. 10000　　　　　　　　B. -100

C. 120　　　　　　　　　D. 1000

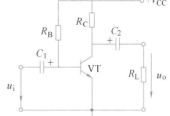

图 1-104　共发射及基本放大电路

五、计算题

如图 1-104 所示，共发射极基本放大电路中 $R_B = 300\mathrm{k}\Omega$，$R_C = 3\mathrm{k}\Omega$，$R_L = 3\mathrm{k}\Omega$，$V_{CC} = 12\mathrm{V}$，$\beta = 50$，$r_{be} = 1\mathrm{k}\Omega$。

求：（1）静态工作点 I_{BQ}、I_{CQ}、U_{CEQ}；（2）电压放大倍数 A_u；（3）输入电阻 r_i，输出电阻 r_o。

测试题（3）

一、填空题

1. 集成运算放大器是一种_____放大倍数的_____级_____耦合放大器。

2. 集成运算放大器由_____、_____、_____和_____组成。

3. 集成运算放大器有两个输入端：标"＋"的为_____端，标"－"的为_____端。

4. 集成运算放大器的理想特性如下：（1）_____；（2）_____；（3）_____；（4）_____。

5. 没有引入反馈时，集成运算放大器的电压放大倍数称为_____，用文字符号_____表示，理想状态下，开环电压放大倍数为_____。

6. 共集电极电路又称_____，特点是_____恒小于 1、接近于 1，

— 69 —

_____电压和_____电压同相位，并具有_____高和_____低的特点。

7. 反馈是将放大器_____的全部或部分通过某种方式回送到_____端。使放大器净输入信号减小的反馈，称为_____反馈；使放大器净输入信号增加的反馈，称为_____反馈。

8. 放大电路中常用的负反馈类型有_____负反馈、_____负反馈、_____负反馈和_____负反馈。

9. 负反馈对放大器性能的影响有（1）_____；（2）_____；（3）_____；（4）_____；（5）_____。串联负反馈使_____电阻_____，并联负反馈使_____电阻_____；电压负反馈使_____电阻_____，电流负反馈使_____电阻_____。

10. 反馈放大器由_____和_____组成。

二、单项选择题

1. 集成运算放大器能放大_____。

A. 直流信号　　　　　　　B. 交流信号　　　　　　　C. 交流信号和直流信号

2. 为提高电路输入电阻、降低输出电阻，应引入_____。

A. 电压串联负反馈　　　　　　　　　　B. 电压并联负反馈

C. 电流串联负反馈　　　　　　　　　　D. 电流并联负反馈

3. 射极输出器是典型的_____放大器。

A. 电流串联负反馈　　　B. 电压并联负反馈　　　C. 电压串联负反馈

4. 集成运放是最通用的集成_____器件。

A. 大功率　　　　　　B. 高频　　　　　　C. 数字　　　　　　D. 模拟

三、判断题

1. 理想的集成运放电路输入电阻为无穷大，输出电阻为零。　　　　　　（　　）

2. 放大电路一般采用的反馈形式为负反馈。　　　　　　　　　　　　（　　）

3. 射极输出器的电压放大倍数近似为1，因此它在放大电路中作用不大。（　　）

4. 负反馈使放大器的电压放大倍数减小，可以换取放大器性能的改善。（　　）

5. 集成运放未接反馈电路时的电压放大倍数称为开环电压放大倍数。　（　　）

6. 把输入信号的一部分送到输出端称为反馈。　　　　　　　　　　　（　　）

7. 负反馈可以消除非线性失真。　　　　　　　　　　　　　　　　　（　　）

8. 负反馈使放大器的电压放大倍数减小，获得较高电压放大倍数的电路不能引入负反馈。　　　　　　　　　　　　　　　　　　　　　　　　　　　　　　（　　）

9. 反相比例放大电路，若 $R_F = R_1$，则该电路称为反相器。　　　　　（　　）

10. 同相比例放大电路，若 $R_F = 1$，$R_1 = \infty$，则该电路称为电压跟随器。（　　）

四、分析计算

1. 理想集成运算放大器构成电路如图 1-105 所示，$R_1 = 15\text{k}\Omega$，$R_F = 3\text{k}\Omega$，$u_i = 10\text{mV}$，求 u_o 和 R_2。

2. 理想集成运算放大器构成电路如图 1-106 所示，$R_1 = 15\Omega$，$u_i = 10\text{mV}$，$u_o = 60\text{mV}$。求 R_F 和 R_2。

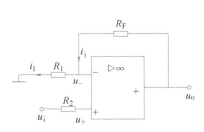

图 1-105　集成运放应用电路

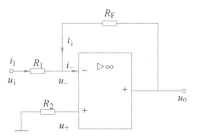

图 1-106　集成运放应用电路

3. 找出图 1-107 所示电路中的反馈元器件并判断反馈组态。

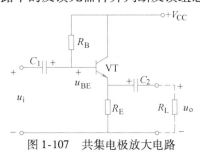

图 1-107　共集电极放大电路

※应知应会小结※

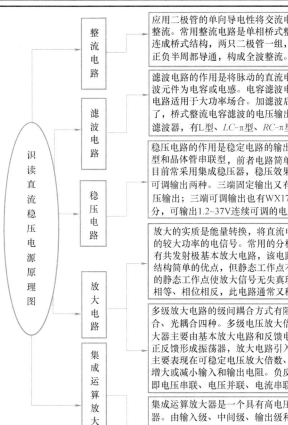

识读直流稳压电源原理图	整流电路	应用二极管的单向导电性将交流电变为脉动的直流电，这个过程为整流。常用整流电路是单相桥式整流电路，该电路采用4只二极管连成桥式结构，两只二极管一组，"轮班导通"，使得交流信号的正负半周都导通，构成全波整流。
	滤波电路	滤波电路的作用是将脉动的直流电变为较为平滑的直流电。常用滤波元件为电容或电感。电容滤波电路适用于小功率场合；电感滤波电路适用于大功率场合。加滤波后，输出电压较整流输出电压增大了，桥式整流电容滤波的电压输出为1.2U_2。滤波效果较好的是复式滤波器，有L型、LC-π型、RC-π型。
	稳压电路	稳压电路的作用是稳定电路的输出电压，常用的电路有稳压管并联型和晶体管串联型，前者电路简单稳压效果稍差，后者稳压效果好。目前常采用集成稳压器，稳压效果较好。集成稳压器有固定输出和可调输出两种。三端固定输出又有W78XX正电压输出和W79XX负电压输出；三端可调输出也有WX17正电压输出和WX37负电压输出之分，可输出1.2~37V连续可调的电压值。
	放大电路	放大的实质是能量转换，将直流电源的电能转换为受输入电信号控制的较大功率的电信号。常用的分析方法有估算法和图解法。典型电路有共发射极基本放大电路，该电路有较大的电压放大能力，具有电路结构简单的优点，但静态工作点不稳定。因此，此电路需要调整合适的静态工作点使放大信号无失真现象。电路输出信号与输入信号频率相等、相位相反，此电路通常称又为反相放大器。
		多级放大电路的级间耦合方式有阻容耦合、变压器耦合、直接耦合、光耦合四种。多级电压放大倍数：$A_u=A_{u1}A_{u2}A_{u3}\cdots$反馈放大器主要由基本放大电路和反馈电路两部分组成。放大电路引入正反馈形成振荡器，放大电路引入负反馈对电路性能有好的影响，主要表现在可稳定电压放大倍数、展宽通频带、减小非线性失真、增大或减小输入和输出电阻。负反馈放大电路主要有四种组态，即电压串联、电压并联、电流串联、电流并联负反馈。
	集成运算放大器	集成运算放大器是一个具有高电压放大倍数的直接耦合多级放大器。由输入级、中间级、输出级和偏置电路组成，具有两个输入端（同相端、反相端），一个输出端。开环放大倍数、输入电阻趋近于无穷大，输出电阻近似为零。集成运算放大器有三种信号输入方式：同相输入、反相输入器、差分输入，分别构成同相放大器、反相放大器、差分放大器。

※知识拓展※

拓展一　认识三相整流电路

单相整流电路只用三相供电线路中的一相电源，如果电流较大，将使三相负载严重不平衡，影响供电质量。因此，大功率整流（几千瓦以上）一般采用三相整流电路。三相整流不仅可以做到三相电源的负载平衡，而且输出的直流电压脉动较小。

一、三相半波整流电路

图 1-108 所示为三相半波整流电路。在电路中，三相中的每一相都和负载单独形成了半波整流电路，其整流出的三个电压半波在时间上依次相差 120°叠加，如图 1-109 所示，并且整流输出波形不过原点，其最低点电压为

$$U_{\min} = \frac{1}{2}U_{\mathrm{p}} \tag{1-44}$$

式中，U_{p} 为交流输入电压幅值。

并且在一个周期中有三个宽度为 120°的整流半波。因此它的滤波电容器的容量可以比单相半波整流和单相全波整流时的电容量都小。

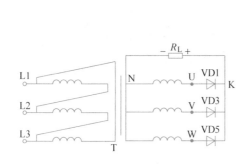

图 1-108　三相半波整流电路

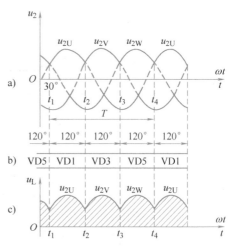

图 1-109　三相半波整流电路输出波形

二、三相桥式全波整流电路

图 1-110 所示是三相桥式全波整流电路。由图 1-108 和图 1-110 可以看出，三相半波整流电路和三相桥式全波整流电路的结构是有区别的。三相半波整流电路只有 3 只整流二极管，而三相桥式全波整流电路中却有 6 只整流二极管；三相半波整流电路需要输入电源的中性线，而三相桥式全波整流电路则不需要输入电源的中性线。

由图 1-109、图 1-111 可以看出三

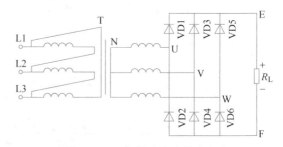

图 1-110　三相桥式全波整流电路

相半波整流电路输出波形和三相桥式全波整流电路输出波形的区别。三相半波整流波形的脉动周期是120°，而三相全波整流波形的脉动周期是60°。

三相半波整流波形的脉动幅度为

$$U = U_P(1 - \sin 30°) \quad (1\text{-}45)$$

式中，U 为脉动幅度电压；U_P 为正弦半波幅值电压。

输出电压平均值为

$$U_L = 1.7 U_A \quad (1\text{-}46)$$

式中，U_L 为输出电压平均值；U_A 为相电压有效值。

如果整流后再经电容滤波，则输出电压就接近于幅值 U_P。

三相全波整流波形的脉动幅度为

$$U = U_P(1 - \sin 60°) \quad (1\text{-}47)$$

输出电压平均值为

$$U_L = 2.34 U_A \quad (1\text{-}48)$$

如果整流后再经电容滤波，则输出电压就接近于幅值 U_P。

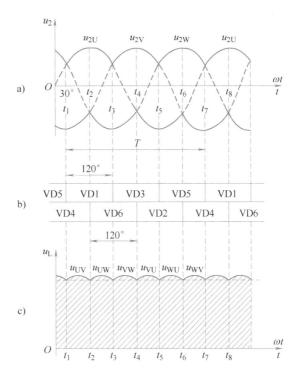

图 1-111 三相桥式整流电路输出波形

由上面的计算还可以看出，三相桥式全波整流比三相半波整流优越得多，三相桥式全波整流用比半波整流小得多的电容器就可以达到最大值 U_P。因此，UPS（不间断电源设备）的输入整流器中都采用了三相桥式全波整流电路。

在地铁供电系统中，就是经降压与整流变换为可供列车牵引用的直流电（750V 或 1500V）。采用的是三相桥式全波整流，由于整流元器件长时间流过较大电流，导致元器件温度升高，易引起元器件损坏，故要在电路中加入高速断路器过电流保护和降温冷却保护。同时为避免整流电路产生的三次谐波电流流入电网，在三相整流电路中，一次侧接成三角形，二次侧接成星形。一次侧接成三角形时的各相电压等于线电压，各相线之间互差120°，是为了保证获得相同的一次电压；二次侧接成星形，使得相电流等于线电流，获得相同的二次电流。

拓展二 认识开关型稳压电源

一、开关电源概述

开关电源起始于 20 世纪 50 年代，最先是美国宇航局用于搭载火箭，80 年代已发展为广泛用于计算机中，90 年代广泛用于电子电器、家用电器。

开关电源是利用半导体器件（调整管）将直流电源转换成可以通过体积、重量都小很多的高频变压器传递的高频脉冲波形，然后再重新整流滤波得到纹波很小的直流输出电压。由于调整管只工作在开通（过饱和）和关断两种状态，故此称为开关电源。

当半导体器件工作在开通和关断状态时，其两端的 UI 乘积远远小于通常线性状态，所以损失的功率非常小，并且变压器的体积、重量也很小，所用材料成本也小很多。体积小，重量轻，输入电压范围大，效率高是其主要特点。

通过改变直流脉冲的频率、相位、宽度，出现了三种工作模式，即脉冲频率调制（Pulse Frequency Modulation，PFM）、脉冲相位调制（Pulse Phase Modulation，PPM）、脉冲宽度调制（Pulse-Width Modulation，PWM）。所以，开关电源是指通过改变脉冲的频率、相位、宽度等参数实现稳压输出的一种电源。

PFM 模式应用得比较早，主要特点是工作频率比较高，所以功率密度大，开关工作于"软开关"状态。所谓软开关是指在半导体开关器件接入小电容、小电感，使开关器件在开通或关断前两端电压或电流处于 0 状态，此时开关器件关、断，由于只有电压或电流，故其乘积开关损耗为零，实际是一个很小值。因此开关器件工作时，并无多少热量产生，器件寿命得以延长。

PPM 模式是通过改变脉冲的相位来工作的。典型电路是各种移相全桥软开关电路。其特点是频率固定，控制相对容易，主要应用于各种高功率变换场合（从几百到几十千瓦）。

PWM 模式是通过改变脉冲宽度实现稳压功能的，是目前应用最多，最广泛的一种模式。其特点是控制容易，控制电路多，频率固定，在几瓦到几千瓦的范围内都有应用，并且通过适当的辅助电路也可以实现软开关。

二、脉宽调制（PWM）式开关电源简介

脉宽调制式开关电源结构框图如图 1-112 所示。

脉宽调制式开关电源主要由三部分组成。

1）输入和输出之间接开关调整管和储能电路。调整管周期性开、关，将能量输入储能电路，经均衡滤波后成为电压输出，输出电压的大小取决于调整管开关时间的长短。

2）调整管的开关状态受脉冲电压的控制，脉冲电压则由方波发生电路产生，并经脉冲调宽电路调制后得到。

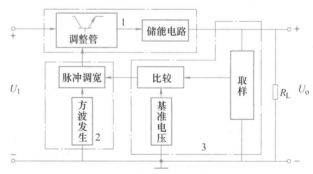

图 1-112　脉宽调制式开关电源结构框图

3）取样比较电路将一部分输出电压和基准电压进行比较，当输出电压偏离正常值时，输出误差信号，对开关脉冲宽度进行调制。

若输出电压升高，脉宽变窄（即占空比 D 减小），调整管开启时间缩短，输入储能电路的能量减小，输出电压降低。反之亦然。

脉宽调制式开关电源有升压型、降压型、极性反转型等。

三、并联独立型脉宽调制式开关电源

电路组成如图 1-113 所示。

原理分析图如图 1-114 所示，可以通过改变脉冲占空比改变输出电压，也可以实现自

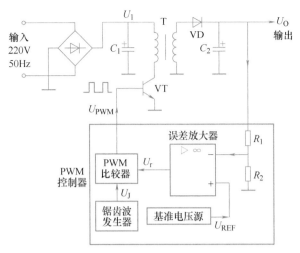

图 1-113　并联独立型脉宽调制式开关电源

动稳压，如图 1-115 所示。

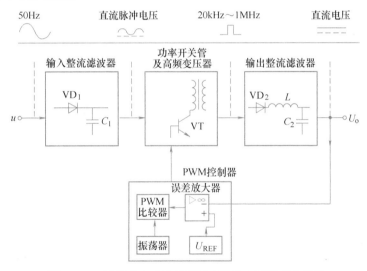

图 1-114　并联独立型脉宽调制式开关电源原理分析图

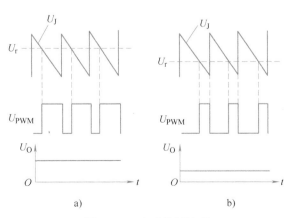

图 1-115　自动稳压波形

a）升压　b）降压

任务三　组装调试直流稳压电源

※任务描述※

本任务是完成直流稳压电源套件的组装与调试。引导学生了解焊接工具的正确使用，使学生掌握焊接要领及工艺，会识读装配图，了解装配顺序及技巧；以组装直流稳压电源的工作过程，体会电子产品的整机装配流程；通过直流稳压电源的调试，了解电子产品整机检测的必要性和检测的关键点，建立考虑产品质量和节能环保的意识。

直流稳压电源套件组装过程如图 1-116 所示，首先清点套件中各种材料的种类、数量。其次将各种元器件按照焊接顺序焊接到印制电路板上，检查电路板焊点及元器件对错。然后组装变压器，连接电源线。最后通电测试，参数无误后装上外壳，即完成直流稳压电源成品。

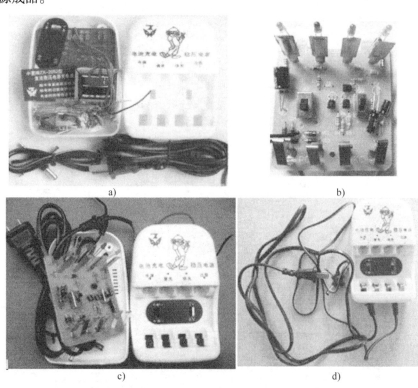

a)　　　　　　　　　　　　　　　　b)

c)　　　　　　　　　　　　　　　　d)

图 1-116　直流稳压电源套件组装过程

a）直流稳压电源电子套件　b）焊接完成的电路板　c）未组装外壳的半成品　d）完成全部组装的成品

※任务目标※

知识目标：

1. 掌握识读装配图方法。

2. 了解选用元器件的知识。

3. 掌握常用工具的使用方法及注意事项。

4. 了解电子产品焊接工艺基本知识，了解电子产品装配的基本过程。

能力目标：

1. 具有一定的手工焊接技能。

2. 会筛选电子元器件。

3. 会看装配图样进行电路焊接与装配。

4. 会调试电路，能排查常见故障。

素质目标：

1. 通过直流稳压电源的焊接、组装、调试，养成学生认真、严谨的工作态度；养成学生整洁、有序、爱护仪器设备的良好习惯；规范操作习惯，培养5S意识。

2. 通过调试直流稳压电源，培养学生分析问题、解决问题的能力。

※任务实施※

活动一　组装直流稳压电源

※应知应会※

1. 认识常用工具，了解使用方法，会正确使用。

2. 识读装配图，了解整机装配流程。

3. 掌握焊接要领，会正确使用焊接工具完成直流稳压电源电路板焊接。

※工作准备※

设备与材料（见图1-117）：电烙铁、尖嘴钳、斜口钳、镊子、焊锡、直流稳压电源套件、元器件盒、十字形螺钉旋具刀。

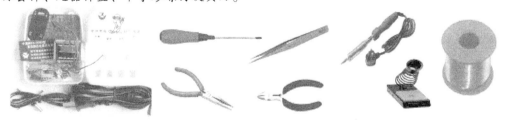

图1-117　设备与材料

※知识链接※

一、常用组装工具

　　读一读：常用工具的认识和使用。

1. 常用紧固、剪切工具

常用的紧固、剪切工具见表1-12。

表1-12 常见紧固、剪切工具

名称	实物图	使用说明
螺钉旋具		螺钉旋具的用途是紧固螺钉和拆卸螺钉,应用时应根据螺钉的大小选择合适的规格,分为一字形螺钉旋具和十字形螺钉旋具 一字形螺钉旋具的规格是以手柄以外的刀体长度进行表示。选用一字形螺钉旋具时,要注意螺钉旋具的刀口宽窄要与螺钉的一字槽相适应,即螺钉旋具的刀口尺寸要与螺钉一字槽吻合,既不能过长,也不能过厚,但也不能太薄 十字形螺钉旋具使用时应据不同大小的螺钉予以选用。如果选用的螺钉旋具槽型与螺钉十字槽不能吻合,就会损坏螺钉的十字槽
钳子	尖嘴钳	尖嘴钳主要用于元器件引线及较粗导线的成型,并能用它夹住元器件引线,以帮助散热。在使用尖嘴钳时应注意不能用尖嘴钳装卸螺钉、螺母;不能用力夹持硬金属导线及其硬物,以避免钳嘴的损坏。对带绝缘柄的尖嘴钳,要保护好其绝缘层,以保证使用的安全
	偏口钳	偏口钳的主要用途是剪切导线。在使用偏口钳时应注意使钳口朝下,以防止被剪下的线头伤人。另外偏口钳也不能用于剪切较粗的钢丝及螺钉等硬物,以防损坏其钳口。严禁使用塑料套已损坏的偏口钳剪切带电导线,以避免发生触电事故,保证人身安全
	剥线钳	剥线钳是一种专用钳,它可对导线的端头绝缘层进行剥离,如塑料电线等。剥线钳的使用方法是根据所剥导线的线径,选用与其相应的切口位置,同时也要根据所切掉绝缘层长度来调整钳口的位置
镊子		镊子的用途是夹持细小的零件和导线,在进行焊接时还可夹持住元器件,以保持元器件的固定位置不动,提高焊接质量。用镊子夹持元器件引线可帮助散热,以避免焊接时温度过高损坏元器件

2. 常用焊接工具

（1）热溶胶枪 热溶胶枪是胶料的溶解工具，如图1-118a所示，主要用于电子元器件及塑料导线的固定。使用时只要按动扳机就能挤出热溶胶对元器件进行粘连。

（2）电烙铁 电烙铁有内热式、外热式、恒热式、吸焊式、感应式等。最常用的是内热式和外热式两种。内热式电烙铁和外热式电烙铁相比，有重量轻、热得快、耗电省、热效率高、体积小等优势，所以是手工焊接的首选，并得到了普遍的应用。

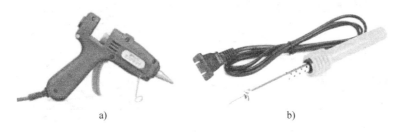

a) b)

图1-118 加热焊接工具

a）热熔胶枪 b）内热电烙铁

内热式电烙铁常用的规格有 20W、30W、50W 等外形，如图 1-118b 所示。由于它的热效率较高，故 20W 内热式电烙铁就相当于 40W 左右的外热式电烙铁。

在焊接集成电路、晶体管时，温度不能太高、焊接时候不能过长，否则会因温度过高而造成元器件的损坏。因此对电烙铁的温度要限制，而恒温电烙铁就可以达到这一要求。

吸锡电烙铁是将活塞式吸锡器与电烙铁融为一体的拆焊工具。

合理地选择电烙铁，可提高焊接质量和效率。当使用的电烙铁功率过小或过大时，都将使焊点不光滑、不牢固，将直接影响外观质量和焊接强度。焊接集成电路、晶体管时，应选用 20W 的内热式电烙铁。焊接粗导线及同轴电缆、机壳底板等时，应选用 45 ~ 75W 的外热式电烙铁。焊接表面安装元器件时，可选用恒温电烙铁。

电烙铁的握法如图 1-119 所示。

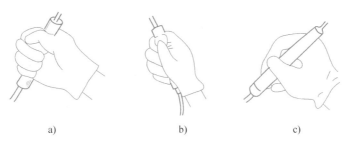

a)   b)   c)

图 1-119   电烙铁的握法
a) 反握法 b) 正握法 c) 握笔法

反握法用于大功率电烙铁的操作，焊接散热量较大的被焊件，而且不易感到疲劳。正握法用于功率比较大的电烙铁，且多为弯头形电烙铁。握笔法使用于小功率的电烙铁（35W 以下），焊接散热量小被焊件。焊接中，电烙铁不能乱放，应放在烙铁架上，注意电源线不可搭在烙铁头上，以免烫坏电源线，出现安全隐患。

新电烙铁在使用前需要处理，具体的方法是：首先用锉刀将烙铁头按需要锉成一定的形状，然后接上电源，当烙铁头的温度升至能熔化焊锡时，将松香涂在烙铁头上，等松香冒烟后再涂上一层焊锡，如此进行 2 ~ 3 次，直到使烙铁头的刃面全部挂上焊锡即可。

电烙铁使用注意事项：调整烙铁头插在烙铁芯上的长度可以进一步控制烙铁头的温度。电烙铁长时间通电而不使用，将使烙铁头因长时间加热而氧化，造成不"吃锡"。在进行焊接时，最好选用松香焊剂，以保护烙铁头不被腐蚀。

电烙铁的常见故障及其维护：通电后不热的原因通常为插头本身的引线断路或短路、烙铁芯损坏。烙铁头带电故障是当电源线从烙铁芯接线柱上脱落后，又碰到了接地线的接线柱上，从而造成烙铁头带电。当出现不"吃锡"的情况时，可以用细砂纸或锉刀将烙铁头重新打磨或锉出新茬，然后重新镀上焊锡即可。当出现烙铁头凹坑的情况时，可用锉刀将氧化层及凹坑锉掉，并锉成原来的形状，然后再镀上焊锡即可。

3. 钎料

钎料是指易熔的金属及其合金。它的熔点低于被焊金属，而且要易于与被焊物金属表面形成合金。钎料的作用是将被焊物连接在一起。钎料按其成分，可分为锡铅钎料、银钎料和铜钎料等。各种配比的钎料都有不同的焊接特性，进行焊接时应根据被焊金属材料的可焊性及其焊接温度，以及对焊点机械强度的要求进行综合考虑，以选择合适的钎料。手工焊接印制电路板及一般的焊点和耐热性差的元器件，应选用 HISnPb39。此种钎料的熔化、凝固时间极短，能使焊接时间缩短，同时还有熔点低、焊接强度高的特点。

二、手工焊接

焊接在电子产品配装中是一项很重要的工序，焊接是将各种元器件与印制导线牢固地连接在一起的过程。焊接的好坏直接影响着产品的质量。焊接的种类很多，但对于小规模生产和家电维修而言，手工焊接仍是应用最多的，因此，只有把握好焊接全过程的每一个环节，才能保证焊接的质量，从而保证产品的质量。

1. 导线的加工

（1）剪裁　按所需的长度截断导线。截断前先拉直导线；保护好绝缘层；长度应符合公差要求；绝缘层已损坏的不再采用；芯线已锈蚀的不再采用。

（2）剥头　按导线的连接方式决定剥头长度。剥头是指把绝缘导线的端头绝缘层去掉一定的长度，露出芯线的过程。剥头的方法有用剥线钳剥头、用电工刀和剪刀剥头和用热截法剥头。

（3）捻头　对多股线进行捻头处理。按导线原来的方向继续捻紧，一般螺旋角在30°~40°之间。

（4）浸锡　导线捻头后的处理。浸锡是指给经过处理后的芯线再焊锡。浸锡的方法有两种，用电烙铁给导线端头上锡，或是锡锅浸锡。

（5）打印标记　为了安装与维修的方便。

（6）线把的扎制　用线绳、线扎搭扣、粘合剂等将导线扎制在一起并使其形成不同形状的线扎就叫线把的扎制。常用的方法有线扎搭扣结扎、粘合剂结扎和线绳绑扎。

2. 元器件引线的加工

（1）引线的基本成型　基本成型如图1-120所示，即垂直插装式的成型、打弯式的成型。印制电路板孔距小于元器件的外形最大长度时的成型如图1-120b所示。

（2）元器件引线的浸锡　元器件引线在出厂前一般都进行了处理，多数元器件引线都浸了锡铅合金，有的镀了锡，有的镀了银。如果引线的焊接性较差，就

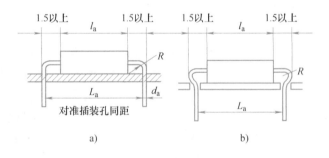

图1-120　元器件引线成型

a）引线的基本成型方法　b）孔距不当时引线成型方法

需要对引线进行重新浸锡处理。手工上锡的方法是将引线蘸上助焊剂，用电烙铁加热焊锡，使电烙铁带锡，用带锡的烙铁头给引线上锡。

3. 元器件的插装方法

为了便于安装和焊接，要预先将元器件的引脚弯曲成一定的形状，没有专用工具时，使用尖嘴钳和镊子等工具即可。安装元器件时，应注意将其标志朝向易于观察的方向，以便于核查和维修。对于有正负极的元器件，应注意极性不可接反。元器件的安装形式主要

有立式、卧式两种，如图 1-121 所示。卧式插装是将元器件紧贴印制电路板的板面水平放置。立式插装是将元器件垂直插入印制电路板。

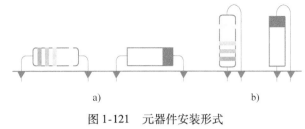

图 1-121　元器件安装形式
a）卧式安装　b）立式安装

元器件的安装顺序无固定模式，一般为先小后大，先轻后重、先卧后立、先内后外、先低后高等，以前道工序不影响后道工序为基本原则。

晶体管的插装一般以立式安装最为普遍，引线不能留得太长，以保持晶体管的稳定性。但对于大功率自带散热片的塑封晶体管，为提高其使用寿命，往往需要再加一块散热板。

集成电路的安装时先弄清引出线的排列顺序后，再插入印制电路板。在插装集成电路时，不能用力过猛，以防止弄断和弄偏引线。

装小型变压器时将固定脚插入印制电路板的相应孔位，并进行锡焊。装电源变压器时则要采用螺钉固定。

4. 手工焊接工艺

　　练一练：手工焊接训练。

（1）对焊接的要求　手工焊接是焊接技术中一项最基本的操作技能，对于焊点，应满足焊点的机械强度要足够；焊点可靠，保证导电性能；焊点表面要光滑、清洁。

（2）手工焊接的操作方法　具体操作方法如图 1-122 所示。

1）准备。将焊接所需材料、工具准备好，对被焊物的表面要清除氧化层及其污物，或进行预上焊锡。

2）加热被焊件。将预上锡的电烙铁放在被焊点上，使被焊件的温度上升。

3）熔化钎料。将焊锡丝放到被焊件上，使焊锡丝熔化并浸湿焊点。

4）移开焊锡。当焊点上的焊锡已将焊点浸湿，要及时撤离焊锡丝。

5）移开电烙铁。移开焊锡丝后，待焊锡全部润湿焊点时，就要及时迅速移开电烙铁，电烙铁移开的方向以 45°角最为适宜。

（3）焊接的操作要领　焊前要做好工具与材料的准备。焊剂的用量要合适。焊接的温度和时间要掌握好。钎料的施加应视焊点的大小而定。焊接时，被焊物要扶稳。焊点重焊时，必须注意本次加入的钎料要与上次的钎料相同，熔化后才能移开焊点。烙铁头要保持清洁。焊接时，烙铁头与引线、印制电路板的铜箔之间的接触位置要合适。撤离电烙铁时，要掌握好撤离方向，并带走多余的钎料，从而能控制焊点的形成。焊接结束后，应将焊点周围的焊剂清洗干净，并检查电路中有无漏焊、错焊、虚焊等现象。

（4）焊接质量的检查　焊接结束后，为保证焊接质量，一定要进行质量检查。一般采用目视检查和手触检查。

目视检查主要看是否有漏焊，焊点的光泽度，焊点的钎料足不足，焊点周围是否有残留的焊剂，焊盘与印制导线是否有桥接，焊盘有没有脱落，焊点有没有裂纹，焊点是不是

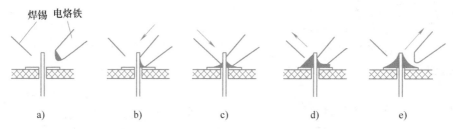

图 1-122　手工焊接五步法

a）准备　b）加热被焊件　c）熔化钎料　d）移开焊锡　e）移开电烙铁

凹凸不平，焊点是否拉尖等现象。图 1-123 中，打"√"为合格的焊点，打"×"为不合格焊点。

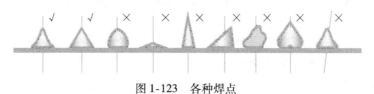

图 1-123　各种焊点

手触检查是指用手触摸被焊元器件时，元器件是否有松动和焊接不牢的现象。当用镊子夹住元器件引线，轻轻拉动时观察有无松动现象。对焊点进行轻微地晃动时，观察上面的焊锡是否有脱落现象。

三、识读装配图

 看一看：识读装配图、印制电路板的方法

 练一练：识读装配图与印制电路板。

印制电路板图即装配图，是表明各元器件在印制电路板上所在的具体位置，以及各元器件之间的布线图。装配图与印制电路板是完全对应的。识读装配图和印制电路板的方法是：

1. 从醒目的元器件入手

印制电路板的走线无规律，焊盘的形状、大小也各有差异，这样就给寻找某一个元器件的具体位置带来不便，为此，比较醒目的元器件就成为寻找其他元器件的参考点。醒目的元器件有晶体管、集成电路、可调电阻和变压器等。

2. 反复对照电路原理图与印制电路板图

首先在电路原理图中找到所需的元器件的编号，然后再以此元器件为主，观察其周围有何醒目的元器件，据此在印制电路板图中就比较容易找到所需的元器件。如此反复，将电路原理图中所有元器件在印制电路板图的位置一一找出，并注意有极性的元器件的正负极及元器件安装方式。

图 1-124 所示为直流稳压电源 PCB 及装配图，对照印制电路板（PCB）与装配图、电路原理图对照识图，找出各元器件的安装位置、极性。

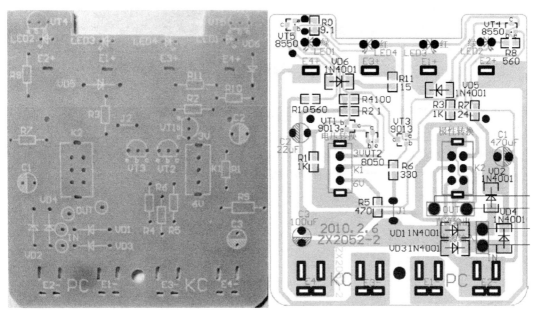

图 1-124　直流稳压电源 PCB 及装配图

四、整机总配

　读一读：整机装配流程。

　　议一议：如何装配直流稳压电源？

　　电子产品整机总装是指把已经检验合格的整机中各个部件、组件进行合成与连接。整机总装是电子产品生产的主要环节，对产品的质量保障有着至关重要的意义。因此，只有合理地安排工艺流程，才能快速、稳定地生产出质量可靠的产品。

　　由于电子产品是一个工序较多、装配较为复杂的产品，需要采用不同的装接顺序和装接方式才能实现设计所要求的各项指标，因此，必须合理安排组装顺序，否则将影响产品质量和生产效率。电子产品整机总装遵循先轻后重、先小后大、先卧后立、先里后外、先低后高、上道工序不影响下道工序、工序与工序之间要衔接的原则。

　　按照装配图，依据元器件的安装顺序，逐一检测元器件并焊接，完成局部电路后再进行完整电路连接，并应进行简单的测试再组装机壳，且螺钉不要拧得太紧，以免塑料外壳损坏。电子产品的元器件之间、元器件与机板、机架以及与外壳之间的紧固连接方式，主要有焊接、插接、螺钉螺栓紧固、铆接、压接、粘接、捆绑和卡口扣装等。

　　要选用正确的紧固方法和合适紧固力矩、严格遵守总装顺序。各种器件、组件、成品件的型号、尺寸、规格、参数要符合设计要求，未经检验的零部件不能上机安装。各种加工件必须符合设计图样中规定的技术指标的要求，不得有划痕、毛刺，否则不准采用。在总装过程中不能损坏元器件、不能损坏面板及各种塑料件。总装中要严格遵守工艺规程，并符合图样和工艺文件的要求。进行装配的操作人员必须掌握熟练的操作技能，以保证产品质量。整机总装工艺主要流程包含准备、整机装联、调试、检验、包装五个步骤。

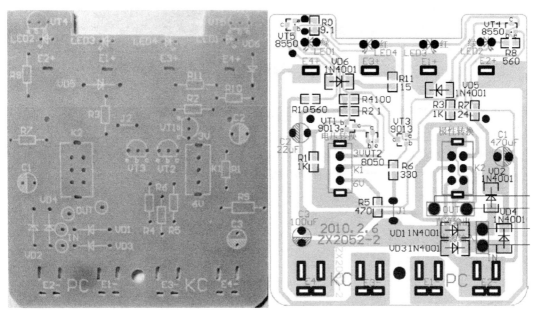

直流稳压电源的组装过程为对照电路原理图及印制电路板上的标志号，将电路中的所有元器件焊于相应位置。基本流程是焊接电路板、安装变压器，连接导线，完成后如图1-125所示。详细顺序如下：

1）焊接电阻。注意识别电阻阻值，不能接错位置。

2）焊接二极管。注意二极管的极性，不能接错。

3）焊接晶体管。注意晶体管的型号、管脚，不能接错。

4）焊接开关。

5）焊接滤波电容。注意电解电容正负极，不能接错，且装电容时先立后平放（卧式），要留长引脚，以能使电容倒下放置，否则壳内无法装下。

6）焊接电源极片。注意电源极片用镊子夹住，以免烫手，适当多放焊锡使极片更紧固。

7）焊接发光二极管。发光二极管的安装，要结合外壳的实际高度来决定具体引脚所留高度，安装时可先装一只，同时只焊一只脚，这样方便调整，然后放于外壳上试，当高度合适时，再将另一只脚焊上，一只完成后，另外三只的安装高度以第一只为参考。

8）焊接电路间引线。注意核对，不能接错。

9）安装变压器。先将电源变压器用塑料胶固定于盒子中，接好电源插头线。注意绝缘处理，尤其是变压器一次侧引线与电源线的连接，用热缩管处理保证绝缘良好，此处是220V电压的交流市电，处理不当容易触电。还需注意变压器的一、二次侧不能接反，否则通电后变压器马上就烧毁。对变压器的一、二次侧的区分，使用万用表的电

图1-125　焊接好的电路板

阻挡，分别测量一、二次绕组电阻，电阻值大的是一次侧，接220V，电阻小的是二次侧，接电路板。

※活动实施步骤※

一、清点套件

1. 领稳压电源套件如图1-126所示。对照表1-13清点元器件及辅料，完成任务单表1-28。

2. 识读装配图、PCB，理顺直流稳压电源组装顺序，完成任务单表1-29。

二、焊接电路板

1. 焊接前准备

焊接前先要对电铬铁进行检查，如果吃锡不良，应进行去除烙铁头的氧化层和预挂锡的

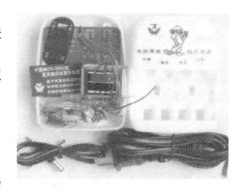

图1-126　稳压电源套件

处理。将被焊元器件的引线进行清洁和预挂锡。清洁印制电路板的表面。对照原理电路图及装配图，先试试各元器件的位置及安装顺序。

表1-13 配套材料清单

序号	名称	型号规格	位号	数量	序号	名称	型号规格	位号	数量
1	贴片二极管	1N4001	VD1～VD6	6	15	电源变压器	交流220V/9V	T	1
2	贴片晶体管	9013	VT1、VT3	2	16	直脚开关	1×2、2×2	S1、S2	各1
3	贴片晶体管	8050	VT2	1	17	正极片			4
4	贴片晶体管	8550	VT4、VT5	2	18	5、7号负极磷铜片			8
5	发光二极管	φ3绿色(超长脚)	LED1、LED2	2	19	印制电路板			1
6	发光二极管	φ3红色(超长脚)	LED3、LED4	2	20	功能指示不干胶	2孔		1
7	电解电容	470μF/16V(小)	C1	1	21	产品型号不干胶	30×46		1
8	电解电容	22μF/10V	C2	1	22	电源插头输入线	1m		1
9	电解电容	100μF/10V	C3	1	23	十字插头输出线	0.8m		1
10	电阻	1Ω、9.1Ω、100Ω	R2、R9、R4	各1	24	热塑套管	2cm		2
11	电阻	330Ω、470Ω	R5、R6	各1	25	外壳上盖、下盖			1
12	电阻	15Ω、24Ω	R7、R11	各1	26	自攻螺钉	φ3×6		2
13	电阻	560Ω	R8、R10	2	27	自攻螺钉	φ3×8		3
14	电阻	1kΩ	R1、R3	2	28	装配说明			1

2. 焊接电路板

焊接时需注意：安装元器件以及连线时，一定明确其在焊接板上准确的位置，确保正确无误。在焊接装配的同时，要剪去多余引线，留下的线头长度必须适中，剪线时要注意不能损坏其他焊点。对焊点质量进行检查。不要出现虚焊、漏焊，焊点要牢固可靠。在焊接各种元器件时，焊接时的温度不要过高，时间不要过长，以免烫坏元器件的绝缘和骨架。各元器件的引线注意不要相碰，以免改变电路的特性，出现不良后果。

焊接顺序及工艺要求见表1-14。

表1-14 焊接顺序及工艺要求

焊接顺序	安装工艺与注意事项	安装完成图片
焊接电阻	工序：识别→检测→引线成型→焊接 识别、检测：将所有电阻测试后分开，固定在一张白纸上标明阻值及 R_X 引线成型：将各电阻引脚按照电路板中孔的距离弯曲成型 安装焊接：均为卧式安装。注意不能接错位置。如右图所示 	

项目一

焊接顺序	安装工艺与注意事项	安装完成图片
焊接二极管	工序:识别→检测→引线成型→焊接 识别、检测:6 只 1N4001 二极管,用万用表检测正负极、好坏 引线成型:将二极管管脚安装孔距弯曲成型 安装焊接:卧式安装。如右图所示 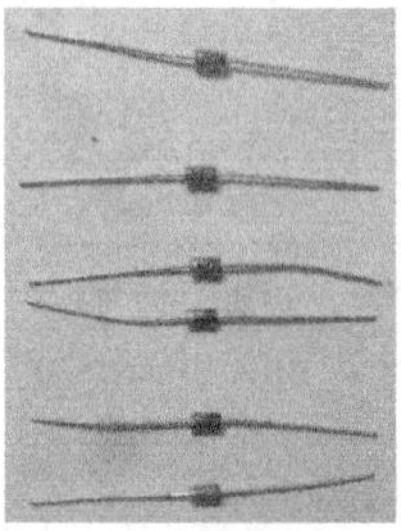 二极管脚位示意图 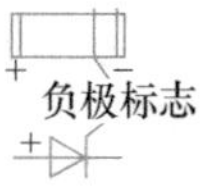 负极标志	
焊接晶体管与开关	①晶体管的焊装 工序:识别→检测→引线成型→焊接 识别:区分三种型号的晶体管,不能弄错 检测:用万用表检测管脚 E、B、C 及好坏,比较与晶体管上标出的 E、B、C 是否相同。 安装:VT1～VT3 立式安装,要求安装高度距板 6mm,VT4、VT5 立式安装,要尽量低。如右图所示 晶体管脚位示意图 9013 8050 8550 B E C E B C 管脚位示意图 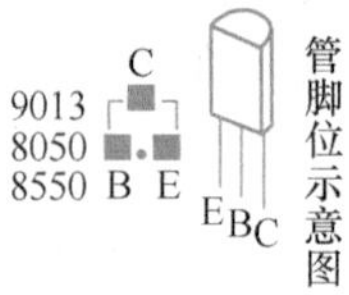 ②功能转换开关的安装焊接 工序:识别→检测→安装→焊接 识别、检测:根据电极数目和封装形式区分 K_1、K_2。用万用表检测转换开关的好坏(接通时电阻为零,断开时电阻为无穷大) 安装:立式安装,无方向,插到底,防短路	
焊接电解电容及跨接线	① 电解电容的安装 工序:识别→检测→引线成型→安装 识别:根据电容体上标示的电容容量和耐压值区分电容(C_1、C_2、C_3)和正负极 电容极性示意图 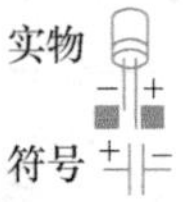 实物 符号 检测:用万用表检测电容有无充放电功能 安装:卧式安装,先立后放倒。注意电容极性,留长管脚以便放倒。如右图所示 ②跨接线的焊装 在 PCB 上找到 J_1、J_2 的位置,跨接线可用元器件的引脚代用,先成型再焊接	

焊接顺序	安装工艺与注意事项	安装完成图片
焊接发光二极管及电源极片	① LED 的焊装 工序：识别→检测→引线成型→焊接 识别、检测：根据外观颜色区分红色二极管 LED1、LED2 和绿色二极管 LED3、LED4。区分正负极，电极是长正短负。用模拟万用表电阻 R×10k 挡检测好坏 安装：立式安装，注意高度。注意正负极不能接错，LED1、LED2、LED3、LED4 放到外壳试高度，确定好高度再焊接 ②电源极片的焊装 工序：识别→清洁→上锡→焊装 识别：根据稳压电源外壳形状及电源极片的形状区分正极片和负极片 安装：注意电源极片用镊子夹住以免烫手，适当多放焊锡使极片更紧固（注意用锡量、美观度）。如右图所示	

三、安装变压器及电源线

1. 安装变压器。

工序：识别→固定焊接。

识别：区分变压器一、二次侧，如图 1-127 所示。需注意变压器的一、二次侧不能接反，否则通电后变压器马上就烧毁。对变压器的一、二次侧的区分，使用万用表的电阻挡，分别测量一、二次绕组电阻，电阻值大的是一次侧，接 220V，电阻小的是二次侧，接电路板。

固定焊接：先将电源变压器用塑料胶固定于盒子中。变压器的二次侧与 PCB 的焊接，二次侧不分正负极，变压器二次侧的两条引线过孔焊接在 PCB 的相应位置上，如图 1-128 所示。注意美观且两条线不可交叉，焊接时间不可过长，防止印制导线脱落。

图 1-127　变压器

图 1-128　变压器的安装

2. 直流输出十字电源线的焊装

工序：识别→捻头→清洁→上锡→焊接。

识别：区分正、负极。

安装：注意要过孔焊接。

3. 220V 电源线的装接

工序：电线捻头→上锡→套入热缩管→焊接→加热热缩管。

注意事项：变压器一次侧引线与电源线的连接，交流电没正、负极的问题，但变压器一次侧直接连接220V，要做好绝缘以确保安全。注意绝缘处理，用热缩管处理保证绝缘良好，此处是 220V 电压的交流市电，处理不当容易触电。焊接时既要焊牢，钎料又不能多，更不能出毛刺以免扎破热缩管造成漏电。

焊接流程：电线捻头，挂锡，套入热缩管，电线接头搭焊，用电烙铁上端管部加热热缩管，使热缩管能紧固在电线焊接头处，不松动，如图 1-129 所示。

图 1-129　热缩管的使用

四、评价方案

评价表见表 1-15。

表 1-15　组装直流稳压电源评价表

序号	评价内容	评价标准
1	电阻焊接	元器件引脚高度合适,位置正确,极性正确,摆放不歪斜
2	电解电容焊接	接插件无歪斜、牢固
3	二极管焊接	
4	晶体管焊接	焊点钎料量合适,成圆锥状,焊点光亮、无毛刺、无气孔、
5	发光二极管焊接	无助焊剂残留,无漏焊、虚焊、假焊、搭焊现象
6	跨接线、转换开关焊接	焊接准时完成
7	正、负极片焊接	
8	输出十字电源线的焊接	走线合理,位置合适,热缩管安装美观,连接可靠
9	220V 电源线的焊装	
10	变压器安装	一、二次侧安装正确,二次侧连接电路板正确
11	安全、规范操作	操作安全、规范
12	5S 现场管理	现场做到整理、整顿、清扫、清洁、素养

活动二　调试直流稳压电源

※应知应会※

1. 会检查、调试直流稳压电源。
2. 会处理简单故障。

※工作准备※

设备与材料： 电烙铁、尖嘴钳、斜口钳、镊子、焊锡、直流稳压电源、万用表。

※知识链接※

　议一议： 如何检测直流稳压电源的参数？

根据直流稳压电源的技术参数，主要测试电路关键部位的电压，因此，选用万用表作为测试仪表即可。首先，通电后，应看到LED点亮，测量 C_1 两端电压值，正常电压应为11V左右。当开关置于3V输出时，测量输出引线上的电压，由于稳压采样电路采用的是电阻分压的形式确定的，电阻都存在一定的允许误差，因此，实际输出的电压值会与标称值略有不同，稍有差别属正常现象，应在3V左右。拨动极性转换开关，可看到输出电压极性改变。再检测6V电压挡时的电压，正常值在6V左右。

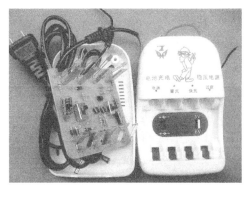

图 1-130　焊接好的电路板

电路参数测试正常后，便可以将焊接好的电路板（见图1-130），固定装于外壳内合适位置，用螺钉紧固外壳，直流稳压电源产品制作完成。

※活动实施步骤※

一、通电测试

1. 检查

通电前应认真对照电路原理图、印刷电路板，检查有无错焊、漏焊，特别是观察电路板上有无短路现象发生，如有故障要一一排除。只要焊接正确，通电后对应电源的LED灯应正常亮。

2. 调试

用万用表检测主要部位电压，按照任务单表1-33完成测试，判断是否满足电路的技术指标。

二、故障排除

1. 电源指示灯不亮

首先，是否LED2有接反或损坏，测LED2两端电压（1.5V左右）。其次，测 C_1 两端电压，正常检查VT1、VT2、VT3的工作状态。C_1 两端电压不正常，检查变压器二次电压，正常检查整流电路，检查整流二极管是否接反，检查变压器二次电压是否正常。

2. 无直流输出电压

LED正常发光，查3V/6V转换开关和正、负极转换开关，若均无问题则检查焊点是否有短路，造成保护现象。

3. 充电指示灯不亮

检查VT4、VT5的工作状态及相关电阻的阻值、焊点是否虚焊、假焊，相邻焊点间是否短路。

三、评价方案

评价表见表1-16。

表 1-16　调试直流稳压电源评价表

序号	项　　目	评 价 标 准
1	电源指示灯	通电正常发光
2	3V 电压输出	输出电压在 $3(1\pm10\%)$V 范围内
3	6V 电压输出	输出电压在 $6(1\pm10\%)$V 范围内
4	过载保护	过载保护常
5	充电指示灯	充电指示灯显示正常
6	调试方法掌握情况	能自行调试,掌握了基本调试方法
7	安全、规范操作	操作安全、规范
8	5S 现场管理	现场做到整理、整顿、清扫、清洁、素养

※应知应会小结※

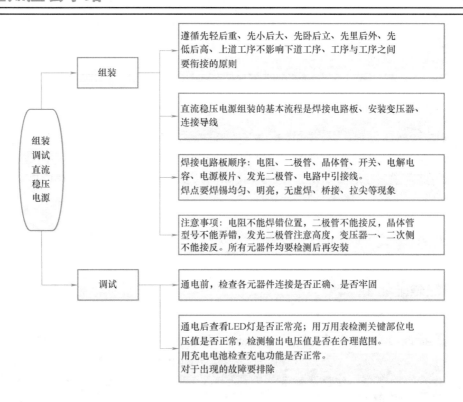

组装调试直流稳压电源

组装
- 遵循先轻后重、先小后大、先卧后立、先里后外、先低后高、上道工序不影响下道工序、工序与工序之间要衔接的原则
- 直流稳压电源组装的基本流程是焊接电路板、安装变压器、连接导线
- 焊接电路板顺序:电阻、二极管、晶体管、开关、电解电容、电源极片、发光二极管、电路中引接线。焊点要焊锡均匀、明亮,无虚焊、桥接、拉尖等现象
- 注意事项:电阻不能焊错位置,二极管不能接反,晶体管型号不能弄错,发光二极管注意高度,变压器一、二次侧不能接反。所有元器件均要检测后再安装

调试
- 通电前,检查各元器件连接是否正确、是否牢固
- 通电后查看LED灯是否正常亮;用万用表检测关键部位电压值是否正常,检测输出电压值是否在合理范围。用充电电池检查充电功能是否正常。对于出现的故障要排除

任务四　验收直流稳压电源

※任务描述※

　　本任务以验收直流稳压电源成品为主,引导学生了解电子产品说明书的格式,会写简单的电子产品说明书;引导学生验收直流稳压电源成品,会检验直流稳压电源成品质量。

※任务目标※

知识目标：

1. 了解产品说明书书写格式和内容。

2. 了解直流稳压电源产品评价要素。

能力目标：

1. 会写产品说明书。

2. 会评价直流稳压电源产品质量。

素质目标：

1. 通过书写产品说明书，提高学生的归纳、总结能力。

2. 通过展示产品、演讲，提高学生的语言表达能力、自信心。

※任务实施※

活 动　产 品 验 收

※工作准备※

设备与材料：直流稳压电源成品（见图 1-131）、说明书、万用表、可充电 5 号及 7 号电池各一节。

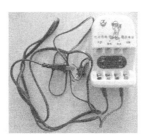

图 1-131　直流稳压电源成品

※知识链接※

一、电子产品说明书

 读一读：电子产品说明书的主要内容。

1. 电子产品说明书

简单的电子产品说明书主要包括以下内容：

1）产品概况。

2）产品的性能和特点。

3）产品的使用方法。

4）产品的保养与维修。

5）其他事项。

2. 电子产品说明书范例

应用实例：LED-901 充电式手电筒使用以及技术说明书。

（1）概述　本产品为 LED-901 充电式手电筒，公司遵循国家行业执行标准：GB 7000.208—2008，确属本公司产品质量问题，自购置之日起保修期为 3 个（非正常使用而致使产品损坏、烧坏的，不属保修之列。）

（2）技术特性　本产品额定容量高达 900mAh。超长寿命电池，高达 500 次以上循环使用。采用节能，高功率，超长寿命的 LED 灯泡。充电保护：充电状态显示红灯，充电满显示绿灯。

（3）工作原理　LED 灯泡由电池提供电源而发光，此电池充电后可重复使用。

（4）安装和调整　当手电筒的玻璃镜片被损坏之后，可以及时取下进行更换，以免伤人。取下时，逆时针方向旋转即可。

（5）使用和操作　充电时灯头应朝下，将手电筒交流插头完全推出，直接插入 AC 110V/220V 电源插座上，此时红灯亮，表示手电筒处于充电状态；当充电充满时，绿灯亮，表示充电已充满。

使用时推动开关按键，前挡为 6 个 LED 灯泡亮，中间挡为 3 个 LED 灯泡亮，后挡为关灯。

充满电，3 个 LED 灯泡可连续使用约 26h，6 个 LED 灯泡可连续使用 16h。

（6）故障分析与排除

1）使用过程中，若发现灯不亮或者光线很暗，则有可能是电池电量不足，如果充电后灯变亮，则说明手电筒功能正常，如果充电后仍然不亮，则有可能是线路故障，可以到本公司自费维修。

2）使用几年后，若发现充电后灯不亮，则极有可能是电池寿命已到，应及时到本公司自费更换。

（7）维修和保养　在使用过程中，如 LED 灯泡亮度变暗时，电池处于完全放电状态，为保护电池应停止使用，并及时充电（不应在 LED 灯泡无光时才充电，否则电池极易损坏失效。）

手电筒应该经常充电使用，请勿长期搁置，如不经常使用，请在存放 2 个月内补充电一次，否则会降低电池寿命。

（8）注意事项　请选择优质插座，并保持安全规范充电操作。产品充电时切勿使用，以免烧坏 LED 灯泡或电源内部充电部件。手电筒不要直射眼睛，以免影响视力。（小孩应在大人指导下使用。）勿让本产品淋雨或者受潮。当充电充满时（绿灯亮），请立即停止充电，避免烧坏电池。非专业人士请勿随便拆卸手电筒，避免引起危险。

二、产品验收

　　议一议：直流稳压电源验收有哪些内容？

直流稳压电源验收主要有两项内容：一是外观检查，二是功能检测。

1. 外观检查

直流稳压电源产品外观检查的主要内容有：

（1）外观标志是否粘贴牢固，标志是否正确。

（2）外壳封装是否严整紧固。

（3）电源正、负极板及电源线是否牢固不松动。

（4）外观干净整洁无污迹。

（5）开关拨动是否顺畅。

2. 功能检测

直流稳压电源产品功能检测的主要内容有：

（1）检查输出电压是否符合标准。

（2）正常及快速充电功能是否正常。

※活动实施步骤※

一、制作产品说明书

书写直流稳压电源产品说明书，填写在任务单中。

二、产品验收

1. 检查直流稳压电源产品外观，完成任务单表 1-35。

2. 用万用表检查直流稳压电源输出电压，完成任务单表 1-35。

3. 检查充电功能，给 5 号、7 号电池充电，完成任务单表 1-35。

4. 给产品贴合格标签。

三、评价方案

评价表见表 1-17。

表 1-17　产品验收评价表

序　号	评价内容		评分标准
1	产品说明书		说明书内容全面,说明到位
2	产品验收	外观检查	外观标志清楚,外壳封装严整,电源正、负极板牢固,开关拨动顺畅,电源线牢固,外观干净整洁无污迹
		输出电压检测	输出符合标准,输出范围3(1±10%)V,6(1±10%)V
		充电功能检查	5 号电池充电正常,7 号电池充电正常,快充功能正常
3	安全规范及5S现场管理		爱护设备及工具,安全文明操作,成本及环保意识。现场做到整理、整顿、清扫、清洁、素养

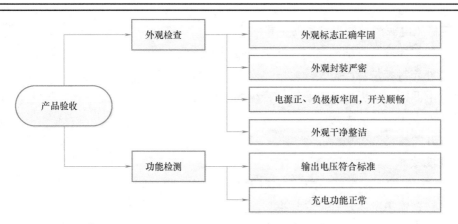

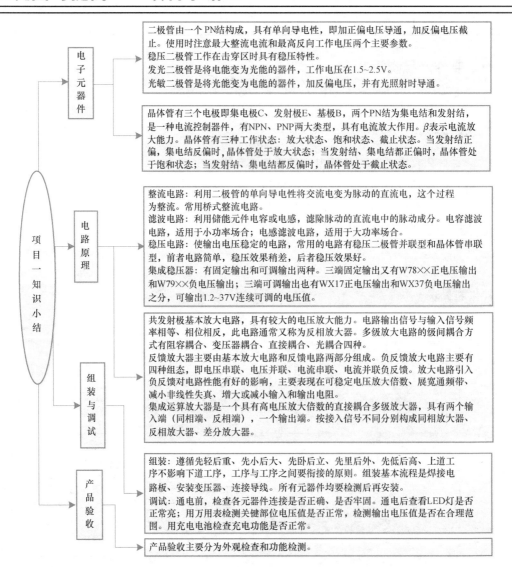

※应知应会小结※

产品验收

- 外观检查
  - 外观标志正确牢固
  - 外观封装严密
  - 电源正、负极板牢固，开关顺畅
  - 外观干净整洁
- 功能检测
  - 输出电压符合标准
  - 充电功能正常

※巩固与提高——项目小结※

项目一知识小结

电子元器件

二极管由一个PN结构成，具有单向导电性，即加正偏电压导通，加反偏电压截止。使用时注意最大整流电流和最高反向工作电压两个主要参数。
稳压二极管工作在击穿区时具有稳压特性。
发光二极管是将电能变为光能的器件，工作电压在1.5~2.5V。
光敏二极管是将光能变为电能的器件，加反偏电压，并有光照射时导通。

晶体管有三个电极即集电极C、发射极E、基极B，两个PN结为集电结和发射结，是一种电流控制器件，有NPN、PNP两大类型，具有电流放大作用。β表示电流放大能力。晶体管有三种工作状态：放大状态、饱和状态、截止状态。当发射结正偏，集电结反偏时，晶体管处于放大状态；当发射结、集电结都正偏时，晶体管处于饱和状态；当发射结、集电结都反偏时，晶体管处于截止状态。

电路原理

整流电路：利用二极管的单向导电性将交流电变为脉动的直流电，这个过程为整流。常用桥式整流电路。
滤波电路：利用储能元件电容或电感，滤除脉动的直流电中的脉动成分。电容滤波电路，适用于小功率场合；电感滤波电路，适用于大功率场合。
稳压电路：使输出电压稳定的电路，常用的电路有稳压二极管并联型和晶体管串联型，前者电路简单，稳压效果稍差，后者稳压效果好。
集成稳压器：有固定输出和可调输出两种。三端固定输出又有W78××正电压输出和W79××负电压输出；三端可调输出也有WX17正电压输出和WX37负电压输出之分，可输出1.2~37V连续可调的电压值。

组装与调试

共发射极基本放大电路，具有较大的电压放大能力。电路输出信号与输入信号频率相等、相位相反，此电路通常又称为反相放大器。多级放大电路的级间耦合方式有阻容耦合、变压器耦合、直接耦合、光耦合四种。
反馈放大器主要由基本放大电路和反馈电路两部分组成。负反馈放大电路主要有四种组态，即电压串联、电压并联、电流串联、电流并联负反馈。放大电路引入负反馈对电路性能有好的影响，主要表现在可稳定电压放大倍数、展宽通频带、减小非线性失真、增大或减小输入和输出电阻。
集成运算放大器是一个具有高电压放大倍数的直接耦合多级放大器，具有两个输入端（同相端、反相端），一个输出端。按接入信号不同分别构成同相放大器、反相放大器、差分放大器。

产品验收

组装：遵循先轻后重、先小后大、先卧后立、先里后外、先低后高、上道工序不影响下道工序，工序与工序之间要衔接的原则。组装基本流程是焊接电路板、安装变压器、连接导线。所有元器件均要检测后再安装。
调试：通电前，检查各元器件连接是否正确、是否牢固。通电后查看LED灯是否正常亮；用万用表检测关键部位电压值是否正常，检测输出电压值是否在合理范围。用充电电池检查充电功能是否正常。

产品验收主要分为外观检查和功能检测。

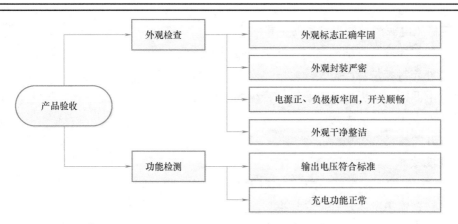

项目一

项目二
收音机的组装与调试

※项目描述※

收音机是无线电广播信号接收机的简称，是收听广播电台发射的电波信号的机器。它用电能将电波信号转换为声音信号，由机械器件、电子元器件、磁铁等构造而成。图2-1所示为半导体收音机。

本项目采用中夏牌S205T集成电路调频调幅收音机套件，外形尺寸：125mm×68mm×28mm；工作电压：3V（2节5号电池）；频率覆盖：AM：530～1605kHz，FM：87～108MHz；输出功率≥100mW。选用日产CD1691BM集成电路，收音机性能好、自带功放、静噪处理、声音清脆、一致性好、制作容易。

图2-1　半导体收音机

※项目分析※

收音机按调制方式分为调幅广播（AM）和调频广播（FM）。调幅广播（AM）的长波（LW）：150～415kHz；中波（MW）：525～1605kHz；短波（SW）：1.6～26.1MHz。调幅广播具有传播距离远、覆盖面大、电路相对简单的特点，但传送音频频带窄（200～2500Hz），易受干扰、噪声大。调频广播（FM）的超高频（VHE）波段：88～108MHz，电视伴音：48.5～958MHz。调频广播传送音频频带较宽（100Hz～5kHz），适宜于高保真音乐广播，抗干扰性强，内设限幅器除去幅度干扰，应用范围广，用于多种信息传递，可实现立体声广播；但传播衰减大，覆盖范围小。

收音机按电路层次分为直接检波式、高放式和超外差式。直接检波式收音机功能少、电路不完善、效果差。高放式收音机灵敏度高、输出功率较大，有一定的使用价值，但灵敏度、选择性、稳定性和失真度都达不到较高的指标，现已被超外差式所取代。超外差式收音机具有灵敏度高、选择性好，对整个波段的信号放大量均匀等特点。

超外差式收音机是通过输入调谐回路将接收到的高频载波信号送入高频放大器进行放大，然后送入混频器与本振信号进行混频，得到固定的差频信号（调幅广播为465kHz，调频广播为10.7MHz），经过滤波器后送入中频放大器，通过解调器解调出音频信号，经音频放大电路放大后推动扬声器发声。收音机由天线、输入电路、高频放大电路、变频电路（混频、本振）、中频放大电路、检波电路、音频放大电路等组成。图2-2所示为收音机组成框图。

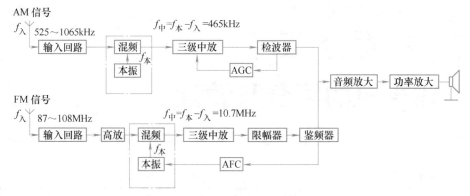

图 2-2　收音机组成框图

收音机的组装与调试流程如图 2-3 所示。

图 2-3　收音机的组装与调试流程图

※项目目标※

1. 了解收音机的组成、工作原理。
2. 掌握收音机使用的中周、扬声器的符号、参数、作用。
3. 了解检波电路、谐振电路、功率放大电路的组成及其工作原理。
4. 会用万用表检测常用元器件、检测电路主要部位的静态电压。
5. 能看懂电路原理图、装配图，按装配图熟练焊接电子元器件。
6. 会组装收音机，会检测、调试收音机。
7. 提高手工焊接技术。
9. 培养注重产品质量和节能环保的意识。
8. 学会查阅技术手册、技术资料。
9. 培养认真、踏实的做事态度及自主学习的能力，培养与他人合作的团队意识。

任务一　识别检测收音机套件

※任务描述※

本任务以识别检测中周、扬声器为主，认识中周、扬声器的外形，了解其作用及参数；学会正确选择、测量中周、扬声器。

中周是超外差式收音机中不可缺少的器件。半导体收音机两级中频放大器间需要用中周进行信号的耦合与传送；收音机要将声音传出来，必须通过扬声器，扬声器质量的好坏直接影响到收音机的音质。图 2-4 所示为收音机中的中周、扬声器。

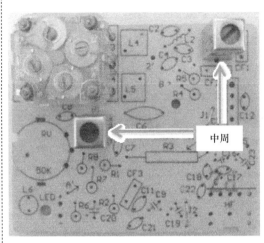
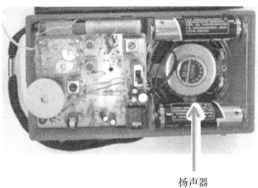

中周

扬声器

图 2-4 收音机中的中周、扬声器

※任务目标※

知识目标：

1. 了解中周的外形，掌握中周的作用、参数、检测方法。

2. 了解扬声器的分类、结构、工作原理，掌握扬声器的作用、参数、检测方法。

能力目标：

1. 能从外观上识别中周、扬声器。

2. 能熟练地使用万用表检测中周、扬声器。

3. 能查阅半导体手册正确选择中周、扬声器。

素质目标：

1. 养成遵守劳动纪律、安全规范操作的习惯。

2. 培养学生爱岗敬业、热情主动的工作态度。

3. 养成工作整洁、有序、爱护仪器设备的良好习惯，培养 5S 意识。

※任务实施※

活动　识别检测中周、扬声器

※应知应会※

1. 掌握中频变压器的结构、作用、分类；掌握扬声器分类、结构、工作原理。

2. 能通过外形识别中频变压器、扬声器。

3. 会用万用表检测中频变压器、扬声器。

※工作准备※

设备与材料（见图2-5）：中周、扬声器；指针式万用表、五号电池。

10KH   10KD   10KF   10KE

图2-5 设备与材料

※知识链接※

一、中频变压器（中周）

读一读：中频变压器（中周）的结构、作用、分类。

1. 中频变压器（中周）的作用

中频变压器（俗称中周），是超外差式晶体管收音机中特有的一种具有固定谐振回路的变压器，借助于磁心的相对位置的变化在一定范围内微调谐振回路，以使接入电路后能达到稳定的谐振频率（465kHz）。

收音机中的中频变压器大多是单调谐式，结构较简单，占用空间较小。由于晶体管的输入、输出阻抗低，为了使中频变压器能与晶体管的输入、输出阻抗匹配，一次侧设有抽头，且具有圈数很少的二次耦合绕组。双调谐式中频变压器的优点是选择性较好且通频带较宽，多用在高性能收音机中。

晶体管收音机中通常采用两级中频放大器，需要3只中周进行前、后级信号的耦合与传送。实际电路的中周常用 BZ1、BZ2、BZ3 等符号表示。在使用中不能随意调换它们在电路中的位置。

2. 中频变压器的结构、型号

中频变压器的结构如图2-6所示，它一般由磁心、线圈、底座、支架、磁帽及屏蔽罩组成。由于使用磁心和磁帽构成闭合磁路，使得变压器具有高 Q 值和小体积的特点，而

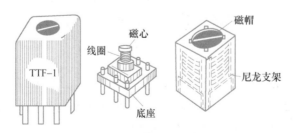

图2-6 中频变压器结构

且只要调节磁帽就可改变电感量的大小。

调频、调幅收音机用的中频变压器的型号较多，用于调频收音机的中频变压器有 TP-11、TP-12、TP-13、TP-06、WTP-07、TP-08、TP-09 等，用于调幅收音机的中频变压器有 TTF-1、TTF-2、BZX-19、BZX-20、SZP1、SZP2 等型号，其 TTF-1 又称 200 型，TTF-2 又称 203 型。

 议一议：如何识别中周？如何检测中周？

3. 中周的识别和检测

1）从外观上识别中周。中周外形如图 2-7 所示。

2）将万用表拨至 R×1 挡，按照中频变压器的各绕组引脚排列规律，逐一检查各绕组的通断情况，进而判定其是否正常，如图 2-8a 所示。

3）检测绝缘性能。将万用表置于 R×10k 挡，做如下几种状态测试：一次绕组与二次绕组之间的电阻值；一次绕组与外壳之间的电阻值；二次绕组与外壳之间的电阻值。如图 2-8b 所示。

图 2-7　中周的外形

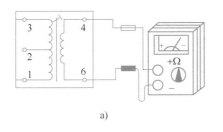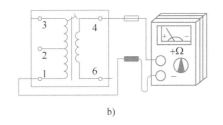

图 2-8　中周的检测

上述测试结果会出现三种情况：阻值为无穷大是正常；阻值为零是有短路性故障；阻值大于零、小于无穷大，有漏电性故障。

二、扬声器

 读一读：扬声器的作用、分类。

1. 扬声器的功能

扬声器俗称喇叭，是一种把电信号转变为声音信号的换能器件。扬声器在音响设备中是一个最薄弱的器件，而对于音响效果而言，它又是一个最重要的部件。各种扬声器的外形如图 2-9 所示。

2. 扬声器的种类

扬声器按换能机理和结构分动圈式（电动式）、电容式（静电式）、压电式（晶体或陶瓷）、电磁式（压簧式）、电离子式和气动式等；按声音辐射材料分为纸盆式、号筒式、膜片式；按纸盆形状分为圆形、椭圆形、双纸盆和橡皮折环；按工作频率分为低频、中频、高频扬声器；按音圈阻抗分低阻抗型和高阻抗型；按效果分直辐和环绕声等。

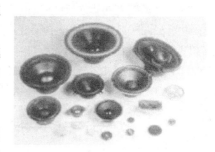

图 2-9　各种扬声器的外形

电动式扬声器具有电声性能好、结构牢固、成本低等优点，应用广泛。扬声器分为内置扬声器和外置扬声器，外置扬声器即一般所指的音箱。

3. 扬声器的特征

1）扬声器有两个接线柱（两根引线），当单只扬声器使用时，两个引脚不分正负极；多只扬声器同时使用时，两个引脚有正负极性之分。

2）扬声器有一个纸盆，它的颜色通常为黑色，也有白色。

3）扬声器的外形有圆形、方形和椭圆形等几大类。

4）扬声器纸盆背面是磁铁，外磁式扬声器用金属螺钉旋具去接触磁铁时会感觉到磁性的存在；内磁式扬声器中没有这种感觉。

5）扬声器装在机器面板上或音箱内。

 看一看：扬声器的结构、工作原理。

4. 扬声器的结构

常见的电动式锥形纸盆扬声器，大体由磁回路系统（永磁体、心柱、导磁板）、振动系统（纸盆、音圈）和支撑辅助系统（定心支片、盆架）等三大部分构成。结构图如图2-10所示。

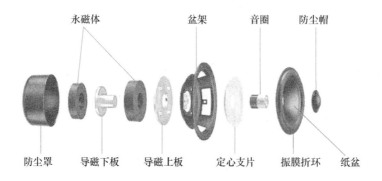

图 2-10　扬声器结构

（1）音圈　音圈是锥形纸盆扬声器的驱动单元，它是用很细的铜导线分两层绕在纸管上，一般绕有几十圈，又称线圈。音圈与纸盆固定在一起，当声音电流信号通入音圈后，音圈振动带动着纸盆振动。

（2）纸盆　锥形纸盆扬声器的锥形振膜所用的材料有很多种，一般有天然纤维和人造纤维两大类。天然纤维常采用棉、木材、羊毛、绢丝等，人造纤维采用人造丝、尼龙、玻璃纤维等。由于纸盆是扬声器的声音辐射器件，在相当大的程度上决定着扬声器的放声性能，所以无论哪一种纸盆，要求既要质轻又要刚性良好，不能因环境温度、湿度变化而变形。

（3）折环　折环是为保证纸盆沿扬声器的轴向运动、限制横向运动而设置的，也保证音圈能在磁隙中轴向移动。折环的材料除常用纸盆的材料外，还利用塑料、天然橡胶等，经过热压粘接在纸盆上。

（4）定心支片　定心支片的主要作用是保持音圈在磁间隙中的正确位置，保证音圈在受力时，振动系统会沿着轴线往复运动，并防止灰尘进入到磁隙中。定心支片上的防尘罩是为了防止外部灰尘等落入磁隙，避免造成灰尘与音圈摩擦，而使扬声器产生异常声音。

5. 扬声器的工作原理

（1）纸盆式扬声器　纸盆式扬声器又称为动圈式扬声器。当处于磁场中的音圈有音频电流通过时，产生随音频电流变化的磁场，这一磁场和永久磁铁的磁场发生相互作用，使音圈沿着轴向振动，扬声器的振膜和音圈连在一起，所以振膜振动，振动产生与原音频信号波形相同的声音。纸盆式扬声器结构简单、低音丰满、音质柔和、频带宽，但效率较低。

（2）号筒式扬声器　号筒式扬声器由振动系统（高音头）和号筒两部分构成。其振动系统与纸盆式扬声器相似，不同的是它的振膜不是纸盆，而是一球顶形膜片。振膜的振动通过号筒（经过两次反射）向空气中辐射声波。它的频率高、音量大，常用于室外及广场扩声。

 议一议：如何检测扬声器？

6. 扬声器的检测

（1）估测扬声器的好坏　使用1节5号干电池（1.5V），用导线将其负极与扬声器的某一端相接，再用电池的正极去触碰扬声器的另一端，正常的扬声器应发出清脆的"咔咔"声。若扬声器不发声，则说明该扬声器已损坏。若扬声器发声干涩沙哑，则说明该扬声器的质量不佳。

将万用表置于R×1挡，用红表笔接扬声器某一端，用黑表笔去点触扬声器的另一端，正常时扬声器应有"咔咔"声，同时万用表的表针应作同步摆动。若扬声器不发声，万用表指针也不摆动，则说明音圈烧断或引线开路。若扬声器不发声，但表针偏转且阻值基本正常，则说明扬声器的振动系统有问题。

（2）估测扬声器的阻抗　一般扬声器在商标上都标有额定阻抗值。若遇到标记不清或标记脱落的扬声器，则可用万用表的电阻挡来估测出阻抗值。

测量时，万用表应置于R×1挡，用两支表笔分别接扬声器的两端，测出扬声器音圈的直流电阻值，扬声器的额定阻抗通常为音圈直流电阻值的1.17倍。8Ω的扬声器音圈的直流电阻值约为7Ω。在已知扬声器标称阻值的情况下，也可用测量扬声器直流电阻值的方法来判断音圈是否正常。

（3）判断扬声器的相位　扬声器有正、负极性，在多只扬声器并联时，应将各只扬声器的正极与正极连接，负极与负极连接，使各只扬声器同相位工作。

检测时，可用1节5号干电池，用导线将电池的负极与扬声器的某一端相接，用电池的正极去接扬声器的另一端。若此时扬声器的纸盆向前运动，则接电池正极的一端为扬声器的正极；若纸盆向后运动，则接电池负极一端为扬声器的正极。

※活动实施步骤※

一、识别中周、扬声器

通过外观识别中周、扬声器。

二、检测中周

1. 使用万用表检测中周各绕组的通断情况。完成任务单表2-1。
2. 使用万用表检测中周的绝缘性能。完成任务单表2-1。

三、检测扬声器

1. 检测扬声器的好坏。完成任务单表2-1。
2. 检测扬声器的正、负极。完成任务单表2-1。

四、评价方案

评价表见表2-1。

表2-1　中周、扬声器识别与检测评价表

序号	项　目		评价标准
1	识别	中周	从套件中正确识别中周
		扬声器	从套件中正确识别扬声器
2	检测中周	各绕组的通断	正确选择万用表挡位，熟练进行电气调零，各绕组检测正确、全面
		检测绝缘性能	正确选择万用表挡位，熟练进行电气调零，一/二次绕组之间、一次绕组与外壳、二次绕组与外壳间绝缘性能检测正确、熟练，结论正确
3	检测扬声器	检测好坏	检测方法正确、结论正确
		测量阻抗	正确选择万用表挡位，熟练进行电气调零，读数正确。测量完毕将万用表复位
		判断正、负极	方法正确、结论正确
4	安全、规范操作		安全、规范操作，无器件丢失或损坏。表格填写工整
5	5S现场管理		现场做到整理、整顿、清扫、清洁、素养

※知识评价※

测　试　题

一、填空题

1. 收音机是＿＿＿＿＿＿＿＿＿的简称，是收听＿＿＿＿＿＿＿＿＿发射的电波信号的机器。它用_____将_____信号转换为_____信号，由_____、_____、磁铁等构造而成。

2. 集成电路调频调幅收音机_____好、自带_____、声音_____，容易制作。

3. 收音机按调制方式分为_____和_____；按电路层次分为_____式、_____式和_____式。_____式效果最好。

4. 超外差式收音机具有_____、_____，对整个波段的信号放大量_____的特点。

5. 超外差式收音机是通过_____将接收到的_____信号送入高频放大器进行放大，然后送入_____与本振信号进行混频，得到固定的差频信号（调幅广播为_____kHz，调频广播为_____MHz），经过滤波器后送入中频放大器，通过解调器解调出_____，经音频放大电路放大后推动扬声器发声。

6. 中周（中频变压器）是一种具有_____的变压器，谐振回路可在一定范围内微调，以使接入电路后能达到稳定的_____（_____kHz）。

7. 收音机中频变压器一般由_____、_____、底座、支架、_____及屏蔽罩组成。

8. 用万用表检测中周各绕组通断时，应选择_____量程，逐一检查一、二次绕组的完整性。

9. 用万用表检测中周绝缘性能时，应选择_____量程，分别检查_____与_____、一次绕组与外壳、_____与_____之间的阻值。若阻值为_____时正常，阻值为 0 时_____。

10. 扬声器是一种把_____转变为_____的换能器件。

11. 扬声器按换能机理和结构分为_____式、_____式、_____式、_____式、电离子式和气动式扬声器等，电动式扬声器具有_____、结构牢固、_____等优点，应用广泛；按声辐射材料分为_____式、_____式和膜片式；按纸盆形状分为_____、_____、双纸盆和橡皮折环；按工作频率分为_____、_____、_____扬声器；按音圈阻抗分为低阻抗和高阻抗；按效果分为直辐和环绕声等。

12. 扬声器有两个接线柱（两根引线），当单只扬声器使用时，两个引脚_____；多只扬声器同时使用时，两个引脚有正负极性之分。

13. 电动式锥形纸盆扬声器，由_____系统、_____系统和支撑辅助系统组成。

14. 用万用表检测扬声器好坏时，将万用表置于_____挡，用红表笔接扬声器一端，用黑表笔去_____扬声器的另一端，若扬声器有"咔咔"声，同时万用表的表针作同步摆动，则扬声器_____；若扬声器无声，万用表指针也不摆动，则说明_____。

二、简答题

1. 画出调幅收音机的组成框图。
2. 中频变压器在收音机电路中的作用是什么？
3. 简述中频变压器的检测方法。
4. 简述扬声器的工作原理。

※应知应会小结※

识别检测收音机套件 → 中周：

中频变压器（俗称中周），是超外差式晶体管收音机中特有的一种具有固定谐振回路的变压器，它一般由磁心、线圈、底座、支架、磁帽及屏蔽罩组成。具有高Q值和小体积的特点，只要调节磁帽就可改变电感量的大小。

检测：将万用表置于R×1挡，按照中周变压器的各绕组引脚排列规律，逐一检查各绕组的通断。检测绝缘性能是将万用表置于R×10k挡，检查一次绕组与二次绕组之间的电阻值；一次绕组与外壳之间的电阻值；二次绕组与外壳之间的电阻值应为无穷大。

识别检测收音机套件 → 扬声器：

扬声器俗称"喇叭"，是一种把电信号转变为声信号的换能器件。电动式扬声器具有电声性能好、结构牢固、成本低等优点，应用广泛。电动式锥形纸盆扬声器由磁回路系统（永磁体、心柱、导磁板）、振动系统（纸盆、音圈）和支撑辅助系统（定心支片、盆架、垫边）等三大部分构成。

检测：将万用表置于R×1挡，用红表笔接扬声器某一端，用黑表笔去点触扬声器的另一端，正常时扬声器应有"咔咔"声，同时万用表的表针应作同步摆动。若扬声器不发声，万用表指针也不摆动，则说明音圈烧断或引线开路。若扬声器不发声，但表针偏转且阻值基本正常，则是扬声器的振动系统有问题。

任务二　识读收音机电路图

※任务描述※

本任务是以识读收音机电路图为主，引导学生了解振荡电路、功率放大电路的组成及工作原理；会搭接振荡电路、功率放大电路；会用万用表、毫伏表、示波器等仪器仪表测试电路，观察电路参数的改变对电路的影响；会进行简单的分析计算。

收音机中的振荡电路主要是产生相应频率的本振信号，送入混频电路与输入信号进行混频，产生包括信号频率与本振频率的和、差等各次谐波信号。功率放大器的主要任务是不失真地放大信号功率，主要指标是最大输出功率、电源效率等。收音机功率放大电路的主要作用是对低频信号进行功率放大以推动扬声器。现在大部分收音机的振荡电路、功率放大电路都和其他电路一起集成在一块芯片上，以减小收音机的体积，同时提高收音机的性能。S205T型收音机集成电路CD1691BM如图2-11所示。

包含本振、混频、中放、功放等电路的集成电路
CD1691BM

图2-11　S205T型收音机集成电路CD1691BM

※任务目标※

知识目标：

1. 了解振荡器的分类，振荡器的基本工作原理。
2. 掌握 LC 振荡器的组成及工作原理。
3. 了解石英晶体振荡器的特点及电路结构。
4. 了解低频功率放大器的工作任务及基本要求。
5. 理解 OCL 与 OTL 功率放大电路特点及简要工作原理。
6. 了解集成功率放大器特点及应用。
7. 掌握收音机电路的结构及原理。

能力目标：

1. 能依据起振条件判断各种振荡电路能否起振，能计算其振荡频率。
2. 会搭接振荡电路并用示波器测试其输出波形。
3. 能连接、测试集成功率放大器典型应用电路。
4. 能用万用表测量收音机集成电路的各引脚电压，会用示波器观测波形。
5. 能简单分析收音机电路的结构及原理。

素质目标：

1. 培养学生分析问题、解决问题的能力。
2. 养成遵守劳动纪律，安全操作的意识。
3. 培养学生爱岗敬业、热情主动的工作态度。
4. 养成工作整洁、有序、爱护仪器设备的良好习惯，培养 5S 意识。

※任务实施※

活动一　识读正弦波振荡电路

※应知应会※

1. 掌握振荡器的组成及工作原理；了解振荡器的分类，各种振荡器的应用范围。
2. 能分析各种振荡电路的起振条件，计算电路的谐振频率。
3. 会搭接振荡电路并用示波器测试其输出波形。

※工作准备※

设备与材料（见图 2-12）：石英晶体振荡器、毫伏表、频率计、示波器、万用表、三点式 LC 振荡器实验板、电子技术实验箱；导线若干。

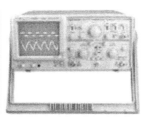

图 2-12　设备与材料

一、振荡器的基本原理

 读一读：振荡器的概念、分类。

不需要任何输入信号就能输出不同频率、不同波形的交流信号，使电源的直流电能转化为交流电能的电子线路称为振荡器。根据振荡器产生波形的不同，可分为正弦波振荡器和非正弦波振荡器。非正弦波是指方波、矩形波、锯齿波等。正弦波振荡器主要有 LC 振荡器、石英晶体振荡器和 RC 振荡器等几种。石英晶体振荡器的频率最稳定，LC 振荡器次之，RC 振荡器最差。

 议一议：振荡器由哪几部分组成？工作原理和起振条件分别是什么？

1. 振荡器的工作原理

图 2-13 所示是振荡器框图，它是一个带有正反馈电路的放大器，即反馈信号 u_f 与放大器输入信号 u_i 相位相同。

当开关置于①位置时，放大器输入一个正弦信号 u_i，输出端可得到被放大的输出信号 u_o。反馈电路根据反馈系数的大小，从输出信号 u_o 中取出部分信号 u_f 反馈到②端。如果反馈系数选择合适，反馈电路构成的是正反馈，那么就可以使 $u_f = u_i$，此时撤去信号源信号 u_i，即将开关置于图中②位置，由于有了一个

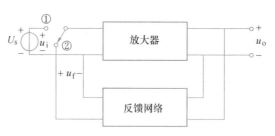

图 2-13　振荡器框图

与 u_i 相等的 u_f 代替了 u_i 作为放大器的输入信号，在放大器的输出端将仍然保持与没有撤去信号源时相同的输出信号 u_o。这时放大器已成为一个振荡器。振荡电路的工作频率一般很宽，如果要求振荡电路输出某一频率的正弦信号，则放大器或正反馈电路必须具有选频特性，使振荡器工作在由选频电路所决定的频率上。

图 2-14a 是将选频特性设置在正反馈电路中，与放大器一起组成的正弦波振荡电路。图 2-14b 是将选频特性设置在放大器中，与正反馈电路一起组成的正弦波振荡电路。

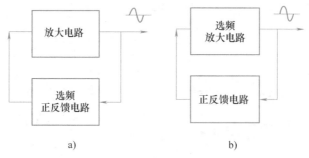

a)　　　　　　　　　　　b)

图 2-14　自激振荡电路组成框图

图 2-14a、b 所示的振荡电路无外加信号源，它的输出信号 u_o 的频率和幅值大小完全由电路参数来决定，所以也称为自激振荡。

2. 自激振荡的条件

电路产生自激振荡的条件是 $u_f = u_i$，即满足这个条件后，放大器便成为一个振荡器。$u_f = u_i$ 是指反馈信号 u_f 与输入信号 u_i 相位相同，幅值也相同，这两个条件分别称为相位平衡条件和幅值平衡条件。

相位平衡条件可表示为

$$\varphi_f = 2n\pi + \varphi_A \tag{2-1}$$

式中，φ_A 为输入信号的相位；φ_f 为反馈信号的相位，只有正反馈才能满足相位平衡条件。为此，振荡器形成稳定振荡必须同时具备的两个条件：

1）相位平衡条件：反馈信号与输入信号同相位。

2）幅值平衡条件：在维持稳定输出的条件下，反馈信号必须满足输入信号的幅度要求。

3. 正弦波振荡器的起振和稳幅

实际应用的振荡器，不需要任何输入信号，接通直流电源后便可输出正弦信号。这个过程就是由起振到稳幅的过程。

（1）起振　电路接通直流电源瞬间的微小扰动形成初始信号，经过放大、选频后，通过正反馈电路送回输入端，形成放大→选频→正反馈→再放大……的过程，很快就能达到所要求的幅度，完成起振的过程。

（2）稳幅　当振荡信号的幅度达到一定数值时，放大电路中的放大元器件进入非线性区域，这些元器件的放大倍数减小，使振荡幅度平衡在某一水平上，满足振幅平衡条件，使电路维持稳定振荡，形成自动稳幅。

二、LC 正弦波振荡器

 读一读：变压器耦合式、电容三点式、电感三点式 LC 振荡器的电路结构、起振条件和振荡频率。

LC 振荡器由放大电路、选频网络、反馈电路构成，振荡的频率一般在 1MHz 以上，有变压器耦合式、三点式两大类。其中三点式有电感三点式和电容三点式两种基本形式。

1. 变压器耦合式 LC 振荡器

（1）电路结构　图 2-15 所示为变压器耦合式 LC 振荡器电路。图中，R_{B1}、R_{B2}、R_E、VT 构成分压式偏置放大电路。电感 L 和可变电容 C 构成 LC 选频电路，也是放大电路的集电极负载，构成并联谐振电路，谐振频率为 f_0。并联谐振时阻抗最大，放大器对该频率放大倍数最大，对其他频率放大倍数很小。变压器二次绕组 L_F 和电容 C_F 构成正反馈电路，变压器另一二次绕组 L_2 是振荡器的输出绕组。

（2）工作原理　接通直流电源瞬间产生的扰动信号是包含有各种频率的谐波信号，经放大器集电

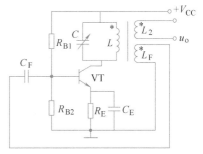

图 2-15　变压器耦合式 LC 振荡器电路

极 LC 选频网络，选出谐振频率为 f_0 正弦波信号放大后，经反馈网络送回放大器输入端。设基极瞬时极性为正，则集电极为负，从变压器同名端符号看出，L_F 打点端为正，构成正反馈，满足相位平衡条件。只要晶体管的电流放大系数 β 及 L、L_F 的匝数比合适，满足振幅条件，就能产生一个一定频率、一定幅值的正弦信号。

调节可变电容器 C 的容量大小，可改变该振荡器输出正弦波的频率。其振荡频率近似为

$$f_0 \approx \frac{1}{2\pi\ \sqrt{LC}} \tag{2-2}$$

2. 电容三点式 LC 振荡器

（1）电路结构　图 2-16 所示为电容三点式 LC 振荡器电路，图中，R_{B1}、R_{B2}、R_E、VT 构成分压式偏置放大电路。C_1、C_2 和 L 构成的选频网络是放大电路的集电极负载。反馈信号取自 C_2 两端的电压。所谓电容三点式 LC 振荡器是由于选频网络电容的三个引出端①、②、③从交流通路来看分别接到晶体管的 B、C、E 三个电极上。C_B 的作用是耦合反馈信号并切断直流通路。

（2）工作原理　C_1、C_2 和 L 构成的选频网络对频率为 f_0 的正弦信号产生并联谐振，该频率信号所对应的电路的放大倍数最大。设基极瞬时极性为正，则集电极为负，③端为正，构成正反馈，满足相位平衡条件。适当选取 C_2 容量的大小，可满足幅值平衡条件。

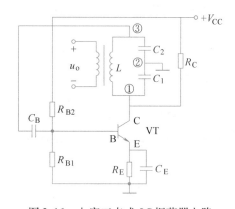

电容三点式 LC 振荡器的振荡频率为

$$f_0 = \frac{1}{2\pi\ \sqrt{LC}} \tag{2-3}$$

式中，$C = C_1 C_2 / (C_1 + C_2)$。

电容三点式 LC 振荡器输出波形好，常用于对波形要求较高，振荡频率固定的设备。

图 2-16　电容三点式 LC 振荡器电路

3. 电感三点式 LC 振荡器

（1）电路结构　电感三点式 LC 振荡器电路如图 2-17 所示。从交流通路看，电感支路的三个端①、②、③分别接晶体管的三个极，电感三点式由此得名。

（2）工作原理　L、C 构成选频网络，反馈信号取自 L_b。设基极瞬时极性为正，则集电极为负，L_b 下端为正，构成正反馈。改变线圈中心抽头的位置可改变反馈信号的大小，从而调节振荡器的输出幅度。改变 C 的大小可改变振荡频率 f_0。

电感三点式 LC 振荡电路的振荡频率为

$$f_0 = \frac{1}{2\pi\ \sqrt{(L_b + L_c + 2M)\,C}} \tag{2-4}$$

式中，M 为互感字数。

电感三点式 LC 振荡器容易起振、频率调节方便，但波形较差，常用于对波形要求不

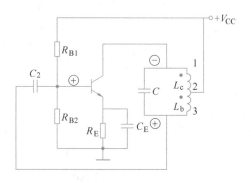

图 2-17　电感三点式 LC 振荡器

高的电路中。

三、石英晶体振荡器

 看一看：石英晶体谐振器的外形，石英晶体振荡器的电路结构。

1. 石英晶体谐振器

将石英晶体按一定角度切成薄片，在相对的两个面喷涂金属极板，引出电极封装起来就制成石英晶体谐振器，如图 2-18 所示。

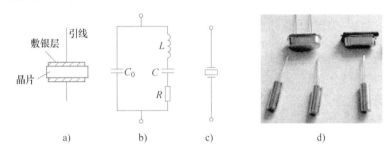

图 2-18　石英晶体谐振器

a) 结构图　b) 等效电路图　c) 图形符号　d) 外形

若在石英晶体两极上加电压，晶片将产生机械变形，电压极性不同，变形方向相反；反之，若在晶片上施加机械压力，晶片表面会产生电荷，这种现象称为压电效应。如果外加交变电压的频率与晶体固有频率相等时，振幅达到最大，这就是石英晶体的压电谐振。此时的频率为石英晶体的谐振频率。

2. 石英晶体振荡器

将石英晶体谐振器接在放大电路的正反馈支路里，作为电路的选频网络，就构成石英晶体振荡器。石英晶体振荡器电路如图 2-19 所示。图中，晶体振荡器实际等效为电感，与 C_1、C_2 共同组成正反馈选频网络，将 C_1 两端的电压反馈到输入端，构成正反馈，满足相位条件；适当选取 C_1 参数，可满足幅值条件。图中，C_3 的作用是在小范围内调节振荡频率。石

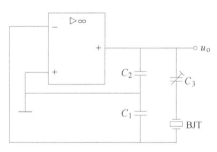

图 2-19　石英晶体振荡器电路

英晶体振荡器的振荡频率稳定度非常高，广泛应用在钟表、计算器、信号发生器以及各种视频设备中。

※活动实施步骤※

一、电路测试

1. 振荡频率与振荡幅度的测试

三点式 LC 振荡器的电路图、实验板如图 2-20 所示。

实验条件：$I_e = 2\text{mA}$（$I_e = V_e/R_4$，设 $R_4 = 1\text{k}\Omega$），$C = 120\text{pF}$，$C' = 680\text{pF}$，$R = 110\text{k}\Omega$，改变 C_T 电容量，每改变一次，对应重新测量调整 I_e 电流为 2mA，用示波器观察相应振荡电压峰峰值和振荡频率填入任务单表 2-3。

2. 测试 C、C' 不同时（反馈系数不同），起振点、振幅与工作电流 I_{EQ} 的关系。

实验条件：$R = 110\text{k}\Omega$，$C_T = 100\text{pF}$，调整电位器 RP 使 I_{EQ}（静态值）分别为任务单表 2-4 中所标各值，用示波器测量输出振荡幅度 $V_{p\text{-}p}$（峰峰值），填入任务单表 2-4。观察在哪一点（静态电流值）出现振荡波形失真或停振。

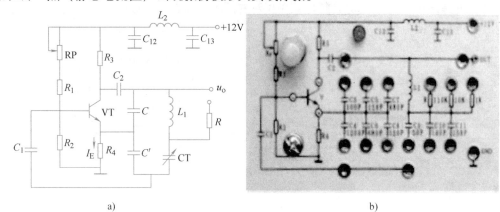

图 2-20　三点式 LC 振荡器电路图、实验板

a）电路图　b）实验板

3. 并联在 L 上的各电阻对振荡频率的影响

回路参数 LC 固定时，改变并联在 L 上的各电阻使等效 Q 值变化。

实验条件：$C_T = 100\text{pF}$，$C/C' = 100\text{pF}/1200\text{pF}$，$I_C = 3\text{mA}$。改变 L 的并联电阻，使其分别为 $1\text{k}\Omega$、$10\text{k}\Omega$、$110\text{k}\Omega$，分别记录电路的振荡频率，填入任务单表 2-5。

4. I_{EQ} 对频率的影响

实验条件：$C_T = 100\text{pF}$，$C/C' = 100\text{pF}/1200\text{pF}$，$R = 110\text{k}\Omega$。按任务单表 2-6 调整 RP 改变晶体管 I_{EQ} 的值，测出振荡频率填入该表。

二、注意事项

1. V_{CC} 和 GND 要单独连接。

2. 万用表测量 I_e 时对振荡电路有影响，所有测量数据以"不带万用表笔"的结果为统一。

三、评价方案

评价表见表 2-2。

表 2-2　三点式 LC 振荡电路测试评价表

序号	评价内容	评价标准
1	万用表	正确选择万用表挡位,表笔连接正确、读数准确,操作熟练
2	频率计	正确选择输入端口,选择正确频段,读数准确
3	示波器	正确选择输入端口,正确调节各调钮,测试波形稳定,操作熟练
4	数据及数据分析	数据准确,分析正确

序号	评价内容	评价标准
5	搭接电路	接线正确，操作熟练
6	安全、规范操作	安全、规范操作，无仪器仪表损坏。表格填写工整
7	5S 现场管理	现场做到整理、整顿、清扫、清洁、素养

活动二　识读低频功率放大电路

※应知应会※

1. 了解功率放大器的定义。
2. 了解低频功率放大器的工作任务、基本要求。
3. 了解 OCL 与 OTL 功率放大器的含义。
4. 理解 OCL 与 OTL 功率放大电路特点及简要工作原理。
5. 了解集成功率放大器特点及应用。

※工作准备※

　　设备与材料（见图 2-21）：晶体管、二极管、电阻、电容、直流稳压电源、万用表、毫伏表、示波器、LM386、电子技术实验箱。

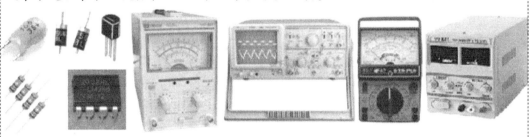

图 2-21　设备与材料

※知识链接※

一、低频功率放大电路的一般问题

 　　读一读：功率放大电路的基本要求，功率放大器的分类。

　　1. 功率放大电路的基本要求

　　功率放大电路主要任务是不失真地放大信号功率，通常在大信号状态下工作。讨论的主要指标是最大输出功率、电源效率、功放管（常采用晶体管）的极限参数及电路防止失真的措施。对功率放大电路有以下几点基本要求：

1）有足够大的输出功率。

2）效率要高。

3）非线性失真要小。

4）功放管散热要好。

2. 功率放大器的分类

（1）按静态工作点的位置分类 根据晶体管静态工作点位置不同，可分为甲类、乙类、甲乙类三种功率放大器。

1）甲类功率放大器。晶体管的静态工作点 Q 设置在交流负载线的中点附近，如图 2-22a 所示。在工作过程中，晶体管始终处于导通状态，输出波形无失真。但静态电流大，效率较低。

2）乙类功率放大器。晶体管的静态工作点 Q 设置在交流负载线的截止点，如图 2-22b 所示。在工作过程中，晶体管仅在输入信号的正半周导通，只有半波输出。如果用两个不同类型的晶体管组合起来交替工作，则可以放大输出完整的全波信号。电路几乎无静态电流，功率损耗最少、效率高，但波形有失真。

3）甲乙类功率放大器。晶体管的静态工作点 Q 介于甲类和乙类之间，略高于乙类工作点，如图 2-22c 所示。电路静态电流较小、效率较高。电路也需要两个不同类型的晶体管组合起来交替工作。波形失真情况和效率介于上述两类之间，是经常采用的方式。

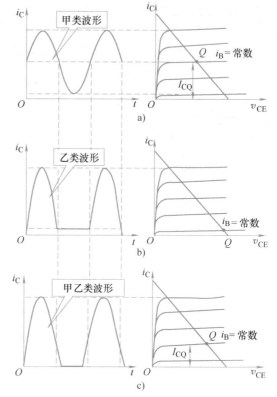

图 2-22 功率放大器的三种状态
a）甲类 b）乙类 c）甲乙类

（2）按功率放大器输出端特点分类

1）有输出变压器功率放大电路。

2）无输出变压器功率放大电路（OTL 电路）。

3）无输出电容器功率放大电路（OCL 电路）。

4）桥接无输出变压器功率放大电路（BTL 电路）。

二、无输出电容器功率放大电路（OCL 电路）

 看一看：无输出电容器功率放大电路（OCL 电路）的组成、工作原理，电路的输出功率及效率。

1. 电路组成

为使电路输出完整的波形，就要采用互补对称电路，如图 2-23 所示。VT$_1$ 和 VT$_2$ 分别为 NPN 型晶体管和 PNP 型晶体管，R_L 为负载。这个电路可以看成是由图 2-23b、c 两个射极输出器组合而成。当信号处于正半周时，VT_1 导通、VT_2 截止，有电流流过负载 R_L；当信号处于负半周时，VT_1 截止，VT_2 导通，仍有电流流过负载 R_L。互补对称电路实现了静态时晶体管不取用电流，而在有信号时，VT_1 和 VT_2 轮流导通，组成推挽式电路。这种双电源互补对称电路属于无输出电容器功率放大电路，简称 OCL 电路。

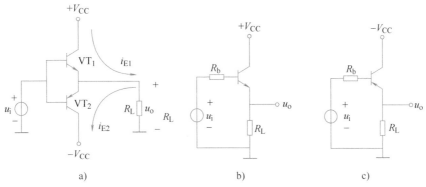

图 2-23　互补对称电路

2. 工作原理

OCL 电路工作波形图如图 2-24 所示。由于 OCL 电路的结构对称，VT_1 为 NPN 型晶体管，VT_2 为 PNP 型晶体管，所以静态时输出端的 A 点电位为零，没有直流电流通过 R_L，因此输出端不接隔直流电容；动态时，两个晶体管轮流导通，负载上得到完整的输出波形。

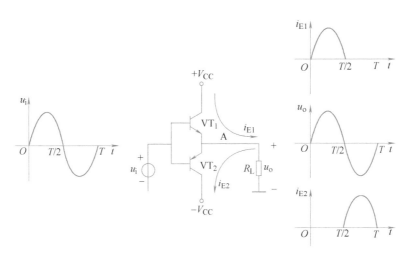

图 2-24　OCL 电路工作波形图

3. 输出功率及效率

OCL 电路中，负载可能获得的最大功率 P_{om} 为

$$P_{om} = \frac{V_{CC}^2}{2R_L} \tag{2-5}$$

OCL 电路中，电源输出功率用 P_E 表示，可以证明 OCL 电路的理想效率为

$$\eta = \frac{P_{om}}{P_E} = 78.5\% \tag{2-6}$$

议一议：如何消除无输出电容器功率放大电路（OCL 电路）的交越失真？

4. 交越失真及消除方法

前面讨论 OCL 电路工作原理时，将晶体管视为理想状态，实际上由于没有直流偏置，在输入电压 u_i 低于死区电压（硅管 0.6V，锗管 0.2V）时，VT_1 和 VT_2 都截止，i_{E1} 和 i_{E2} 基本为零，即在正、负半周的交替处出现一段死区，如图 2-25a 所示，这种现象称为交越失真。

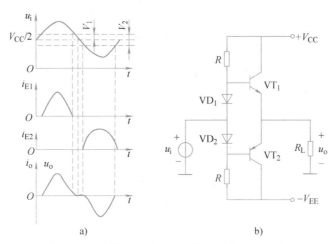

图 2-25　交越失真波形及消除交越失真的电路

消除交越失真的具体电路如图 2-25b 所示，在两个功放管基极间串入二极管 VD_1 和 VD_2，利用二极管的压降为 VT_1、VT_2 的发射结提供正向偏置电压，使晶体管处于微导通状态，即工作于甲乙类状态，此时负载 R_L 上输出的正弦波就不会出现交越失真。

三、无输出变压器功率放大电路（OTL 电路）

　看一看：无输出变压器功率放大电路（OTL 电路）的组成、工作原理，电路的输出功率及效率。

1. 电路组成

无输出变压器功率放大电路是单电源供电的互补对称式功率放大电路。该电路输出电阻较小，无须变压器与负载进行阻抗匹配，该电路又称 OTL 电路。

图 2-26 所示为 OTL 电路的基本电路，VT_1、VT_2 是一对导电类型不同、特性对称的晶体管。电路中两管均接成射极输出方式，工作在乙类状态。与 OCL 电路不同之处有：一是由双电源供电改为单电源供电；二是输出端与负载 R_L 的连接由直接耦合改为电容耦合。

2. 工作原理

由于两晶体管参数一致，所以静态时 A、B 两点电压均为电源电压的一半，所以 VT_1 与 VT_2 的发射结

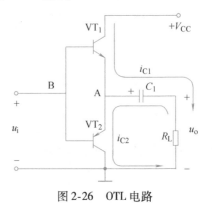

图 2-26　OTL 电路

电压，$U_{BE} = V_B - V_A = 0$，两晶体管都截止。

输入交流信号 u_i 为正半周时，v_B 电压升高，VT_1 导通，VT_2 截止，电源 V_{CC} 通过 VT_1 向耦合电容 C_1 充电，并在负载 R_L 上输出正半周波形；

输入交流信号 u_i 为负半周时，v_B 电压下降，VT_1 截止，VT_2 导通，耦合电容 C_1 放电向 VT_2 提供电源，并在负载 R_L 上输出负半周波形。

在 u_i 负半周时，VT_1 截止，电源 V_{CC} 无法向 VT_2 供电，耦合电容 C_1 代替电源向 VT_2 供电。虽然电容 C_1 有充放电，但因容量足够大，所以两端电压基本上维持在 $\frac{1}{2}V_{CC}$。

综上所述可知，VT_1 放大信号的正半周，VT_2 放大信号的负半周，两晶体管工作性能对称，在负载上获得正、负半周完整的输出波形。

3. 输出功率及效率

OTL 电路负载可能获得的最大功率 P_{om} 为

$$P_{om} = \frac{V_{CC}^2}{8R_L} \tag{2-7}$$

OTL 电路电源输出功率用 P_E 表示，理想效率为

$$\eta = \frac{P_{om}}{P_E} = 78.5\% \tag{2-8}$$

四、集成功率放大器

 看一看：集成功率放大器的优点、分类，LM386 的外形、内部电路。

1. 集成功率放大器的优点、分类

集成功率放大器具有体积小、工作稳定、易于安装和调试方便等优点。集成功率放大器通常可以分为通用型和专用型两大类。通用型是指可以用于多种场合的电路，专用型指用于某种特定场合（如电视机、音响等）的功率放大集成电路。

LM386 是一种音频集成功率放大器，具有自身功耗低、增益可调整、电源电压范围大、外接元器件少和总谐波失真小等优点，广泛应用于录音机和收音机之中。

2. LM386 的外形与内部电路

（1）外形及引脚排列　LM386 外形及引脚排列如图 2-27 所示，采用 8 脚双列直插塑

a)　　　　　　　　　　　b)

图 2-27　LM386 外形及引脚排列

a）外形　b）引脚排列

封结构。其中 1 脚和 8 脚为增益设定端。当 1 脚、8 脚断开时，电路增益为 20 倍；若在 1 脚、8 脚之间接入旁路电容，则增益可升至 200 倍；若在 1 脚、8 脚之间接入 R（可调）C 串联网络，其增益可在 20~200 之间任意调整。

（2）内部电路及工作原理　LM386 的内部电路如图 2-28 所示。VT_1 与 VT_2、VT_3 与 VT_4 构成同型达林顿复合管差分输入电路，VT_5、VT_6 为其集电极镜像电流源负载，R_6、R_7 为输入偏置电阻，并决定输入阻抗大小。由 VT_3 单端输出的信号，加到共射中间放大级 VT_7，中间级负载为一恒流源 I_7，因而具有极高的电压增益。VT_8、VT_9、VT_{10} 及 VD_1、VD_2 组成甲乙类准互补输出级电路。R_3、R_4、R_5 及增益控制端用以改变反馈量，调节电路的闭环增益。

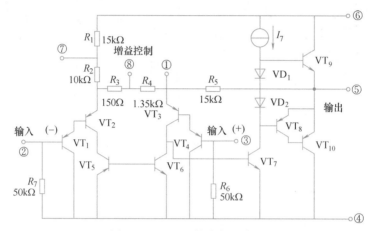

图 2-28　LM386 的内部电路图

　议一议：LM386 的简要参数有哪些？有何应用实例？

3. LM386 的简要参数及应用实例

（1）简要参数　LM386 的内置增益为 20，最高可调到 200，输入电压范围为 4~12V。LM386 在 6V 电源电压下可驱动 4Ω 负载，在 9V 电源电压下可驱动 8Ω 负载。

（2）LM386 组成的 OTL 电路　LM386 组成的 OTL 电路如图 2-29 所示，1 脚与 8 脚之间所接 RC 阻容元件用于 LM386 集成功率放大器增益控制，7 脚所接电容的作用是电源退耦，5 脚所接 RC 阻容元件作用是消除 LM386 集成功率放大器的寄生振荡。

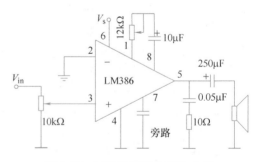

图 2-29　LM386 组成的 OTL 电路

※活动实施步骤※

一、连接电路

按图 2-30 连接电路。

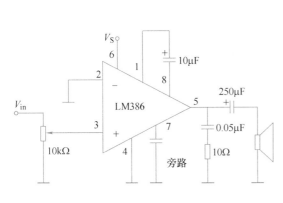

集成功放电路图

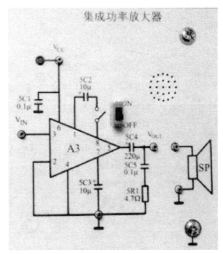

集成功放电路板

图 2-30　集成功率放大器实验图

a）电路图　b）电路板

二、测试电路参数

1. 检查接线无误后接通电源，在无信号输入时用示波器观察输出端看有无自激现象。若有，可适当调整消振电容的容量。

2. 用万用表直流电压挡测量集成电路各引脚的直流电压，并记入任务单表 2-8 中。

3. 测算最大不失真功率 P_{om}。填任务单表 2-9。

1）将示波器接 OTL 电路的输出端，低频信号发生器接 OTL 电路的输入端，将频率调为 1kHz，并逐渐调大输入信号 u_i 的幅度，直至输出信号为最大的不失真波形。

2）用毫伏表接在输出端，测出该状态下的信号电压 u_o。

3）应用 $P_{om} = \dfrac{u_o^2}{R_L}$ 计算出最大不失真功率。

4. 测算功率放大电路效率 η。填入任务单表 2-9。

1）在功率放大电路输出最大不失真信号的状态下，用万用表测量电源电流 I_{cc}，并作记录。

2）计算电源供给功率 $P_E = I_{CC}V_{CC}$。

3）用 $\eta = \dfrac{P_{om}}{P_E}$ 计算电路效率。

三、思考题

1. 试分析实验电路中各个元器件的作用。

2. 如集成功率放大电路产生自激现象，应采取什么措施来克服？

四、评价方案

评价表见表 2-3。

表 2-3　集成功率放大器应用测试评价表

序号	评 价 内 容	评 价 标 准
1	连接电路	正确连接所有导线
2	测量 LM386 各引脚直流电压	正确选择万用表量程、测量方法正确、数值合理、单位正确
3	观察输出端最大不失真波形	会熟练使用示波器观察电路输出波形
4	测量信号电压 u_o	正确使用毫伏表测量输出电压,数值合理、单位正确
5	计算最大不失真功率	正确运用公式计算最大不失真功率,数据正确
6	测量电源电流 I_{cc}	正确选择万用表量程、测量方法正确、数值合理、单位正确
7	计算电路效率	正确运用公式、计算数据正确
8	安全、规范操作	安全、规范操作,无仪器仪表损坏。表格填写工整
9	5S 现场管理	现场做到整理、整顿、清扫、清洁、素养
10	回答思考题	回答问题正确

活动三　分析收音机电路图

※应知应会※

1. 了解 S205T 收音机的电路结构。
2. 掌握 S205T 收音机的工作原理。

※工作准备※

设备与材料：：S205T 收音机电路图。

※知识链接※

一、调幅、 调频收音机各部分的作用

 读一读：调幅、调频收音机各部分的作用。

1. 调幅收音机各部分的作用

1）输入回路：选择接收频率为 525 ~ 1605kHz 的中波调幅信号中的一个信号频率,进入混频电路。

2）本振：产生相应频率的高频正弦波本振信号,进入混频电路。

3）混频：输入信号和本振信号在混频电路中产生包括信号频率和本振频率的和、差等各次谐波信号。

4）中放：选取中波频率 465kHz 信号（本振频率与信号频率之差）进行放大,此信号依然是调制波。

5）检波：还原低频信号。

6）AGC：自动增益控制电路，控制来自不同电台的增益。

7）前置低放：电压放大。

8）功放：功率放大，推动扬声器发声。

2. 调频收音机各部分的作用

1）输入回路：选择接收频率为 88～108MHz 中波调频信号中的一个信号频率，进入高放级进行放大，再进入混频电路。

2）高放：高频放大器，将输入电路送来的信号放大到混频所需幅度。

3）本振：产生相应频率的高频正弦波本振频率，进入混频电路。

4）混频：输入信号和本振信号在混频电路中产生包括信号与本振频率的和、差等各次谐波信号。

5）中放：选取频率为 10.7MHz 的信号（本振频率与信号频率之差）进行放大，此信号依然是调制波。

6）限幅：消除干扰信号。

7）鉴频：还原出低频信号。

8）AFC：自动频率控制电路，使 FM 波段接收频率稳定。

9）前置低放：电压放大。

10）功放：功率放大，推动扬声器发声。

二、S205T 收音机的电路图

 看一看：S205T 收音机的电路图。

S205T 收音机电路图如图 2-31 所示。

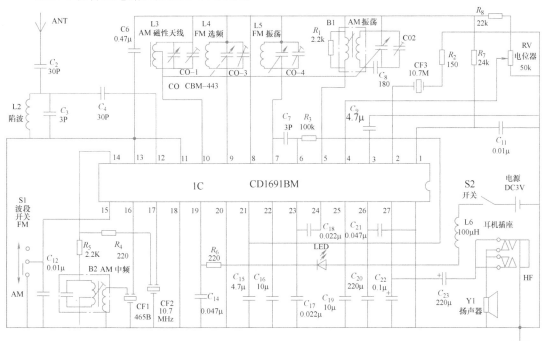

图 2-31　S205T 收音机电路图

三、收音机原理

 读一读：S205T 收音机的工作原理。

1. 调幅（AM）的工作原理

中波广播信号 520 ~ 1620kHz，通过 L3 与 CO-1 组成的输入回路选择后，送到 CD1691BM 集成电路（IC）的 10 脚，与本振信号混频。本振信号是由 IC 内电路与 5 脚外接 B1、C8、CO-2 构成的。混频后 IC 的 14 脚输出各种信号，由 B2 和 CF1 组成 465kHz 中频选频回路。将高频载波变为统一的中频载波 465kHz，然后由 IC 的 16 脚输入到中频放大电路进行放大。再经过检波回路，从 IC 的 23 脚输出，内经 IC 的 4 脚外接音量电位器 RV 控制，送入 IC 的 24 脚进行音频放大和功率放大，再从 IC 的 27 脚输出，由 C23 耦合到扬声器上。从 IC 的 23 脚内输出另一路外接 C16 送入 IC 的 22 脚内 AGC 电路，进行自动增益控制。

2. 调频（FM）的工作原理

调频信号 64 ~ 108MHz 从 ANT 拉杆天线输入，经 C2 耦合到 L2 与 C3 组成的预选输入回路，再经 C4 到 IC 的 12 脚。将预选的调频信号得到高频放大，由 L4、CO-3 组成选频回路，选择 64 ~ 108MHz 调频电台节目。FM 本振回路由 L5、CO-4 组成。CO-3 和 CO-4 是同轴可变电容，目的是本振信号频率跟随 FM 信号频率变化而变化，始终相差 10.7MHz。本振信号与电台信号的差频组合由陶瓷滤波器 CF2 选择，使得 FM 高频载波变为统一的中频载波（10.7MHz）。再输入 IC 的 17 脚进行中频放大，又经过鉴频回路和附加回路 CF3，将音频信号解调下来，从 IC 的 23 脚输出。内经 IC 的 4 脚外接音量电位器 RV 控制后，输出到 IC 的 24 脚进行音频放大和功率放大，再从 IC 的 27 脚输出，由 C23 耦合到扬声器上。鉴频输出的 10.7MHz 偏移，通过 IC 内部 AFC 回路，到 IC 的 21 脚输出，通过 C15、R3 送入 IC 的 6 脚来实现。

※活动实施步骤※

一、识读收音机电路图

1. 收音机电路图如图 2-31 所示，写出电路中元器件的名称及符号，填入项目二任务二活动三的任务单中。

2. 电路由哪几部分组成？说明各部分的作用，填入项目二任务二活动三的任务单中。

二、评价方案

评价表见表 2-4。

表 2-4 识读收音机电路图评价表

序号	评价内容	评价标准
1	元器件清单	元器件名称正确，数量正确
2	主干电路的名称、作用	正确划分电路，电路作用叙述清楚、正确

测 试 题

一、填空题

1. 振荡电路由_____和_____组成，要使振荡电路输出某一频率的正弦信号，电路必须具有_____特性。

2. 振荡器形成稳定振荡必须同时具备的两个条件如下：①_____；②_____。

3. 振荡器的相位平衡条件是指_____信号和_____信号的相位_____。

4. 振荡器的输入信号来自_____。

5. LC 正弦波振荡器的三种基本形式为_____、_____、_____。

6. 石英晶体具有_____效应。如果外加交变电压的频率与_____相等时，振幅达到最大，即为石英晶体的_____。

7. 对功率放大器的基本要求有_____、_____、和_____。

8. 根据功放管静态工作点 Q 在交流负载线上的位置不同，可分为_____、_____和_____三种功率放大器，_____是经常采用的方式。

9. 互补对称式 OTL 电路在正常工作时，其输出端中点电压应为_____。

10. 乙类 OTL 电路的主要优点是提高_____。若不设偏置电路，OTL 电路输出信号将出现_____失真。

11. OCL 电路在输出最大不失真信号的情况下，输出最大功率 P_{om} = _____，OCL 电路在理想情况下效率为 η = _____。

12. 在 OCL 电路中，要想在阻抗为 8Ω 的负载上获得 9W 最大不失真功率，电源电压为_____V。

13. 集成功率放大器，通常可以分为_____型和_____型两大类。_____型是指可以用于多种场合的电路，_____型是指用于某种特定场合的电路。

14. LM386 是一种音频集成功率放大器，主要特点是频带_____，典型值可达_____kHz，具有自身功耗_____，电压增益_____调整，电源电压范围_____，外接元器件_____和总谐波失真_____等优点。

二、判断题

1. 正弦波振荡电路中没有选频网络，就不能引起自激振荡。（　　）

2. 放大器具有正反馈特性时，电路必然产生自激振荡。（　　）

3. 接通直流电源、电源电压波动、电路参数变化等产生的"电扰动"，都能作为自激振荡电路的初始信号。（　　）

4. 具有选频回路的正弦波振荡电路中，即使正反馈极强，也能产生单一频率的振荡信号。 （　　）

5. 振荡器负载变化会影响振荡频率的稳定性。 （　　）

6. 功率放大电路的主要任务是不失真地放大信号功率，通常工作在大信号状态下。 （　　）

7. 功率放大电路的效率是指电源提供的功率 P_E 与负载获得的功率 P_0 之比。 （　　）

8. 甲类功率放大电路中，在没有信号输入时，电源功耗最小。 （　　）

9. OCL 电路采用双电源供电。 （　　）

10. LM386 是一种专用的音频集成功率放大器。 （　　）

三、选择题

1. 正弦波振荡器中，放大器的主要作用是____。

A. 满足振荡器振幅平衡条件

B. 使电路满足相位平衡条件

C. 削弱外界影响

2. 正弦波振荡器中，正反馈的作用是____。

A. 满足振荡器振幅平衡条件

B. 满足振荡器相位平衡条件

C. 提高放大倍数，使输出电压足够大

3. 正弦波振荡器中选频网络的作用是____。

A. 使振荡器有丰富的频率

B. 使振荡器输出较大信号

C. 使振荡器输出单一频率信号

4. 电容三点式 LC 振荡器与电感三点式 LC 振荡器相比，优点是____。

A. 电路结构简单

B. 输出波形好

C. 容易调节振荡频率

5. 电感三点式振荡器 LC 振荡器与电容三点式 LC 振荡器相比，优点是____。

A. 输出波形幅度大　　　　B. 输出波形好　　　　C. 易于起振，频率调节方便

6. OCL 电路的理想效率与 OTL 电路相比____。

A. OCL 大　　　　　　　B. OCL 小　　　　　　C. 一样大

7. 乙类推挽功率放大电路的理想效率是____。

A. 50%　　　　　　　　B. 60%　　　　　　　C. 78%

8. 甲类功率放大电路结构简单，但最大的缺点是____。

A. 效率低　　　　　　　B. 有交越失真　　　　C. 易产生自激

四、分析题

用相位平衡条件判断图 2-32 所示各电路能否振荡。

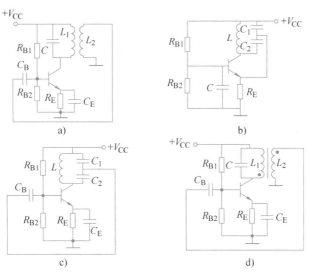

图 2-32　分析题图

a) _____　　b) _____　　c) _____　　d) _____

五、简答题

1. 简述功率放大器与电压放大器的区别?
2. 调幅收音机由哪几个组成部分?
3. 调频收音机由哪几个组成部分?

※应知应会小结※

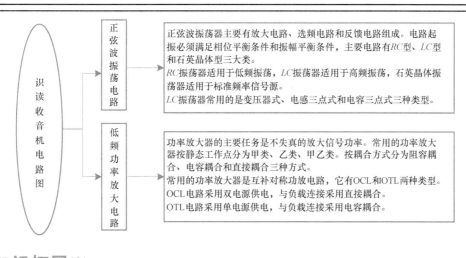

※知识拓展※

拓展一　调幅与检波

一、概述

调制是发射机的主要功能。所谓调制是将所需传送的基带信号加载到载波信号上去,以调幅波、调相波或调频波的形式通过天线发射出去。其目的是使基带信号变成适合于信道传输的信号。

解调是接收机的重要功能。所谓解调是将接收到的已调波的原调制信号取出来，例如从调幅波的振幅变化中取出原调制信号；从调相波的瞬时相位变化中取出原调制信号；从调频波的瞬时频率变化中取出原调制信号。

二、调幅的工作原理

1. 调幅波形

普通调幅就是用低频调制信号去控制高频载波信号的振幅，使高频载波的振幅随着调制信号的瞬时值的变化而线性变化，调幅波的包络与调制信号的形状完全一致，而载波的频率和初相则保持不变，通常简称为调幅（AM）。调幅波形如图2-33所示。

2. 调幅信号的数学表达式

高频载波信号的表达式（设初相为0）为

$$u_c(t) = U_{cm}\cos\omega_c t = U_{cm}\cos2\pi f_c t$$

调幅时，载波的频率和相位不变，振幅随调制信号线性地变化。由于调制信号为零时，调幅波的振幅应等于载波振幅，则调幅波的振幅可写成

$$u_{cm}(t) = U_{cm} + K_a u_\Omega(t)$$

式中，k_a 是与调幅电路有关的比例常数。调幅波的数学表达式为

$$u_{AM}(t) = U_{cm}\cos\omega_c(t) = \left[U_{cm} + K_a u_\Omega(t)\right]\cos\omega_c t$$

$$(2\text{-}9)$$

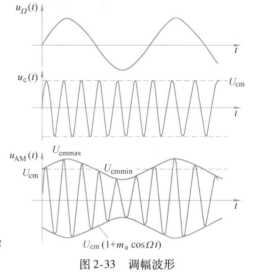

图 2-33　调幅波形

三、检波

1. 检波的概念

广义的检波通常称为解调，是调制的逆过程，即从已调波提取调制信号的过程。对调幅波来说是从它的振幅变化提取调制信号的过程；对调频波，是从它的频率变化提取调制信号的过程；对调相波，是从它的相位变化提取调制信号的过程。

狭义的检波是指从调幅波的包络提取调制信号的过程。有时把这种检波称为包络检波或幅度检波。

2. 检波的分类

检波可分为包络检波和同步检波两大类。振幅调制信号的包络直接反映了调制信号的变化规律，可以用二极管包络检波的方法进行解调。包络检波又分为平方律检波、峰值包络检波、平均包络检波等。而抑制载波的双边带或单边带振幅调制信号的包络不能直接反映调制信号的变化规律，无法用包络检波进行解调，所以采用同步检波方法。

目前应用最广的是二极管包络检波器。检波二极管具有结电容低、工作频率高和反向电流小等特点，传统上用于调幅信号检波。而在集成电路中，主要采用晶体管射极包络检波器。同步检波又称相干检波，主要用来解调双边带和单边带调制信号，它有两种实现电

路：一种由相乘器和低通滤波器组成，另一种直接采用二极管包络检波器。

3. 二极管检波原理

二极管检波的原理如图 2-34 所示，调幅波经过检波器（检波二极管），得到依调幅波包络变化的脉动电流，再经过一个低通滤波器滤去高频成分，就得到反映调幅波包络的调制信号。

4. 同步检波器

解调时必须在检波器输入端另加一个与发射载波同频同相并保持同步变化的参考信号与调幅信号共同作用于非线性器件电路，经过频率变换，恢复出调制信号，这种检波方式称为同步检波。

同步检波器用于对载波被抑制的双边带或单边带信号进行解调。它的特点是必须外加一个频率和相位都与被抑止的载波相同的电压。

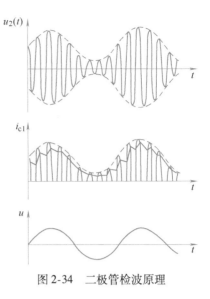

图 2-34　二极管检波原理

拓展二　调频与鉴频

一、调频

1. 调频概念

调频（FM）是高频载波的频率随调制信号幅度的变化而在一定范围内变化的调制方式，已调波的振幅保持不变。调频波形如图 2-35 所示。

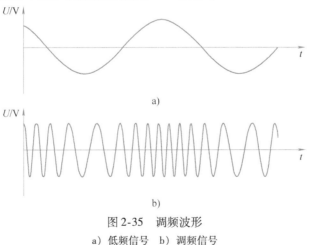

图 2-35　调频波形

a）低频信号　b）调频信号

2. 调频的优点

一般干扰信号总是叠加在信号上，改变其幅值。所以调频波虽然受到干扰后幅度上也会有变化，但在接收端可以用限幅器将信号幅度上的变化削去，所以调频波的抗干扰性极好，用收音机接收调频广播，基本上听不到杂音。

3. 调频工作原理

数学表达式如下：

设调制信号：
$$f(t) = A_m\cos(\omega_m t)$$
载波信号：
$$C(t) = A\cos(\omega_c t + \phi)$$
调频信号：
$$S_{FM}(t) = A\cos(\omega_c + M\sin\omega_m t)$$

式中，$M = f/F$，f 为最大频偏，F 为载波频率，由卡森公式得到调频带宽

$$B = 2(f + F) \tag{2-10}$$

典型的直接调频电路框图如图 2-36 所示。

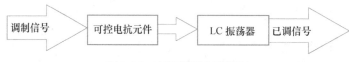

图 2-36　直接调频电路框图

变容二极管调频电路如图 2-37 所示。电路采用电容三点式 LC 振荡器，变容二极管电容是 LC 振荡电路的一部分，电容值随加在其两端电压的变化而变化，从而达到了变频的目的。

R_C、R_E、R_{B1}、R_{B2} 设置 LC 振荡电路的静态工作点，L_1、C_1 构成 LC 振荡电路，C_C、VD_C 接入 LC 振荡电路构成调频电路。R_1、R_2、R_3 为变容二极管提供直流偏置。信号 V_Ω 从 C_5 接入，电感 L_2 是低通线圈，滤掉信号的高频部分。变容二极管为部分接入，如果去掉 C_C，则为全部接入。

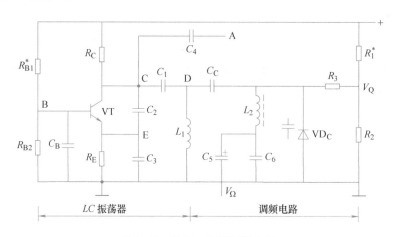

图 2-37　变容二极管调频电路

二、鉴频

对调频信号进行解调即鉴频，就是从调频波中恢复出原调制信号，完成此功能的电路称为鉴频器。

鉴频就是把调频波瞬时频率的变化转换成电压的变化，完成频率-电压的变换。鉴频的方法有两种：一种方法是振幅鉴频，另一种方法是相位鉴频。

1. 振幅鉴频

调频波振幅恒定，不能直接用包络检波器解调。鉴于二极管包络检波器线路简单、性能好，可以把检波器用于鉴频中。

将等幅的调频信号变换成振幅随瞬时频率变化、既调频又调幅的 FM-AM 波，就可以

通过包络检波器解调此调频信号。用此原理构成的鉴频器称为振幅鉴频器，组成框图如图 2-38 所示。

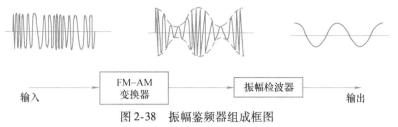

图 2-38　振幅鉴频器组成框图

2. 相位鉴频

相位鉴频是先对输入的调频信号进行频-相变换，变换为频率和相位都随调制信号而变化的调相-调频波，然后根据调相-调频波相位受调制的特征，通过相位检波器还原出原调制信号。

相位鉴频器的实现方法可分为叠加型和乘积型两种，组成框图如图 2-39 所示。

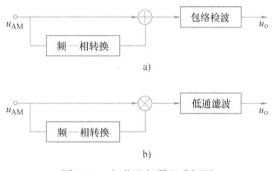

图 2-39　相位鉴频器组成框图
a）叠加型　b）乘积型

3. 鉴频特性

鉴频电路输出电压 u_o 的大小与输入调频波频率 f 之间的关系，称为鉴频特性，它们的关系曲线称为鉴频特性曲线，如图 2-40 所示。图中，f_c 是调频信号的中心频率，即载波频率，对应的输出电压为 0。当输入的 FM 信号的瞬时频率按调制信号的变化规律以 f_c 为中心的瞬时频率左右偏离时，分别得到负正输出电压，从而还原调制信号。

4. 鉴频器的主要技术指标

（1）灵敏度　假设在中心频率 f_c 附近，频率偏离 Δf 时的输出为 Δu_o，则 $\Delta u_o / \Delta f$ 称为鉴频灵敏度。实际上，它就是鉴频特性曲线在 f_c 附近的斜率。灵敏度越高，鉴频曲线越陡，则在相同的频偏 Δf 下，输出电压越大。

鉴频器的灵敏度越高越好。

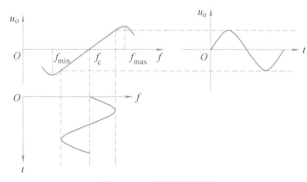

图 2-40　鉴频特性曲线

（2）线性范围　线性范围是指鉴频曲线可以近似为直线的频率范围。在鉴频曲线图中，两弯曲点 f_{min} 与 f_{max} 之间的频率范围（BW）为线性范围。此范围应该不小于调频信号最大频偏 Δf 的两倍，否则将产生严重失真。

（3）非线性失真　为了实现线性鉴频，鉴频曲线在线性范围内必须呈线性，但在实际中，鉴频曲线在两峰之间都存在着一定的非线性，通常只在 $\Delta f = 0$ 附近才有较好的线性。

任务三　组装调试收音机

※任务描述※

本任务是完成半导体收音机套件的组装与调试，指导学生正确使用焊接工具，掌握焊接要领及工艺，会识读装配图，了解装配顺序及技巧，了解电子产品的整机装配流程。通过本任务，使学生了解电子产品整机检测方法、调试方法、故障排除方法，建立注重产品质量和节能环保的意识。

收音机组装如图 2-41 所示，首先清点套件中材料种类、数量。其次将各种元器件按照焊接顺序焊接到印制电路板上，检查电路板焊点及元器件位置对错。然后组装扬声器，连接电源线。最后通电对收音机进行调试，调试无误装上外壳即完成。

a)

b)

c)

d)

图 2-41　收音机套件组装过程

a）收音机套件　b）焊接完成电路板元器件面　c）焊接完成电路板焊点面　d）完成全部组装的成品

※任务目标※

知识目标：

1. 掌握识读装配图的方法。
2. 了解元器件的选用及测试方法。
3. 掌握常用工具的使用方法及注意事项。
4. 了解电子产品焊接工艺，了解收音机装配的基本过程。
5. 了解收音机的故障检查及排除方法。

能力目标：

1. 具有一定的手工焊接技能。
2. 能正确选择并检测电子元器件。
3. 能看懂装配图，按顺序焊接元器件。
4. 会调试电路，能排查常见故障。

素质目标：

1. 通过半导体收音机的焊接、组装、调试，使学生养成认真、严谨的工作态度，整洁、有序、爱护仪器设备的良好习惯，规范操作方法，培养5S意识。
2. 通过调试半导体收音机，培养学生分析问题、解决问题的能力。

※任务实施※

活动一　组装收音机

※应知应会※

1. 识读收音机装配图。
2. 了解收音机电路板焊接顺序，掌握收音机组装方法。
3. 掌握焊接要领，会正确使用焊接工具完成收音机电路板焊接。

※工作准备※

设备与材料：电烙铁、尖嘴钳、斜口钳、镊子、焊锡、半导体收音机套件、元器件盒、螺钉旋具。

※知识链接※

一、识读装配图

 看一看： 识读装配图。

装配图是表示电路原理图中各元器件在实际电路板上分布的具体位置及各元器件端子之间连线走向的图形。装配图与印制电路板是完全对应的。印刷电路板有元器件面和焊接面之分，一般将元器件安装面称为正面，覆铜焊接面称为反面。一般印制电路板正面上的各个孔位都标明了应安装元器件的图形符号和文字符号，只需按照印制电路板上标明的符号，再通过电路原理图查找其规格，将相应元器件对号入座即可。

图 2-42 所示为 S205T 收音机装配图，将 PCB（印制电路板）、装配图与电路原理图相对照，找出各元器件的安装位置、极性。

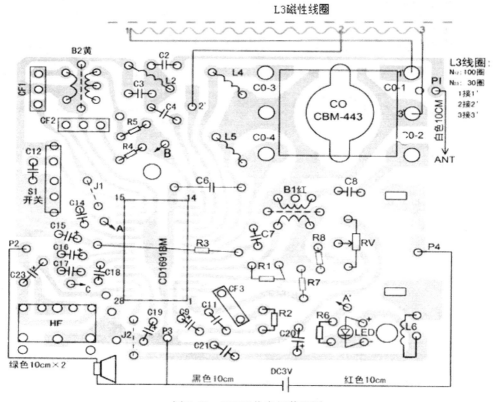

图 2-42　S205T 收音机装配图

二、整机装配

 议一议：收音机的装配要求及流程是什么？

1. 装配原则

电子产品整机组装遵循先轻后重、先小后大、先卧后立、先里后外、先低后高、上道工序不影响下道工序，工序与工序之间要衔接的原则。

2. 焊接、安装要求

安装元器件时，应按照图样规定的标志方向，安装后应能看清元器件上的标志。若装配图样没有标明方向，则应使元器件标记置于外侧，能够按从左到右、从下到上的顺序读出。同一规格的元器件安装高度要一致，有极性的元器件极性不得装错。在焊接过程中控制好温度，避免温度过高损坏元器件或者焊盘。修剪元器件引脚时，不要损坏电路板。

3. 收音机安装顺序

1）装配准备：检查焊接工具。用万用表检查收音机电路板上的集成电路以及其焊点有无短路、断路情况。清洁焊接工具及电路板。

2）安装跨接线 J1、J2，四联，中周：B1 红色，B2 黄色。

3）安装电阻、发光二极管。

4）安装电容、电感。

5）安装陶瓷滤波器 CF1、CF2、CF3。

6）安装电位器波段开关、耳机插座。

7）L3 及其他元器件安装。

8）检查焊点，修焊点。

9）焊接电源正、负极片，装调谐旋钮、电位器旋钮和前盖。

10）拉杆天线、总装。

※活动实施步骤※

一、清点套件

1. 领取收音机套件。对照表 2-5 清点元器件及辅料。

2. 识读装配图、PCB，理顺收音机组装顺序，将收音机组装顺序填写到任务单上。

表 2-5　配套材料清单

序号	代号与名称		规格	数量	序号	代号与名称	规格	数量
1		R1	2.2kΩ	1	25	L3-1（AM）	天线线圈	1
2		R2	150Ω	1	26	L2（FM）	0.47H,6 圈	1
3		R3	100kΩ	1	27	L4（FM）	0.6H,7 圈	1
4	电阻	R4	220Ω	1	28	L5（FM）	0.47H,6 圈	1
5		R5	2.2kΩ	1	29	L6 滤波	100μH	1
6		R6	220Ω	1	30	B1（AM）	变压器（红）	1
7		R7	24kΩ	1	31	B2（AM）	变压器（黄）	1
8		R8	2.2kΩ	1	32	IC	CD1691	1
9		RV 电位器	50kΩ 带 S2	1	33	耳机插座（HF）		1
10		C2,C4	30pF	2	34	L3-2 磁棒		1
11		C3,C7	3pF	2	35	拉杆天线		1
12		C6,C14,C21	0.047μF	3	36	提带	12.5cm	1
13		C8	180pF	1	37	LED	φ3	1
14		C11,C12	0.01μF	2	38	跨接线		2
15		C17,C18	0.022μF	2	39	正、负极弹簧片		3
16	电容	C9,C15	4.7μF	2	40	跨接线	黄白黑红各 1	4
17		C16,C19	10μF	2	41	跨接线		2
18		C22	0.1μF	1	42	印制电路板		1
19		C21,C23	220μF	2	43	金属网罩		1
20		扬声器	φ57	1	44		M1.6×5	1
21		CO　CBM	443 四联	1	45	螺钉	M2.5×4	1
22		CF1	465B	1	46		M2.5×6	1
23		CF2 三脚	10.7MHz	1	47		M2.5×6	3
24		CF3 二脚	10.7MHz	1				

二、焊接电路板

1. 焊接前准备

准备好焊接工具、钎料、焊件。清洁印制电路板的表面以便焊接。对照电路图及装配图，将元器件按安装顺序分类。

2. 焊接电路板（见表2-6）

表2-6　焊接顺序与工艺要求

焊接顺序	安装工艺与注意事项	安装完成图片
焊接跨接线 J1、J2，四联，中周：B1红色、B2黄色	①跨接线 工序：引脚成型→焊接 将跨接线按照电路板中孔的距离弯曲成型、焊接 ②四联、中周 工序：识别→检测→焊接 识别检测：从套件中识别四联和中周，用万用表检测 安装焊接：在电路板上找到相应位置焊接，如右图所示 注意后边所焊部件不能高于中周高度	
焊接电阻、发光二极管	①电阻 识别检测：通过色环读出阻值并用万用表检测 管脚成型：将二极管管脚按安装孔距弯曲成型 安装焊接：R3 为卧式安装，其余为立式安装，如右图所示 ②发光二极管 工序：识别→检测→管脚成型→焊接 识别检测：识别红色发光二极管，用万用表 R×10k 挡检测。 管脚成型：将发光二极管管脚折弯 焊接：倒装于电路板，注意正负极	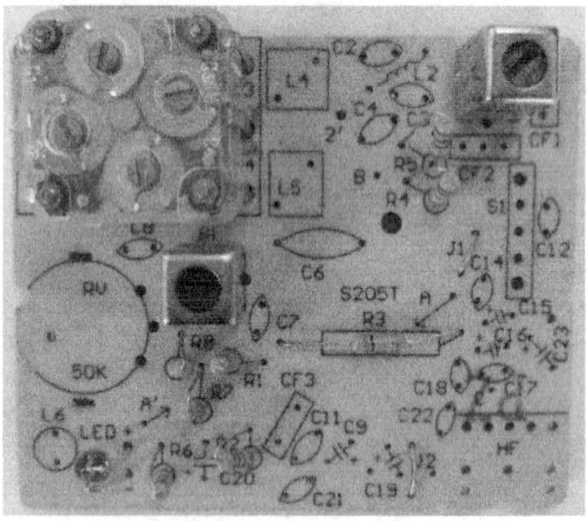
焊接电容、电感	工序：识别→检测→引脚成型→焊接 识别：识别瓷片电容、电解电容及电感 根据电容上所标数据区别容量，辨别电解电容正、负极 检测：用模拟万用表检测电容有无充放电功能，检测电感好坏 安装焊接：根据电路板孔距将引脚成型，电解电容贴板安装 注意：电容数目较多，对照电路图及装配图核对清楚再进行安装	

焊接顺序	安装工艺与注意事项	安装完成图片
焊接陶瓷滤波器 CF1、CF2、CF3，电位器波段开关	① 陶瓷滤波器 CF1、CF2、CF3 工序：识别→检测→焊接 识别：根据陶瓷滤波器上标示的型号识别 CF1、CF2、CF3 检测：用模拟万用表进行检测 安装焊接：如右图所示 注意：CF1、CF2 三脚、CF3 两脚 ②电位器波段开关 工序：识别→检测→焊接 识别检测：用模拟万用表欧姆挡检测电位器好坏 安装焊接：焊接必须牢固	
耳机插座、L3 及其他元器件	①耳机插座 工序：识别→焊装 安装焊接：注意焊接时间尽量短以避免损坏塑料耳机插座 ②L3 工序：识别→检测→焊接 识别检测：辨别 L3，用万用表进行检测。N_{1-2}100 圈，N_{2-3}30 圈 焊接：1 接 1′，2 接 2′，3 接 3′，如右图所示	

3. 检查焊点

检查所有焊点，是否有虚焊、搭焊、焊接不牢固等现象。

4. 成装

印制电路板焊好后，在电位器和双联上安装拨轮，用导线连接扬声器、正极片与弹簧，并将正极片、弹簧分别插入机壳，如图 2-43 所示。要求：导线的长度要合适，尤其

图 2-43　焊接完成的电路板

是每条导线两头露出的铜丝不要太长（露出3mm为宜），以防与其他地方短路。

三、安装外壳

安装电路板时注意把扬声器及电池引线埋在比较隐蔽的地方，并且不要影响调谐拨盘的旋转和避开螺钉桩子。安装好的收音机如图2-44所示。

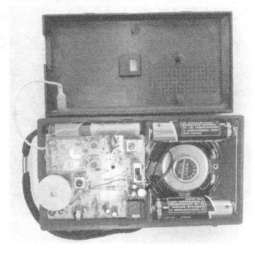

图2-44　安装好的收音机

四、评价方案

评价表见表2-7。

表2-7　组装收音机评价表

评价内容		评价标准
装配	元器件摆放	(1)除R3外电阻器均为立式安装,位置正确,色环标志方向一致 (2)瓷片电容器安装高度符合工艺要求 (3)电解电容、电感贴板安装 (4)发光二极管为倒装 (5)按图装配,元器件的位置、极性正确,所有元器件高度不得高于中周
	焊接	(1)焊点光亮、清洁,焊料适量 (2)无漏焊、虚焊、假焊、搭焊、溅锡等现象 (3)焊接后元器件引脚留头长度为0.5～1mm
	总装	(1)走线合理 (2)插接件牢固符合要求 (3)封装严整,外观整洁
安全文明生产、5S现场管理		(1)安全用电,无人为损坏元器件、加工件和设备 (2)保持环境整洁,秩序井然,操作习惯良好 (3)现场做到整理、整顿、清扫、清洁、素养

活动二　调试收音机

※应知应会※

1. 会检查、调试半导体收音机。
2. 会处理简单故障。

※工作准备※

设备与材料：电烙铁、尖嘴钳、斜口钳、镊子、焊锡、直流稳压电源、万用表、信号发生器、无感螺钉旋具等。

※知识链接※

一、收音机的调试

 看一看：半导体收音机调试目的、内容和方法。

调试是为了使收音机能正常地更好地工作，因此，调试好的部件组装成整机后，还需整机调试，以达到最佳配合状态，满足整机的技术指标。

1. 调试前准备

（1）印制电路板通电前的检查

1）自检、互检：检查各电阻阻值是否与图样相符，各电解电容极性、位置是否正确，有无焊锡造成电路短路现象，印制电路板是否有断裂、搭线，各焊点是否焊接牢固，正面元器件是否相互碰触等。

2）通电前必须检查电源有无输出电压（3V）和引出线正、负极是否正确。

（2）通电检查　将万用表置于电流挡，表笔串接在电源和收音机之间，观察整机总电流。正常值：FM，8mA 左右；AM，6mA 左右，若电流过大或过小，表示电路有故障。必须排除故障才能进行下一步检测。

检测 IC 各脚直流工作电压。

（3）试听　上述测试基本正常即可试听。接通电源，改变 S1 波段开关，调整四联可变电容器，收到 FM/AM 电台进行下一步调试。

2. 调试

收音机经过通电检查并正常发声后，可进行调试工作。调试的基本原则是"低频调电感、高频调电容"。

调试第一步是调整中频放大器，使其输出增益最大；第二步是调整本机振荡，使振荡频率符合收音机接收的范围；第三步是调整输入回路（选频回路），使收音机指针位置与接收频率相适应。

（1）中频频率的调整

1）AM 的中频频率调整。首先将 AM 振荡桥短路，四联可变电容器调到最低端，高频信号发生器调至 465kHz，调制信号用 1000kHz，调制度为 30%，由环形天线发射至本机接收，用无感螺钉旋具微调 B2 磁帽至输出端的毫伏表指示最大，扬声器声音最大，AM中频频率即为调好。由于中频变压器 B2 在出厂时已经调整到 465kHz，所以本步骤可以省略。

2）FM 中频频率调整。FM 的中频频率为 10.7kHz。由于本机使用的 CF2 是 10.7MHz 陶瓷滤波器，FM 波段中频频率不需调整便能准确校准于 10.7MHz，所以本步骤也可以省略。

（2）频率覆盖调整 调整频率覆盖也称刻度校正。AM 中波的频率范围应为 535 ~ 1605kHz，FM 调频的频率范围为 64 ~ 108MHz，在生产中为了满足规定的频率范围，在设计和调试时，可适当留些余量。

1）AM 频率覆盖调整。将高频信号发生器调至 530kHz，收音机波段置于 AM 位置，四联可变电容器旋至容量最大位置（刻度最低端），用无感螺钉旋具调整 B1 磁帽，使收音机输出信号幅度最大。再将高频信号发生器调至 1620kHz，可变电容器调至容量最小位置（刻度最高端），调整四联可变电容器上 CO-4 的微调电容器，使收音机输出信号幅度最大。这样反复调整才能使 AM 频率覆盖接收调至最佳。

2）FM 频率覆盖调整。将高频信号发生器调至 62.5MHz，收音机波段开关置于 FM 位置。四联可变电容器旋至容量最大位置（刻度最低端），用无感螺钉旋具拨动 FM 振荡线圈 L5 的圈距，使收音机输出信号幅度最大。再将高频信号发生器调至 108.5MHz，可变电容器调至容量最小处（刻度最高端），调整四联可变电容器上 CO-2 的微调电容器，使收音机输出信号幅度最大。这样反复调整使 FM 频率覆盖接收调至最佳。

（3）统调 统调也称为调整灵敏度、调外差跟踪、调补偿，目的是使接收灵敏度、整机灵敏度的均匀性以及选择性达到最好的程度。

1）AM 统调。将高频信号发生器调到 600kHz，收音机指针调到 600kHz 位置。移动中波天线 L3 线圈在磁棒上的位置，使输出信号幅度最大。再将高频信号发生器调至 1000kHz，收音机指针调至 1000kHz 位置，用无感螺钉旋具调整与 CO-3 并联的微调电容器容量，使输出信号幅度最大。反复调整使其工作在最佳位置。

2）FM 统调。将高频信号发生器调至 64MHz，收音机指针调至 64MHz 位置，用无感螺钉旋具轻轻地拨动 L4 电感的圈距，使输出最信号幅度最大。再将高频信号发生器调至 108MHz，收音机指针调至 108MHz 位置，用无感螺钉旋具调整与 CO-1 并联的微调电容器容量，使输出信号幅度最大。反复调整使其工作在最佳位置。

可调器件如图 2-45 所示。

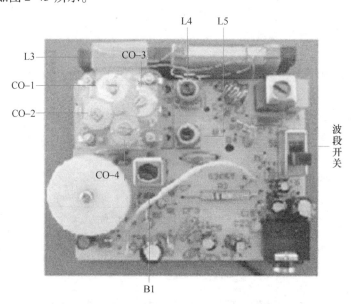

图 2-45　可调器件示意图

二、故障的检测与排除

 议一议：如何判断及排除收音机的故障？

收音机故障判断宗旨：先简单、后复杂，先电源、后其他。

1. 收音机故障检查方法

集成电路收音机在通电检修之前，首先应检查电源回路有无短路现象，连接导线有无接错和折断，元器件是否有明显的损坏等。在通电之后，调节调谐旋钮收听不到电台播音声，则应检查整机静态工作电流是否正常（整机电流正常时为7mA左右）。如果电流过大或过小，则分别进行检查，使得整机静态电流恢复正常。在检查时，观察调谐指示发光二极管，若发光二极管亮，则故障在检波后；若不亮，故障在检波之前。

集成电路收音机故障检查在接通电源的情况下，用万用表依次测量集成电路各引脚的电压，然后根据测得的电压值与产品说明书或图样中标注的正常值相比较，从中进行判断和分析。集成电路收音机自动增益控制电压（AGC）值，一般在有电台信号进入收音机时较高，无电台信号进入时较低。所以通过旋动四联电容器，从低端至高端，若发现这个电压值无变化，就说明该收音机检波级之前有故障，应查明原因排除故障。

在分析集成电路收音机故障发生的原因、确定导致故障的具体器件时，应先检查分立元器件，观察其是否有虚焊，引出线是否折断。确认各分立元器件均无故障，可进一步检查集成电路在焊接上有无问题。若未发现故障，可考虑更换集成电路。

如果集成电路收音机出现的故障是自激和啸叫，应首先判断出自激和啸叫产生的部位是在低频电路部分还是在高、中频电路部分，其方法是断开低频输入耦合电容，若断开后自激和啸叫停止，则说明自激产生在高、中频电路部分，若断开后自激和啸叫照旧，则说明自激产生在低频电路部分。

2. 收音机无声的检修流程

收音机无声的检修流程如图2-46所示。

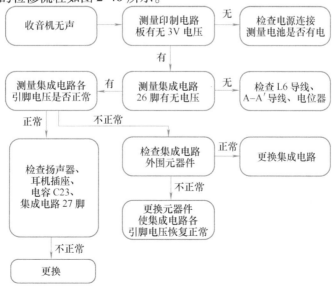

图2-46　收音机无声的检修流程

CD1691BM 集成电路各引脚静态电阻和电压参考值见表 2-8。

表 2-8　CD1691BM 集成电路各引脚静态电阻和电压参考值

引脚	1	2	3	4	5	6	7	8	9	10	11	12	13	14
静态电阻/Ω	740	8000	780	750	630	150×10^3	630	630	630	630	0	700	0	750
AM 电压/V	0.40	2.80	1.50	1.26	1.26	0.44	1.30	1.30	1.30	1.30	0	0	0	0.24
FM 电压/V	0.14	2.30	1.50	1.28	1.28	0.27	1.30	1.30	1.30	1.30	0	0.35	0	0.58

引脚	15	16	17	18	19	20	21	22	23	24	25	26	27	28
静态电阻/Ω	AM(0) FM750	730	AM280 FM770	0	750	0	760	770	770	760	770	590	650	0
AM 电压/V	0	0	0	0	1.1	0	1.00	0.90	0.95	0	2.18	3.1	1.55	
FM 电压/V	0.98	0	0.96	0	1.1	0	0.60	1.15	1.46	0	2.15	3.1	1.55	0

※活动实施步骤※

一、调试

1. 检查

通电前应认真对照电路原理图、电路板，检查有无错焊、漏焊，特别是观察电路板上有无短路现象发生，如有故障要一一排除。

2. 调试

调试准备→调中频频率→调频率覆盖→统调。

3. 故障检查及排除

二、评价方案

评价表见表 2-9。

表 2-9　调试收音机评价表

评 价 内 容	评 价 标 准
调试	(1)通电正常 (2)正确使用仪器仪表 (3)数据合理 (4)能分析排除故障
安全文明生产	(1)安全用电，无人为损坏元器件、加工件和设备 (2)保持环境整洁，秩序井然，操作习惯良好

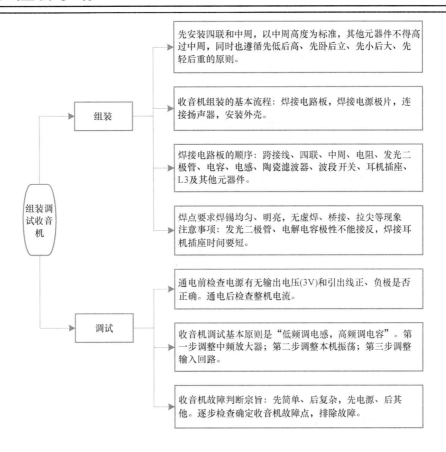

先安装四联和中周，以中周高度为标准，其他元器件不得高过中周，同时也遵循先低后高、先卧后立、先小后大、先轻后重的原则。

收音机组装的基本流程：焊接电路板，焊接电源极片，连接扬声器，安装外壳。

焊接电路板的顺序：跨接线、四联、中周、电阻、发光二极管、电容、电感、陶瓷滤波器、波段开关、耳机插座、L3及其他元器件。

焊点要求焊锡均匀、明亮，无虚焊、桥接、拉尖等现象注意事项：发光二极管、电解电容极性不能接反，焊接耳机插座时间要短。

通电前检查电源有无输出电压(3V)和引出线正、负极是否正确。通电后检查整机电流。

收音机调试基本原则是"低频调电感，高频调电容"。第一步调整中频放大器；第二步调整本机振荡；第三步调整输入回路。

收音机故障判断宗旨：先简单、后复杂，先电源、后其他。逐步检查确定收音机故障点，排除故障。

组装
调试
组装调试收音机

任务四　验收收音机

※任务描述※

本任务是验收半导体收音机。要求学生展示成品，展示内容包括收音机的外形、音质以及收到的电台数。学生用 Power Point 做出小结报告，介绍学习成果和组装收音机的心得体会。本任务旨在锻炼学生的表达能力，培养实事求是的工作作风。

※任务目标※

知识目标：

1. 掌握收音机成品的展示方法。

2. 掌握用 Power Point 制作报告要点。

能力目标：

1. 清晰、流畅的语言表达能力。

2. 会评价收音机质量。

项目二

素质目标：

1. 通过书写小结报告，提高学生归纳、总结能力。

2. 通过展示产品、演讲，提高学生的语言表达能力，增强自信心。

※任务实施※

活 动　产 品 验 收

※工作准备※

> **设备与材料：**收音机成品、演求文稿。

※知识链接※

一、产品验收

 议一议：半导体调频调幅收音机的验收内容有哪些？

收音机验收主要有两项内容，一是外观检查，二是功能检测。

1. 外观检查

收音机外观检查的主要内容有：

1）外壳封装严整紧固。

2）调谐拨片安装正确、调节自如。

3）外观干净整洁无污迹。

2. 功能检测

收音机功能检测的主要内容有：

1）收音机音质。

2）AM 频段接收到的电台数。

3）FM 频段接收到的电台数。

※活动实施步骤※

一、书写小结报告

写出收音机制作项目的学习报告，介绍学习成果和组装收音机的心得体会，并制作为演示文稿。

二、产品验收

1. 检查收音机外观，完成任务单表2-17。

2. 分别检查 AM、FM 频段收听到的电台数目，完成任务单表2-17。

3. PPT 展示学习报告，完成任务单表2-17。

三、评价方案

评价表见表2-10。

表2-10　产品验收评价表

序　号		评 价 标 准
1	产品验收	外观封装严密无污迹
		收音机声音清脆
		开关正常,声音调节正常
		AM 验收:涵盖当地 AM 电台80%频段,所收电台频率准确
		FM 验收:涵盖当地 FM 电台80%频段,所收电台频率准确
2	小结报告	内容:内容完整、条理清晰 PPT 制作:美观大方、图表整齐 展示:表达流畅、讲述精彩
3	安全生产, 5S 现场管理	爱护设备及工具;安全文明操作;成本及环保意识 现场做到整理、整顿、清扫、清洁、素养

※应知应会小结※

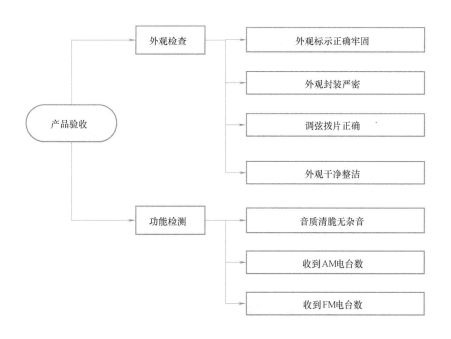

项目二

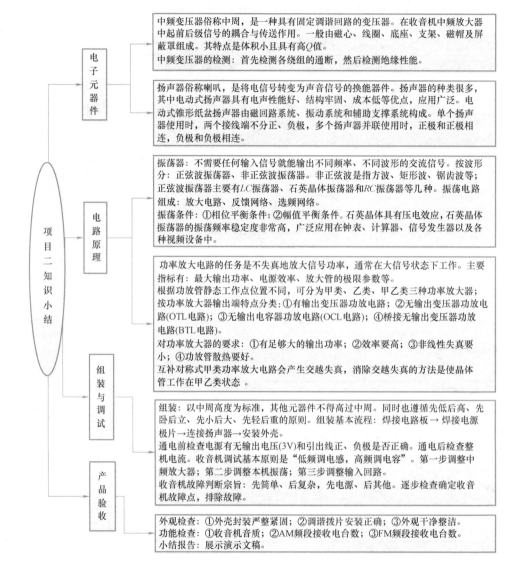

项目二知识小结

电子元器件

中频变压器俗称中周，是一种具有固定调谐回路的变压器。在收音机中频放大器中起前后级信号的耦合与传送作用。一般由磁心、线圈、底座、支架、磁帽及屏蔽罩组成。其特点是体积小且具有高Q值。
中频变压器的检测：首先检测各绕组的通断，然后检测绝缘性能。

扬声器俗称喇叭，是将电信号转变为声音信号的换能器件。扬声器的种类很多，其中电动式扬声器具有电声性能好、结构牢固、成本低等优点，应用广泛。电动式锥形纸盆扬声器由磁回路系统、振动系统和辅助支撑系统构成。单个扬声器使用时，两个接线端不分正、负极，多个扬声器并联使用时，正极和正极相连，负极和负极相连。

电路原理

振荡器：不需要任何输入信号就能输出不同频率、不同波形的交流信号。按波形分：正弦波振荡器、非正弦波振荡器。非正弦波是指方波、矩形波、锯齿波等；正弦波振荡器主要有LC振荡器、石英晶体振荡器和RC振荡器等几种。振荡电路组成：放大电路、反馈网络、选频网络。
振荡条件：①相位平衡条件；②幅值平衡条件。石英晶体具有压电效应，石英晶体振荡器的振荡频率稳定度非常高，广泛应用在钟表、计算器、信号发生器以及各种视频设备中。

功率放大电路的任务是不失真地放大信号功率，通常在大信号状态下工作。主要指标有：最大输出功率、电源效率、放大管的极限参数等。
根据功放管静态工作点位置不同，可分为甲类、乙类、甲乙类三种功率放大器；按功率放大器输出端特点分类：①有输出变压器功放电路；②无输出变压器功放电路(OTL电路)；③无输出电容器功放电路(OCL电路)；④桥接无输出变压器功放电路(BTL电路)。
对功率放大器的要求：①有足够大的输出功率；②效率要高；③非线性失真要小；④功放管散热要好。
互补对称式甲类功率放大电路会产生交越失真，消除交越失真的方法是使晶体管工作在甲乙类状态。

组装与调试

组装：以中周高度为标准，其他元器件不得高过中周。同时也遵循先低后高、先卧后立、先小后大、先轻后重的原则。组装基本流程：焊接电路板→焊接电源极片→连接扬声器→安装外壳。
通电前检查电源有无输出电压(3V)和引出线正、负极是否正确。通电后检查整机电流。收音机调试基本原则是"低频调电感，高频调电容"。第一步调整中频放大器；第二步调整本机振荡；第三步调整输入回路。
收音机故障判断宗旨：先简单、后复杂，先电源、后其他。逐步检查确定收音机故障点，排除故障。

产品验收

外观检查：①外壳封装严整紧固；②调谐拨片安装正确；③外观干净整洁。
功能检查：①收音机音质；②AM频段接收电台数；③FM频段接收电台数。
小结报告：展示演示文稿。

项目三
数字钟的组装与调试

※项目描述※

数字电子技术是 19 世纪末 20 世纪初发展起来的新兴技术，在 20 世纪中期的发展最为迅速，现已经成为近代科学技术发展的一个重要标志。数字电子技术在电子数字计算、通信技术、自动控制和测量仪表等领域中应用十分广泛。图 3-1 所示为数字电子产品在日常生活中的应用。

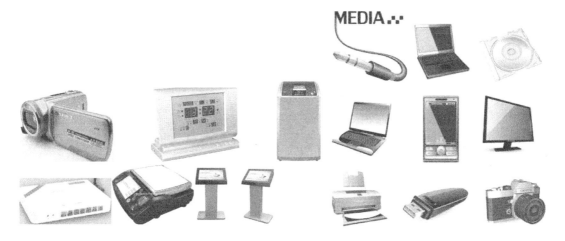

图 3-1　数字电子产品在日常生活中的应用

数字钟是一种典型的数字电路，包括了组合逻辑电路和时序逻辑电路。它是一种应用数字电路技术实现时、分、秒计时的钟表，不仅能替代指针式钟表，还可以运用到定时控制、自动计时及时间程序控制等方面，如图 3-2 所示。与机械式时钟相比，它具有更高的准确性和直观性，且无机械装置，具有更高的使用寿命，因此得到了广泛的使用。

图 3-2　常见的数字钟

数字钟的制作方法有许多种，例如可用中小规模集成电路组成数字钟，也可以利用专用的电子钟芯片配以显示电路及其所需要的外围电路组成数字钟，还可以利用单片机来实现数字钟等。本项目组装的数字钟，利用专用的电子钟芯片配以显示电路及其所需要的外围电路组成，可实现如下基本功能：①时间以 12 小时为一个周期，分、秒 60 进制；②准确计时，以数字形式显示时、分的时间；③校正时间。还可实现如下扩展功能：提供定时报警功能。它定时调整方便，电路稳定可靠，能耗低，还可扩展成定时控制交流开关（小保姆式）等功能。

※项目分析※

数字钟一般由振荡器、分频器、计数器、译码器、显示器等几部分组成，组成框图如图3-3所示。

晶体振荡器主要用来产生高频振荡方波作为时间标准信号。数字钟的精度主要取决于时间标准信号的频率精度及其稳定度，因此通常是由晶体振荡器先产生一个频率较高的脉冲信号，然后经过分频获得周期为1s的秒脉冲信号。

秒脉冲信号送入"秒计数器"，"秒计数器"采用60进制计数器，每累计60s，产生一个"分脉冲"信号，该信号将作为"分计数器"的时钟脉冲。"分计数器"也采用60进制计数器，每累计60min，产生一个"时脉冲"信号，该信号将被送到"时计数器"。"时计数器"采用12进制计时器。译码显示电路将"时"、"分"、"秒"计数器的输出状态经七段显示译码器译码，通过显示器显示出来。校时电路用来对"时"、"分"、"秒"显示数字进行校对调整。

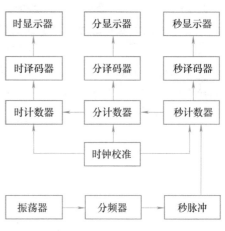

图 3-3　数字钟组成框图

数字钟整机的组装与调试过程如图3-4所示。

图 3-4　数字钟组装与调试过程

※项目目标※

1. 了解数字钟电路的组成，了解其工作原理。
2. 熟练掌握常用逻辑门电路的符号、逻辑功能。
3. 掌握常用的组合逻辑电路、时序逻辑电路的逻辑功能。
4. 会根据数字钟电路的技术指标，选择合适的电子元器件及数字集成电路。
5. 会检测集成门电路的好坏，测试集成电路的功能。
6. 能熟练焊接电子元器件和集成电路，并能看懂电路装配图，具备组装数字钟的能力。
7. 能够使用常见的仪器仪表调试电路，能排查常见故障。
8. 学会查阅技术手册、技术资料、自主学习。
9. 培养考虑成本、产品质量和节能环保的意识。
10. 培养认真、踏实的做事态度，与他人合作的团队意识。

任务一　识别检测集成门电路

※任务描述※

在现代的生活中，人们已经离不开数字化的电子产品，在各种自动化领域更离不开数字电子技术，本款数码显示电子钟也正是采用大规模集成电路和相应的外围电路实现其功能，因此学习掌握数字电路的基础知识是很有必要的。本任务以识别和检测集成门电路为主，主要包括基本逻辑门电路和复合逻辑门电路；引导学生学习数字电路的基础知识，学会检测集成门电路的功能；培养学生规范使用仪器、规范操作、遵守劳动纪律，安全操作的意识；养成工作整洁、有序、爱护仪器设备的良好习惯。

 应用实例

图 3-5 所示为数码显示电子钟的内部结构图，此数字钟主要采用一只 PMOS 大规模集成电路 LM8560，一只中规模集成电路 CD4060（14 位二进制串行计数器/分频器）和一个 4 位 LED 显示屏构成。因此，要制作出成功的数字钟，需从识别与检测集成门电路开始。

图 3-5　数码显示电子钟的内部结构

※任务目标※

知识目标：

1. 了解数字信号、脉冲信号，了解数字电路的特点。
2. 掌握二进制数的表示方法，掌握二进制数与十进制数之间的相互转换方法。
3. 了解码制，掌握 8421 码。
4. 掌握基本逻辑门电路和复合逻辑门电路的逻辑符号、逻辑功能。

能力目标：

1. 会二进制数、十进制数之间的转换。
2. 会画常用的逻辑门电路的符号。
3. 能根据门电路的输入波形绘制输出波形。
4. 能根据要求，合理选用集成门电路。

素质目标：

1. 通过识别、检测集成门电路，培养学生规范使用仪器、规范操作的习惯。
2. 养成遵守劳动纪律，安全操作的意识。
3. 培养学生爱岗敬业、热情主动的工作态度。
4. 养成工作整洁、有序、爱护仪器设备的良好习惯。

※任务实施※

活动一　识别检测基本逻辑门电路

※应知应会※

1. 了解数字信号的定义，数字电路的特点。
2. 掌握脉冲信号的定义与会区分常见的脉冲波形。
3. 理解表征脉冲波形主要参数的含义。
4. 掌握数字信号的表示方法。
5. 掌握基本逻辑门的逻辑功能，会画逻辑符号。
6. 会用电子实验箱检测基本逻辑门电路的逻辑功能。

※工作准备※

　　设备与材料：电子实验箱，万用表，导线若干，集成电路 74LS08、74LS32、74LS04 各一块（见图 3-6）。

图 3-6　集成电路

※知识链接※

一、数字信号与数字电路

　　读一读：模拟信号、数字信号、数字电路、脉冲信号及其主要参数。

1. 数字电路

在电子技术中，被传递和处理的信号可分为模拟信号和数字信号两大类。

（1）模拟信号　指在时间上和数值上都连续变化的信号，如图3-7所示，例如收音机、电视机接收到的声音和图像信号。处理模拟信号的电子电路称为模拟电路，如在模拟电子技术中介绍的整流电路、滤波电路、放大电路等。

（2）数字信号　指在时间上和数值上都是离散的信号，如图3-8所示。处理数字信号的电子电路称为数字电路。数字电子技术则是有关数字信号的产生、整形、编码、存储、计数和传输的科学技术。

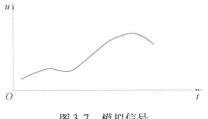

图3-7　模拟信号

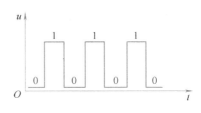

图3-8　数字信号

数字电路与模拟电路相比较具有如下特点：①数字信号简单，只有两个值（0、1），在电路中容易实现；②数字电路易于集成化；③数字电路抗干扰能力强，工作可靠稳定；④可对信号进行算术运算和逻辑运算。

2. 脉冲信号

脉冲信号是指持续时间极短的电压或电流信号，常见的脉冲波形有矩形波、尖峰波、锯齿波、阶梯波、三角波等，如图3-9所示。

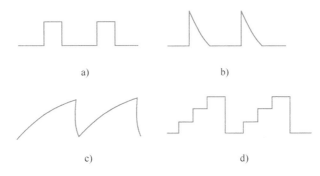

图3-9　常见的几种脉冲波形

a）矩形波　b）尖峰波　c）锯齿波　d）阶梯波

矩形脉冲有正脉冲和负脉冲之分。脉冲跃变后的值比初始值高，称为正脉冲，反之称为负脉冲。虽各类脉冲波形的形状不同，但表征其特征的主要参数通常是相同的。

脉冲波形的参数常有：

1）脉冲幅值 U_m：脉冲电压的最大值，其值等于脉冲底部至脉冲顶部之间的电位差，单位为 V（伏）。

2）脉冲上升时间 t_r：从脉冲前沿 $0.1U_m$ 上升到 $0.9U_m$ 所需的时间，单位主要有 s（秒）、ms（毫秒）、μs（微秒），其数值越小，表明脉冲上升越快。

3）脉冲下降时间 t_f：从脉冲后沿 $0.9U_m$ 下降到 $0.1U_m$ 所需的时间，单位主要有 s（秒）、ms（毫秒）、μs（微秒），其数值越小，表明脉冲下降越快。

4）脉冲宽度 t_w：由脉冲前沿 $0.5U_m$ 到脉冲后沿 $0.5U_m$ 之间的时间，其值越大，说明脉冲出现后持续的时间越长。

5）脉冲周期 T：在周期性的脉冲信号中，任意两个相邻脉冲前沿之间或后沿之间的时间间隔。

6）脉冲频率 f：单位时间（秒）内脉冲信号重复出现的次数。显然，$f = \dfrac{1}{T}$。

7）占空比 D：脉冲宽度 t_w 与脉冲周期 T 之比，即 $D = \dfrac{t_w}{T}$。占空比为 50% 的矩形波即为方波。

理想的矩形脉冲波形如图 3-10a 所示，实际的矩形脉冲波形如图 3-10b 所示。图中，脉冲从起始值开始突变的一边称为脉冲前沿；脉冲从峰值变为起始值的一边称为脉冲后沿。

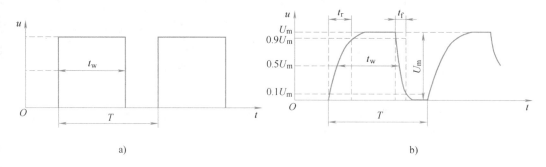

a)　　　　　　　　　　　　　　　　b)

图 3-10　矩形脉冲波形的参数
a）理想波形　b）实际波形

脉冲波的底部与顶部的电位是不相等的，电位的相对高低常用电平表示。对于规定的零电平来说，高电位对应高电平，低电位对应低电平。正脉冲在持续期内为高电平；负脉冲在持续期内为低电平。

3. 数字信号

常用"1"与"0"表示脉冲的出现或消失，在电路中反映的是电平的高与低、信号的有与无，这样用一串 1 和 0 组成的信号称为数字信号。需要注意的是，数字信号的 0 与 1 并不表示数量的大小，而是代表电路的工作状态。例如，开关闭合、二极管、晶体管的导通用 1 状态表示，反之，开关断开以及器件的截止就用 0 状态表示。

对于数字电路的输入信号和输出信号只有两种情况，不是高电平就是低电平，且输出与输入信号之间存在一定的逻辑关系。

规定"1"表示高电平（$3 \sim 5V$），"0"表示低电平（$0 \sim 0.4V$），称为正逻辑；反之，若"0"表示高电平，"1"表示低电平，称为负逻辑。

二、数制与码制

 读一读：二进制数、十进制数、十六进制数，二进制数与十进制数之间的转换，8421 码。

1. 数制

选取一定的进位规则，用多位数码来表示某个数的值，这就是所谓的数制。数制也叫记数法，是人们用一组规定的数码和规则来表示数的方法。日常生活中习惯使用的是十进制，而在数字电路中用得最广泛的是二进制。

（1）十进制　十进制以 10 为基数，共有 10 个数码，即 0、1、2、3、4、5、6、7、8、9。计数规律为："逢十进一，借一当十"。每个数都由若干位数码组成，数码在不同位的权不一样，故值也不同。例如 444，三个数码虽然都是 4，但百位的 4 表示 400，即 4×10^2，十位的 4 表示 40，即 4×10^1，个位的 4 表示 4，即 4×10^0，其中 10^2、10^1、10^0 称为十进制数各位的权，第 n 位数的权为 10^{n-1}。

【例 3-1】　用数学表达式表示十进制数 576。

解： $(576)_{10} = 5 \times 10^2 + 7 \times 10^1 + 6 \times 10^0$

其中，个位、十位、百位的权分别是 10^0、10^1、10^2，因此计算十进制数的值，可用数码乘权再相加的方法。

（2）二进制　二进制以 2 为基数，只有 0 和 1 两个数码。计数规律为："逢二进一，借一当二"。每个数由若干位数码组成，各数码在不同位的权不一样，故值也不同，第 n 位数的权为 2^{n-1}。

【例 3-2】　用数学表达式表示二进制数 11011。

解： $(11011)_2 = 1 \times 2^4 + 1 \times 2^3 + 0 \times 2^2 + 1 \times 2^1 + 1 \times 2^0$

其中，由高位向低位的权分别为 2^4、2^3、2^2、2^1、2^0。

（3）十六进制　二进制数在数字电路中处理很方便，但当位数较多时，比较难于读取和书写，为了减少位数，可将二进制数用十六进制数来表示。

十六进制以 16 为基数，共有 16 个数码，即 0、1、2、3、4、5、6、7、8、9、A、B、C、D、E、F。计数规律为："逢十六进一，借一当十六"。每个数都由若干位数码组成，各数码在不同位的权不一样，故值也不同，第 n 位数的权为 16^{n-1}。例如十六进制数 $(3D4)_{16}$ 的数学表达式可写为

$$(3D4)_{16} = 3 \times 16^2 + D \times 16^1 + 4 \times 16^0 = 3 \times 16^2 + 13 \times 16^1 + 4 \times 16^0$$

　议一议： 二进制数与十进制数之间是如何转换的呢？

（4）二进制数和十进制数的相互转换

1）二进制数转换为十进制数的方法：按权展开相加法，即数码乘权再相加求和的方法。

【例 3-3】　将二进制数 10110 转换为十进制数。

解： $(10110)_2 = 1 \times 2^4 + 0 \times 2^3 + 1 \times 2^2 + 1 \times 2^1 + 0 \times 2^0 = (22)_{10}$

2）十进制数转换为二进制数：整数部分采用除 2 取余倒记法。

【例 3-4】　将十进制数 19 转换成二进制数。

解：
```
2｜19 ………… 余 1
  2｜9 ………… 余 1
    2｜4 ………… 余 0      读数方向
      2｜2 ………… 余 0
        2｜1 ………… 余 1
          0
```

即 $(19)_{10} = (10011)_2$。

小数部分采用"乘 2 取整，顺序排列"直至乘积的小数部分为 0，或者满足误差要求进行"四舍五入"为止，各次乘积的整数部分依次排列即为十进制小数的二进制表达式。

2. 码制

项目三

在数字系统中，可用多位二进制数码来表示数码的大小，也可表示各种文字、符号等信息，表示各种信息的多位二进制数码叫作代码。代码遵守的各种规律称为码制。数字电路处理的是二进制数据，而人们习惯使用十进制数，因此，用 4 位二进制数码表示一位十进制数码的编码方式称为二—十进制代码，简称为 BCD 码。常用的 BCD 码有 8421 码、5421 码、余 3 码等，由于十进制只有 0 ~ 9 十个数，因此，每一种 BCD 码只有 10 个码，见表 3-1。

表 3-1 三种常用的 BCD 码

十进制数码	8421 码	5421 码	余 3 码
0	0000	0000	0011
1	0001	0001	0100
2	0010	0010	0101
3	0011	0011	0110
4	0100	0100	0111
5	0101	1000	1000
6	0110	1001	1001
7	0111	1010	1010
8	1000	1011	1011
9	1001	1100	1100

其中 8421 码是使用最多的一种编码。8421 码从高位到低位的权为 2^3（8）、2^2（4）、2^1（2）、2^0（1），与 4 位二进制数的位权完全一致，因此，是有权码（依据权值编码）。其中 5421 码也是有权码，余 3 码则是无权码，是从 4 位二进制数码的 16 个组合中前后各余 3 得到。

【例 3-5】 将十进制数 $(289)_{10}$ 转换成对应的 8421 码。

解：$(289)_{10} = (0010\ 1000\ 1001)_{8421BCD}$。

【例 3-6】 将 8421 码 $(0011\ 0101\ 0111)_{8421\ BCD}$ 转换成对应的十进制数。

解：$(0011\ 0101\ 0111)_{8421\ BCD} = (357)_{10}$。

三、基本逻辑门电路

1. 与逻辑和与门

读一读：逻辑关系，逻辑门电路。

逻辑门电路是数字电路的基本单元，简称门电路。其输入条件与输出结果之间的规律性称为逻辑，指的是事物的条件与结果之间的因果关系。逻辑门电路包括基本逻辑门电路和复合逻辑门电路。

基本逻辑门电路反映的是事物的基本逻辑关系。基本的逻辑关系有三种，即"与"逻辑、"或"逻辑和"非"逻辑。能够实现与、或、非逻辑关系的电路分别称为与门、或门、非门电路，它们是组成各种逻辑电路的基本逻辑门电路。

看一看：与逻辑关系电路图和与门电路。

（1）与逻辑关系　与逻辑关系是当决定某一种结果的条件全部具备时，这个结果才能发生，简称与逻辑。例如图 3-11 所示，由两个开关 S_1、S_2 串联控制灯泡 HL 的电路，只有当 S_1、S_2 都闭合时（条件全部具备），灯泡才亮（结果发生）。若其中任一个开关断开，灯就不会亮。这里，开关 S_1、S_2 的闭合与灯亮的关系称为逻辑与，也称为逻辑乘。

实现与逻辑关系的电路叫与门电路。图 3-12 所示为一种由二极管组成的与门电路，图中，A、B 为输入端，Y 为输出端。根据二极管的导通和截止条件，当输入端全为高电平（1 状态）时，二极管 VD_1 和 VD_2 都截止，则输出端为高电平（1 状态）；若输入端有 1 个或 1 个以上为低电平（0 状态），则相应的二极管正偏导通，输出端电压被下拉为低电平（0 状态）。

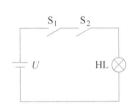

图 3-11　与逻辑关系电路图

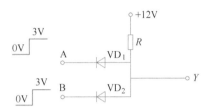

图 3-12　与门电路

　议一议：与门的表达式、逻辑符号、真值表和逻辑功能分别是什么？

（2）表达式　逻辑表达式为

$$Y = A \cdot B \tag{3-1}$$

式中，Y 为逻辑函数；A、B 为输入逻辑变量。$A \cdot B$ 读作 "A 与 B"。与逻辑运算符号 "·" 在运算中可以省略，式 $Y = A \cdot B$ 可以写成 $Y = AB$。

（3）真值表　真值表是表明输入逻辑变量和逻辑函数对应关系的表格。设条件满足为 1，不满足为 0；结果发生为 1，不发生为 0。与门真值表见表 3-2。

表 3-2　与门真值表

A	B	Y
0	0	0
0	1	0
1	0	0
1	1	1

（4）逻辑符号　与门的逻辑符号如图 3-13 所示。

（5）逻辑功能　有 0 出 0，全 1 出 1。

2. 或逻辑和或门

　看一看：或逻辑关系电路图和或门电路。

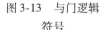

图 3-13　与门逻辑符号

（1）或逻辑关系　在决定一个事件结果发生的所有条件中，只要其中一个或者一个以上的条件满足，结果就会发生，这种条件和结果的逻辑关系称为或逻辑关系。如图 3-14 所示，由两个开关 S_1、S_2 并联控制灯泡 HL 的电路，其中只要开关 S_1、S_2 至少有一个闭合（具备一个条件），灯泡就会亮（结果发生）。只有当 S_1、S_2 都断开时，灯泡才不会亮。这里开关 S_1、S_2 的闭合与灯亮的关系称为逻辑或，也称为逻辑加。

实现或逻辑关系的电路叫或门电路。图 3-15 所示为一种由二极管组成的或门电路，图中 A、B 为输入端，Y 为输出端。显然根据二极管导通和截止条件，只要输入端有一处为高电平（1 状态），则与该输入端相连的二极管就导通，使输出端 Y 为高电平（1 状态）。

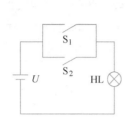

图 3-14　或逻辑关系电路图

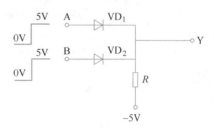

图 3-15　或门电路

 议一议：或门的表达式、逻辑符号、真值表和逻辑功能分别是什么？

（2）表达式　逻辑表达式为

$$Y = A + B \qquad (3\text{-}2)$$

式中，Y 为逻辑函数；A、B 为输入逻辑变量。$A + B$ 读作 "A 或 B"。

（3）真值表　或门真值表见表 3-3。

表 3-3　或门真值表

A	B	Y
0	0	0
0	1	1
1	0	1
1	1	1

（4）逻辑符号　或门的逻辑符号如图 3-16 所示。

（5）逻辑功能　全 0 出 0，有 1 出 1。

3. 非逻辑和非门

图 3-16　或门逻辑符号

 看一看：非逻辑关系电路图和非门电路。

（1）非逻辑关系　当决定某一事件的条件具备时，该事件就不会发生；而条件不具备时，该事件就会发生。这种结果总是和条件呈相反状态的逻辑关系称为非逻辑关系。非逻辑关系可用图 3-17 所示的电路来说明，开关 S 与指示灯 HL 并联，开关闭合时灯不亮，开关断开时灯亮，这里开关的闭合与灯不亮的关系就是逻辑非。

实现非逻辑运算的电路叫非门电路，如图 3-18 所示，晶体管非门电路又称为反相器。当输入端 A 为低电平（0 状态）时，晶体管截止，输出端 Y 为高电平（1 状态）；当输入端 A 为高电平（1 状态）时，晶体管饱和导通，输出端 Y 为低电平（0 状态）。

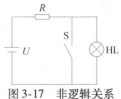

图 3-17　非逻辑关系
电路图

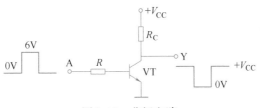

图 3-18　非门电路

　议一议：非门的表达式、逻辑符号、真值表和逻辑功能分别是什么？

（2）表达式　逻辑表达式为

$$Y = \overline{A} \qquad\qquad (3\text{-}3)$$

式中，$\overline{A}$ 读作"A 非"或"A 反"。

（3）真值表　非门真值表见表 3-4。

（4）逻辑符号　非门的逻辑符号如图 3-19 所示。

（5）逻辑功能　入 0 出 1，入 1 出 0。

表 3-4　非门真值表

A	Y
0	1
1	0

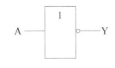

图 3-19　非门逻辑符号

※活动实施步骤※

一、检测数字开关和逻辑指示灯

1. 识别数字开关和逻辑指示灯，完成任务单表 3-2 和表 3-3。

2. 检测数字开关高低电平，完成任务单表 3-2。

3. 检测逻辑指示灯好坏，完成任务单表 3-3。

二、检测基本逻辑门电路

1. 74LS08 集成电路

使用电子实验箱和 74LS08 集成电路，搭接测试与逻辑门电路，测试功能，74LS08 集成电路引脚图如图 3-20 所示，测试接线如图 3-21 所示。完成任务单表 3-4。

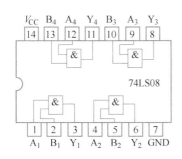

图 3-20　74LS08 集成电路引脚图

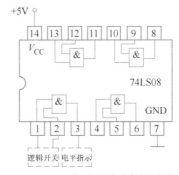

图 3-21　74LS08 集成电路功能测试接线图

153

2. 74LS32 集成电路

使用电子实验箱和 74LS32 集成电路，搭接测试或逻辑门电路，测试功能，74LS32 集成电路引脚图如图 3-22 所示，测试接线如图 3-23 所示。完成任务单表 3-5。

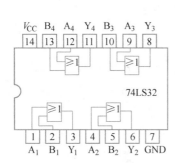

图 3-22 74LS32 集成电路引脚图

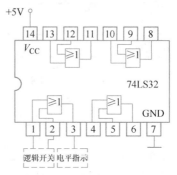

图 3-23 74LS32 集成电路功能测试接线图

3. 74LS04 集成电路

使用电子实验箱和 74LS04 集成电路，搭接测试非逻辑门电路，测试功能，74LS04 集成电路引脚图如图 3-24 所示，测试接线如图 3-25 所示。完成任务单表 3-6。

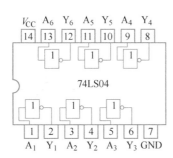

图 3-24 74LS04 集成电路引脚图

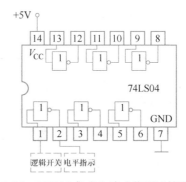

图 3-25 74LS04 集成电路功能测试接线图

三、评价方案

评价表见表 3-5。

表 3-5 基本逻辑门电路功能测试评价表

序号	评价内容	评价标准
1	数字开关和逻辑指示灯状态测试	导线质量好坏正确检测，数字开关和逻辑指示灯质量检测
2	集成电路的识别	正确识读集成电路型号、正确识别集成电路引脚功能
3	集成电路的测试	电源接法正确，正确搭接测试电路，输入/输出电平测量结果准确
4	安全规范操作	遵守安全规范操作规程，正确使用集成电路进行检测
5	5S 现场管理	现场做到整理、整顿、清扫、清洁、素养

活动二 识别检测复合逻辑门电路

※应知应会※

1. 了解复合逻辑门电路的组成。

2. 掌握与非门、或非门、异或门电路的逻辑符号、表达式、真值表和逻辑功能。

3. 了解 TTL 和 CMOS 集成门电路的型号、引脚功能和使用常识。

4. 能根据要求，合理选用集成逻辑门电路。

5. 会用电子实验箱检测复合逻辑门电路的逻辑功能。

※工作准备※

设备与材料：电子实验箱，导线若干，集成电路 74LS00、74LS02、74LS86 各一块（见图 3-26）。

图 3-26　集成电路

※知识链接※

一、复合逻辑门电路

1. 与非门

 议一议：与非门电路的逻辑符号、表达式、真值表和逻辑功能。

复合逻辑门电路是由与门、或门、非门等基本逻辑门电路组合起来的，常用的主要有与非门、或非门、与或非门和异或门。

将与门和非门组合，形成了与非门。其中与门的输出作为非门的输入，如图 3-27 所示。图 3-28 所示为与非门的逻辑符号。与非门可具有两个或多个输入端，两个输入端时，其真值表见表 3-6。其逻辑表达式为

$$Y = \overline{A \cdot B} \text{或} Y = \overline{AB} \tag{3-4}$$

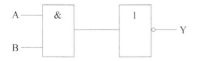

图 3-27　基本逻辑门组成的与非门

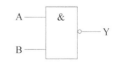

图 3-28　与非门逻辑符号

与非门的逻辑功能可以总结为"有 0 出 1，全 1 出 0"。

表 3-6　与非门真值表

A	B	Y
0	0	1
0	1	1
1	0	1
1	1	0

2. 或非门

议一议：或非门电路的逻辑符号、表达式、真值表和逻辑功能分别是什么？

将或门后面接一个非门，就组成了或非门电路。其中或门的输出作为非门的输入，如图 3-29 所示。图 3-30 所示或非门的逻辑符号。或非门可具有两个或多个输入端。两输入端时，其真值表见表 3-7。其逻辑表达式为

$$Y = \overline{A + B} \tag{3-5}$$

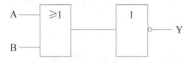

图 3-29　基本逻辑门组成的或非门

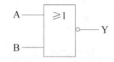

图 3-30　或非门逻辑符号

或非逻辑功能总结为"有1出0，全0出1"。

表 3-7　或非门真值表

A	B	Y
0	0	1
0	1	0
1	0	0
1	1	0

3. 与或非门

议一议：与或非门电路的逻辑符号、表达式、真值表和逻辑功能分别是什么？

把两个或两个以上与门的输出作为或门的输入，可构成一个与或非门。图 3-31 所示是由两个与门、一个或门及一个非门连接构成的与或非门。图 3-32 是与或非门的逻辑符号。其真值表见表 3-8。逻辑表达式为

$$Y = \overline{AB + CD} \tag{3-6}$$

式（3-6）读作"Y 等于 A 与 B 或 C 与 D 再非"。与或非门的逻辑功能为"当输入变量中，至少有一组全为1时，输出为0，否则，输出为1"。

表 3-8　与或非门真值表

输入				输出	输入				输出
A	B	C	D	Y	A	B	C	D	Y
0	0	0	0	1	1	0	0	0	1
0	0	0	1	1	1	0	0	1	1
0	0	1	0	1	1	0	1	0	1
0	0	1	1	0	1	0	1	1	0
0	1	0	0	1	1	1	0	0	0
0	1	0	1	1	1	1	0	1	0
0	1	1	0	1	1	1	1	0	0
0	1	1	1	0	1	1	1	1	0

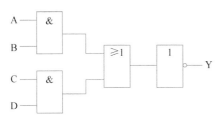

图 3-31　基本逻辑门组成的与或非门

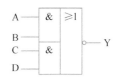

图 3-32　与或非门的逻辑符号

4. 异或门

　议一议：异或门电路的逻辑符号、表达式、真值表和逻辑功能分别是什么？

异或门的逻辑表达式为

$$Y = \overline{A}B + A\overline{B} + A \oplus B \qquad (3-7)$$

式（3-7）读作"Y 等于 A 异或 B"。

异或逻辑功能可以总结为"输入相同，输出为 0；输入不同，输出为 1"，简称为"同出 0，异出 1"，表 3-9 为异或门真值表。

图 3-33 是用基本逻辑门构成的异或门，其逻辑符号如图 3-34 所示。在数字电路中异或门可用来判断两个输入信号是否相同，是一种常用的门电路。

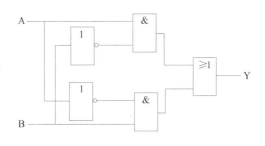

图 3-33　基本逻辑门组成的异或门

表 3-9　异或门真值表

A	B	Y
0	0	0
0	1	1
1	0	1
1	1	0

图 3-34　异或门逻辑符号

二、TTL 集成门电路

　读一读：TTL 集成门电路的型号、引脚功能和使用常识。

集成门电路是将逻辑电路中元器件与连线都制作在一块半导体基片上。集成门电路按照内部元器件不同分为 TTL 系列和 CMOS 系列，以晶体管为主要元器件的称为 TTL 电路，以场效应晶体管为主要元器件的称为 CMOS 电路。这两类集成门电路的主要产品系列见表 3-10。

表 3-10　TTL、CMOS 集成门电路的主要产品系列

系列	子系列	名　称	国标型号
TTL	TTL	基本型中速 TTL	CT54/74
	HTTL	高速 TTL	CT54/74H

（续）

系列	子系列	名　称	国标型号
TTL	STTL	超高速 TTL	CT54/74S
	LSTTL	低功耗 TTL	CT54/74LS
	ALSTTL	先进低功耗 TTL	CT54/74ALS
CMOS	CMOS	互补场效晶体管型	CC4000
	HCOMS	高速 CMOS	CT54/74HC
	HCMOST	与 TTL 兼容的高速 CMOS	CT54/74HCT

TTL 集成门电路具有运行速度比较快，负载能力较强，工作电压低和工作电流较大等特点。

CMOS 集成门电路具有功耗低、抗干扰性强、开关速度快等优点。

1. 引脚识读

数字集成门电路目前大量采用双列直插式外形封装，也有做成扁平式的。根据功能不同，有 8～24 个引脚，判读这类集成电路引脚编号的方法是：把标志（凹槽）置于左方，引脚向下，按逆时针方向自下而上依次顺序读出 1，2，3，…，如图 3-35 所示。

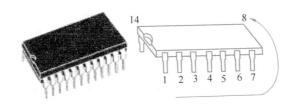

图 3-35　TTL 集成电路引脚外形图和引脚编号排列

2. 型号的规定

74 系列集成电路是应用广泛的通用数字逻辑门电路，它包含各种 TTL 门电路和其他逻辑功能的电路。

按现行国家标准规定，TTL 集成门电路型号由五部分构成，现以 CT74LS04CP 为例说明型号意义。

C	T	74LS××	C	P

第一部分是字母 C，表示符合中国国家标准。

第二部分表示器件的类型，T 代表 TTL 电路。

第三部分是器件系列和品种代号，74 表示国际通用 74 系列，54 表示军用产品系列，LS 表示低功耗肖特基系列，S 表示高速肖特基系列，04 表示为品种代号。

第四部分用字母表示器件工作温度，C 为 0～70℃，G 为 -25～70℃，L 为 -25～85℃，E 为 -40～85℃，R 为 -55～85℃。

第五部分用字母表示器件封装，P 表示塑封双列直插式，J 表示黑瓷封装。

CT74LS×× 有时简称或简写为 74LS×× 或 LS××。表 3-11 所示为常用的 74LS 系列集成门电路的型号及其功能。

表 3-11　常用的 74LS 系列 TTL 集成门电路

型 号	名 称	功 能
74LS00	2 输入四与非门	$Y = \overline{AB}$
74LS02	2 输入四或非门	$Y = \overline{A + B}$
74LS04	六反相器	$Y = \overline{A}$
74LS08	2 输入四与门	$Y = AB$
74LS10	3 输入三与非门	$Y = \overline{ABC}$
74LS11	3 输入三与门	$Y = ABC$
74LS27	3 输入三或非门	$Y = \overline{A + B + C}$
74LS32	2 输入四或门	$Y = A + B$
74LS86	2 输入四异或门	$Y = A \oplus B$

3. TTL 集成与非门电路

TTL 与非门是目前品种齐全, 应用广泛的一类集成电路。图 3-36 所示为 TTL 与非门 74LS00 集成电路的内部结构和引脚排列图, 从图中判断其为 2 输入四与非门电路, 即其内含有 4 个与非门, 每个与非门有 2 个输入端。

TTL 与非门输出高电平一般取 3.6V, 输出低电平一般取 0.4V。不同规格的 TTL 门电路参数可查阅有关手册。

4. 使用注意事项

(1) 使用稳压电源供电　TTL 集成门电路的功耗较大, 且电源电压必须保证在 4.75 ~ 5.25V 的范围内才能正常工作, 通常可取 $V_{CC} = +5V$, 为避免电池电压下降影响电路正常工作, 建议使用稳压电源供电。电源极性绝对不允许接反。

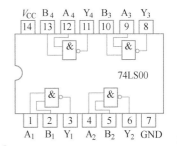

图 3-36　74LS00 集成电路的内部结构和引脚排列图

(2) 闲置输入端的处理方法

1) 不使用的与输入端可通过 1kΩ 电阻接电源, 或直接接至 ≤5V 的电源上。

2) 不使用的与输入端可悬空 (悬空的输入端相当于高电平), 不使用的或输入端可接地 (相当于接低电平)。由于悬空的输入端容易接收各种干扰信号, 导致电路工作不稳定, 所以应尽量不采用悬空的处理方式。

3) 不使用的输入端并联在使用的输入端上。这会增加前级的负载及输入电容, 影响电路的工作速度。

4) 输入端不可串接大电阻, 不使用的与非输入端应剪短。

(3) 输出端处理方法

1) 除 OC 门和三态门外, 输出端不允许线与连接, 否则不仅会使电路逻辑功能混乱, 还会导致器件损坏。

2) 输出端不允许直接接地或直接接电源, 否则将损坏器件。有时为了使后级电路获得较高的输出电平, 允许输出端通过电阻 R 接至 V_{CC}, 一般取 $R = 3 \sim 5.1kΩ$。

(4) 其他注意事项

1) 接插集成块时, 要认清定位标记, 不得插反, 应用力适度, 防止引脚折伤。

2) 焊接时用 25W 电烙铁较合适, 焊接时间不宜过长。

3) 调试使用时, 要注意电源电压的大小和极性, 尽量稳定在 +5V, 以免损坏集成块。

4) 引线要尽量短。在引线不能缩短时, 要考虑加屏蔽措施或采用绞合线。

三、CMOS 集成门电路

 读一读: CMOS 集成门电路的型号、引脚功能和使用常识。

CMOS 集成门电路是以 MOS 管为核心的集成电路, 它的优点是集成度高, 功耗低, 可靠性好, 工艺简单, 电源电压范围宽, 容易和其他电路接口; 缺点是工作速度低, 表 3-12 列出了 TTL 与 CMOS 电路性能比较。

表 3-12 TTL 与 CMOS 电路性能比较

性 能 名 称	TTL	CMOS
主要特点	高速	微功耗、高抗干扰能力
集成度	中	极高
电源电压/V	5	3～18
平均延迟时间/ns	3～10	40～60
最高计数频率/MHz	35～125	2
平均导通功耗/mW	2～22	0.001～0.01
输出高电平/V	3.4	电源电压
输出低电平/V	0.4	0

1. 型号规定

CMOS 集成门电路系列较多, 现主要有 4000 (普通)、74HC (高速)、74HCT (与 TTL 兼容) 等产品系列, 其中 4000 系列品种多、功能全, 现仍被广泛使用。

CMOS 集成门电路的外形封装与 TTL 集成门电路的外形封装相同。

CMOS 集成电路的型号由五部分构成, 如 CC4066EJ。

C	C	4066	E	J

第一部分是字母 C, 表示符合中国国家标准。

第二部分表示器件的类型, C 表示 CMOS 电路。

第三部分是器件系列和品种代号, 4066 表示该集成电路为 4000 系列四双向开关电路。

第四部分字母表示器件工作温度, C 为 0～70℃, G 为 -25～70℃, L 为 -25～85℃, E 为 -40～85℃, R 为 -55～85℃。

第五部分字母表示器件封装, P 为塑封双列直插式, J 为黑瓷双列直插式。

CC74HC××RP 可简称或简写为 74HC×× 或 HC×× (对于 4000 系列, 这部分

用 40××）。

2. 引脚识读

CMOS 集成门电路通常采用双列直插式外形，引脚编号判断方法与 TTL 相同，如 CC4001 是 2 输入四或非门，CC4011 是 2 输入四与非门，都采用 14 脚双列直插塑封装。V_{DD}、V_{SS} 与 TTL 的 V_{CC}、GND 表示字符不同，以作区别。

3. 使用注意事项

使用 CMOS 组件时应注意安全保护，多余的输入端不能悬空。工作频率不太高时，可将输入端并联使用；工作频率较高时应根据逻辑要求把多余的输入端接 V_{DD} 或 V_{SS}。

1）CMOS 集成门电路功耗低，4000 系列的产品电源电压在 4.75～18V 范围内均可正常工作，建议使用 10V 电源电压供电。

2）CMOS 集成门电路若有不使用的多余输入端不能悬空。与门和与非门的多余输入端应将其接至固定的高电平，或门和或非门多余输入端应将其接地。也可将多余的输入端与使用的输入端并联。

3）CMOS 集成门电路在存放、组装和调试时，要有一定的防静电措施。

4）CMOS 集成门电路的输出端不允许与正电源或地短接，必须通过电阻与正电源或地连接。

5）要使用小于 20W 且有良好接地保护的电烙铁，禁止在电路通电情况下焊接；测试时，要使用有良好接地的仪表。

6）CMOS 集成门电路的输出端绝不能短路。

4. 常用的 CMOS 集成门电路

应用较多的 4000 系列集成门电路的型号及其功能见表 3-13。

表 3-13 常用的 4000 系列 CMOS 集成门电路

型　号	名　称	功　能
CC4082	4 输入双与门	$Y = ABCD$
CC4075	3 输入三或门	$Y = A + B + C$
CC4011	2 输入四与非门	$Y = \overline{AB}$
CC4002	4 输入双或非门	$Y = \overline{A + B + C + D}$
CC4069	六反相器	$Y = \overline{A}$
CC4085	2-2 输入双与或非门	$Y = \overline{AB + CD}$
CC4012	4 输入双与非门	$Y = \overline{ABCD}$
CC4070	四异或门	$Y = A \oplus B$
CC4071	2 输入四或门	$Y = A + B$
CC4072	4 输入双或门	$Y = A + B + C + D$

※活动实施步骤※

一、检测复合逻辑门电路

1. 74LS00 集成电路

使用电子实验箱和74LS00集成电路，搭接测试与非逻辑门电路，测试功能，74LS00集成电路引脚图如图3-37所示，测试接线如图3-38所示。完成任务单表3-10。

2. 74LS02集成电路

使用电子实验箱和74LS02集成电路，搭接测试或非逻辑门电路，测试功能，74LS02集成电路引脚图如图3-39所示，测试接线如图3-40所示。完成任务单表3-11。

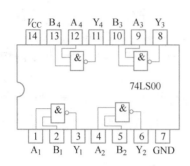

图3-37　74LS00集成电路引脚图

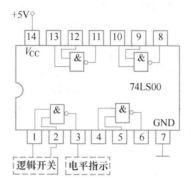

图3-38　74LS00集成电路功能测试接线图

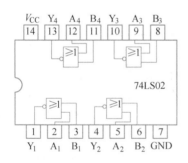

图3-39　74LS02集成电路引脚图

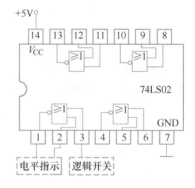

图3-40　74LS02集成电路功能测试接线图

3. 74LS86集成电路

使用电子实验箱和74LS86集成电路，搭接测试异或逻辑门电路，测试功能，74LS86集成电路引脚图如图3-41所示，测试接线如图3-42所示。完成任务单表3-12。

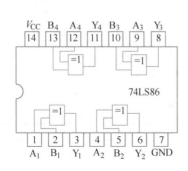

图3-41　74LS86集成电路引脚图

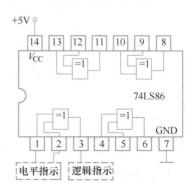

图3-42　74LS86集成电路功能测试接线图

二、评价方案

评价表见表 3-14。

表 3-14　复合逻辑门电路功能测试评价表

序号	评价内容	评价标准
1	集成电路的识别	正确识读集成电路型号、正确识别集成电路引脚功能
2	集成电路的测试	电源接法正确、正确搭接测试电路,输入/输出电平测量结果准确
3	安全规范操作	遵守安全规范操作规程,正确使用集成电路进行检测
4	5S 现场管理	现场做到整理、整顿、清扫、清洁、素养

※知识评价※

测 试 题

一、判断题

1. 在逻辑代数中,"1"比"0"大。　　　　　　　　　　　　　　　(　　)

2. 在数字电路中,高、低电平指的是一定的电压范围,而不是一个固定不变的数值。　　　　　　　　　　　　　　　　　　　　　　　　　　(　　)

3. 非门电路通常是多个输入端,一个输出端。　　　　　　　　　　(　　)

4. 异或门的逻辑功能是:有 1 出 1,全 0 出 0。　　　　　　　　　　(　　)

5. 在全部输入是 0 的情况下,"与非"运算的结果是逻辑 0。　　　　(　　)

6. TTL 集成门电路的电源电压一般为 5V,CMOS 集成门电路的电压为 3~18V。(　　)

7. 数字电路中机器识别和常用的数制是十进制。　　　　　　　　　(　　)

8. TTL 集成门电路多余输入端不能悬空,只能接地。　　　　　　　(　　)

9. 占空比的公式为 $D = \dfrac{t_w}{T}$,则周期 T 越大,占空比 D 越小。　　　(　　)

10. 任何一个逻辑表达式经化简后,其最简式一定是唯一的。　　　(　　)

二、填空题

1. 常见的脉冲信号有＿＿＿＿＿＿、＿＿＿＿＿＿、＿＿＿＿＿＿等。

2. 逻辑电路的两种逻辑体制中,正逻辑的高电平用＿＿＿＿表示,低电平用＿＿＿＿表示;负逻辑的高电平用＿＿＿＿表示,低电平用＿＿＿＿表示。

3. 在逻辑电路中,最基本的逻辑门是＿＿＿＿＿＿、＿＿＿＿＿＿和＿＿＿＿＿＿。

4. 常用数字集成电路系列有 ＿＿＿＿＿＿＿＿＿ 系列和 ＿＿＿＿＿＿＿＿＿ 系列。

5. 数字信号的特点是在 ＿＿＿＿＿＿＿＿ 上和 ＿＿＿＿＿＿＿＿ 上都是断续变化的，其高电平和低电平通常用 ＿＿＿＿＿＿＿ 和 ＿＿＿＿＿＿＿＿ 表示。它们只表示电路所处的 ＿＿＿＿＿＿＿ ，并不表示实际数值大小。

6. 完成下列数制转换：$(11010110)_2 = ($＿＿＿＿＿$)_{10}$；$(90)_{10} = ($＿＿＿＿＿$)_2$。

7. 逻辑函数 $Y = A + B + C$，若 $A = B = 0$、$C = 1$，则 $Y = $ ＿＿＿＿＿＿＿＿ 。

8. 8421 码是一种 ＿＿＿＿＿＿＿＿＿＿ 码，即从高位到低位的二进制数码的 ＿＿＿＿＿＿ ，分别是 ＿＿＿＿＿＿＿ 、 ＿＿＿＿＿＿＿ 、 ＿＿＿＿＿＿＿ 和 ＿＿＿＿＿＿＿ 。

9. 逻辑变量是一种二值变量，只能取值 ＿＿＿＿＿＿ 和 ＿＿＿＿＿ ，仅用来表示两种截然不同的状态。

10. CT74 标准系列属于 ＿＿＿＿＿＿＿ 数字集成电路，4000 系列属于 ＿＿＿＿＿＿＿ 数字集成电路。

三、选择题

1. 二进制数 11101 转换成十进制数为 （　　　）。

A. 29　　　　　　　B. 57　　　　　　　C. 4　　　　　　　D. 15

2. 下列属于数字信号的是 （　　　）。

A. 正弦波信号　　　　　　　　B. 时钟脉冲信号

C. 音频信号　　　　　　　　　D. 视频图像信号

3. 十进制数 25 用 8421 码表示为 （　　　）。

A. 10101　　　　　B. 100101　　　　　C. 100101　　　　　D. 00100101

4. 十进制数整数转换为二进制数一般采用 （　　　）。

A. 除 2 取余法　　　　　　　　B. 除 2 取整法

C. 除 10 取余法　　　　　　　 D. 除 10 取整法

5. 下列逻辑式中，正确的是 （　　　）。

A. $A + A = 0$　　　　　　　　B. $A + A = 1$

C. $A + A = A$　　　　　　　　D. $A + A = 2A$

四、简答题

1. 列出 $Y = AB + \overline{A}\,\overline{B}$ 的真值表。

2. 计算机室原只有一扇门 A，为了安全起见又外加了一扇防盗门 B，就进入计算机室这个事件 Y 来说，Y 与 A、B 的逻辑关系是什么？

3. 画出下列逻辑函数的逻辑图。

（1）$Y = \overline{AB} + A\overline{B}$　　　　　（2）$Y = AC + \overline{BD}\,\overline{(A + C)}$

※应知应会小结※

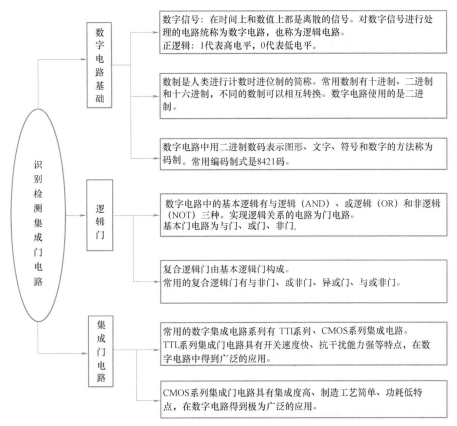

常用的 6 个逻辑门电路的符号、表达式、真值表和逻辑功能（见表 3-15）。

表 3-15 常用的 6 个逻辑门电路的符号、表达式、真值表和逻辑功能

名称	符号	表达式	真值表			逻辑功能
与门	A Y B	$Y = A \cdot B$ 或 $Y = AB$	A 0 0 1 1	B 0 1 0 1	Y 0 0 0 1	有 0 出 0，全 1 出 1
或门	A Y B	$Y = A + B$	A 0 0 1 1	B 0 1 0 1	Y 0 1 1 1	有 1 出 1，全 0 出 0
非门	A Y	$Y = \overline{A}$	A 0 1	Y 1 0		入 0 出 1，入 1 出 0

（续）

名称	符号	表达式	真值表			逻辑功能
与非门	A — & —○—Y B	$Y = \overline{AB}$	A B Y			有0出1，全1出0
			0 0 1			
			0 1 1			
			1 0 1			
			1 1 0			
或非门	A — ≥1 —○— B	$Y = \overline{A + B}$	A B Y			有1出0，全0出1
			0 0 1			
			0 1 0			
			1 0 0			
			1 1 0			
异或门	A — =1 —Y B	$Y = A \oplus B$	A B Y			入同出0，入异出1
			0 0 0			
			0 1 1			
			1 0 1			
			1 1 0			

※知识拓展※

拓展一　逻辑代数基础

逻辑代数不同于普通代数，它研究逻辑函数与逻辑变量之间的关系，是研究逻辑电路的数学工具，为分析和设计逻辑电路提供了理论基础。逻辑代数中的变量是二元常量，只有两个值，即0（逻辑0）和1（逻辑1），没有中间值；而且0和1不表示数量的大小，而是表示两种对立的逻辑状态。

1. 基本逻辑运算规则

常用的基本逻辑运算规则见表3-16。

表3-16　常用基本逻辑运算规则

0,1律	自等律	重叠律	互补律	还原律
$A \cdot 0 = 0$	$A \cdot 1 = A$	$A \cdot A = A$	$A \cdot \overline{A} = 0$	$\overline{\overline{A}} = A$
$A + 1 = 1$	$A + 0 = A$	$A + A = A$	$A + \overline{A} = 1$	

2. 逻辑代数的基本定律

（1）交换律：$A + B = B + A$；$A \cdot B = B \cdot A$

（2）结合律：$(A + B) + C = A + (B + C)$；$(A \cdot B) \cdot C = A \cdot (B \cdot C)$

（3）分配律：$A \cdot (B + C) = A \cdot B + A \cdot C$；$A + B \cdot C = (A + B) \cdot (A + C)$

（4）反演律（摩根定律）：$\overline{A + B} = \overline{A} \cdot \overline{B}$；$\overline{A \cdot B} = \overline{A} + \overline{B}$

（5）吸收律：$A + \overline{A}B = A + B$；$AB + A\overline{B} = A$；$A + AB = A$；$AB + \overline{A}C + BC = AB + \overline{A}C$

逻辑代数中的基本公式只反映了变量之间的逻辑关系，而不是数量关系。在运算中不能把初等代数的其他运算规律套用到逻辑代数中。例如，等式两边不允许移项，因为逻辑代数中没有减法和除法。

拓展二　逻辑函数化简

逻辑函数的化简，是指通过一定方法把逻辑表达式化为最简式。最简式首先必须是乘积项最少，其次在满足乘积项最少的条件下，每个乘积项中变量的个数为最少。化简常用的方法有逻辑代数法和卡诺图法，这里只介绍逻辑代数法。

1. 并项法

利用公式 $AB + A\overline{B} = A$ 将两个乘积项合并为一项，合并后消去一个互补的变量。

例如：$A\overline{B}C + AB\,\overline{C} = A\overline{B}(C + \overline{C}) = A\overline{B}$

2. 吸收法

利用公式 $A + AB = A$ 吸收多余的乘积项。

例如：$\overline{A}B + \overline{A}BC = \overline{A}B$

3. 消去法

利用公式 $A + \overline{A}B = A + B$ 消去多余的因子。

例如：$\overline{A} + AC + \overline{B}CD = \overline{A} + C + \overline{B}CD = \overline{A} + C + BD$

4. 配项法

利用公式 $A = A(B + \overline{B})$，可将某项拆成两项，然后再用上述其他方法进行化简。

例如：
$$Y = A\overline{B} + \overline{B}C + \overline{B}\,\overline{C} + AB$$
$$= A\overline{B}(C + \overline{C}) + (A + \overline{A})\overline{B}C + \overline{B}\,\overline{C} + AB$$
$$= A\overline{B}C + A\overline{B}\,\overline{C} + A\overline{B}C + \overline{A}\,\overline{B}C + \overline{B}\,\overline{C} + AB$$
$$= \overline{B}C + A\overline{B} + AC(B + \overline{B})$$
$$= \overline{B}C + AC + A\overline{B}$$

如果采用 $(A + \overline{A})$ 去乘 $\overline{B}C$、用 $(C + \overline{C})$ 去乘 AB，然后化简，则得 $Y = A\overline{B} + \overline{B}C + A\overline{C}$。

可见，经逻辑代数法化简得到的最简式，有时不是唯一的，实际解题时往往遇到比较复杂的逻辑函数，因此必须综合运用基本公式和常用公式，才能得到最简结果。逻辑表达式越简单，与之对应的电路也必然越简单。

任务二　识读数字钟电路图

※任务描述※

数字钟电路主要由计数器、译码器、显示器等部分组成，本任务以识读数字钟电路图为主，了解译码器、触发器、计数器的知识。通过学习本任务，使学生能识别常用的集成译码器、触发器和计数器的引脚，学会测试常用的集成译码器、触发器和计数器的功能，掌握译码器、触发器和计数器的逻辑功能，培养学生严谨认真的工作作风，建立团队合作、整理整洁的意识。

※任务目标※

知识目标：

1. 理解译码器的功能，了解译码器的类型，掌握半导体七段显示数码管的使用方法。

2. 掌握 RS 触发器、JK 触发器和 D 触发器的逻辑功能。

3. 了解计数器的概念和类型。

4. 掌握二进制计数器电路的组成及分析方法。

5. 掌握集成十进制计数器的功能及应用。

6. 了解寄存器、编码器的功能和分类。

能力目标：

1. 熟悉常用集成译码器的引脚功能。

2. 会识别 RS 触发器、JK 触发器和 D 触发器的符号。

3. 会识读集成 JK 触发器和 D 触发器的引脚并会测试其逻辑功能。

4. 会连线测试计数器的功能。

5. 能够根据需要查阅集成电路手册，选择合适型号的集成电路。

素质目标：

1. 培养学生规范使用仪器设备、规范操作习惯。

2. 养成遵守劳动纪律，安全操作的意识。

3. 养成工作整洁、有序、爱护仪器设备的良好习惯。

※任务实施※

活动一 认识译码器

※应知应会※

1. 了解组合逻辑电路定义和特点。

2. 掌握组合逻辑电路分析和设计的方法和步骤。

3. 掌握译码器的基本功能和定义，了解译码器的分类。

4. 了解数码显示管的基本结构，理解显示译码器的工作原理。

5. 会识读典型集成译码器电路的引脚。

6. 会测试数码管显示电路的功能。

※工作准备※

设备与材料： 电子实验箱一台、导线若干、译码器 74LS47、七段数码管（见图 3-43）。

图 3-43 设备与材料

※知识链接※

一、组合逻辑电路

1. 组合逻辑电路概述

 看一看：生活中常见的组合电路应用装置。

逻辑门电路虽能解决一些逻辑问题，但在实际应用中，往往还需要将若干个门电路组合起来，实现更复杂的逻辑功能。图 3-44 所示是生活中常见的数字电路实际装置。

a)　　　　　　　　　　　　　b)　　　　　　　　　c)

图 3-44　生活中常见的组合电路应用装置

a）智力抢答器　b）表决器　c）交通信号灯

 读一读：组合逻辑电路的定义、功能、分类、分析和设计方法。

数字逻辑电路按其逻辑功能和结构特点分为两大类。一类是组合逻辑电路，该电路的输出状态仅取决于该时刻的输入状态，而与电路原来的状态无关，是无记忆功能的电路；另一类是时序逻辑电路，这类电路的输出状态不仅与输入状态有关，还与电路原来的状态有关系，具有记忆功能。

组合逻辑电路是由与门、或门、与非门、或非门等逻辑门电路组合而成，不具有记忆功能的电路。电路任何时刻的输出状态直接由当时的输入状态决定，输入状态消失，则相应的输出状态立即消失，即无记忆功能。组合逻辑电路可有多个输入端和多个输出端，常见的有编码器、译码器、加法器、数值比较器、数据选择器和数据分配器等。这些常用的组合逻辑电路，中、小规模集成电路都已有现成的产品，因能完成相对独立的逻辑功能，故称为逻辑部件或功能模块，使用时可根据逻辑功能直接选用。

（1）编码器　编码器是将若干信息（例如十进制数、文字、符号等）转换为若干二进制码。这个过程为编码。计算机键盘输入的各种信息就是由编码器转为数字电路能识别的二进制码。常见的有二进制编码、二-十进制编码、优先编码器等。常用集成电路有8421 优先编码器 74LS147 等。

— 169 —

（2）译码器　译码器是将某种代码翻译成相应的输出信号，有通用译码器和显示译码器两大类，通用译码器又分为二进制译码器、二-十进制译码器。常用集成电路有 3 线-8 线二进制译码器 74LS138、七段显示译码器 CT5449 等。

（3）加法器　加法器是可进行二进制数加法运算的电路，分为半加器和全加器，半加器是不考虑低位进位的加法电路，全加器是考虑低位进位的加法电路。

（4）数值比较器　数值比较器是比较 A、B 两个二进制数据大小的电路。

（5）数据选择器　数据选择器是在多路数据传送中，能根据需要选出任意一路数据的电路。常用八选一集成电路 74HC151。

（6）数据分配器　数据分配器是将输入的数据传送到多个输出端的任意一个输出端的电路。常用双四路数据分配器 74HC139。

2. 组合逻辑电路的分析

组合逻辑电路的分析是根据已知组合逻辑电路，分析其实现的逻辑功能。一般按以下步骤进行：

1）根据所给的逻辑电路图，逐级推导出逻辑表达式。

2）对逻辑表达式进行化简，得到最简式。

3）根据最简式列出真值表。

4）根据真值表，分析、确定电路的逻辑功能。

上述组合逻辑电路的分析过程如图 3-45 所示。

图 3-45　组合逻辑电路的分析过程

在实际工作中，可以用实验的方法测出输出与输入逻辑状态的对应关系，从而确定电路的逻辑功能。

【例 3-7】　根据图 3-46 所示逻辑电路，写出该电路的逻辑表达式、真值表，并分析其逻辑功能。

解：（1）根据所给的逻辑电路图，写出输出逻辑表达式。

G_1 门：$Y_1 = \bar{B}$

G_2 门：$Y_2 = \bar{A}$

G_3 门：$Y_3 = A\bar{B}$

G_4 门：$Y_4 = B\bar{A}$

G_5 门：$Y = A\bar{B} + B\bar{A}$

（2）对逻辑表达式进行化简，得到最简式。

因 $Y = A\bar{B} + B\bar{A}$ 已是最简式，不需化简。

（3）由最简式列出真值表，见表 3-17。

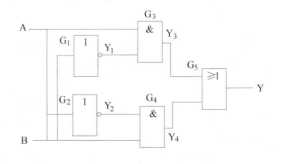

图 3-46　逻辑电路

表 3-17　例 3-7 真值表

A	B	Y
0	0	0
0	1	1
1	0	1
1	1	0

（4）根据真值表分析，确定电路的逻辑功能。

由真值表可以看出：当输入变量 A、B 不同时，电路的输出为 1；当 A 和 B 同为 1 或同为 0 时，电路的输出为 0。这种逻辑关系称为异或逻辑关系，其电路称为异或门电路。

3. 组合逻辑电路的设计

组合逻辑电路的设计，就是根据实际的逻辑功能要求，设计一个能实现该功能的电路，其过程是组合逻辑电路分析的逆过程。其步骤是：

1）根据要求实现的逻辑功能，列出真值表。

2）由真值表写出逻辑表达式。

3）化简逻辑表达式。

4）根据化简后的最简式画出逻辑电路图。

上述组合逻辑电路的设计过程如图 3-47 所示。

图 3-47　组合逻辑电路的设计过程

【例 3-8】　某举重馆需设计一个裁判判定装置。其要求是：

（1）三名裁判各有一个表决器的按钮；

（2）三人中多数人判定运动员举重成功，结果才有效；

（3）用与非门实现。

三名裁判分别用 A、B、C 表示，认为举重成功，取值为 1，否则为 0。最终裁判的结果用 Y 表示，取值为 0 表示举重失败。

解：（1）根据要求列出真值表，见表 3-18。

表 3-18　例 3-8 真值表

A	B	C	Y	A	B	C	Y
0	0	0	0	1	0	0	0
0	0	1	0	1	0	1	1
0	1	0	0	1	1	0	1
0	1	1	1	1	1	1	1

（2）根据真值表写出输出逻辑表达式：

$$Y = \overline{A}BC + A\overline{B}C + AB\overline{C} + ABC$$

（3）表达式化简：

$$Y = BC(\overline{A} + A) + A\overline{B}C + AB\overline{C}$$
$$= BC + A\overline{B}C + AB\overline{C}$$

$$= C(B + A\overline{B}) + AB\overline{C}$$
$$= C(A + B) + AB\overline{C}$$
$$= AC + BC + AB\overline{C}$$
$$= AC + B(C + A\overline{C})$$
$$= AC + B(C + A)$$
$$= AC + BC + AB$$
$$= \overline{\overline{AC} \cdot \overline{BC} \cdot \overline{AB}}$$

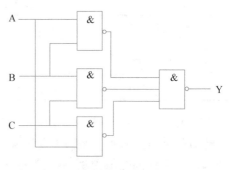

（4）根据最简式画出逻辑电路，如图 3-48 所示。

图 3-48　例 3-8 逻辑电路图

二、译码器

 读一读：译码器的定义、功能、分类。

译码器是将具有特定含义的二进制代码"翻译"成相应输出信号的逻辑器件。译码和编码互为逆过程。目前，译码器主要由集成门电路构成，它有多个输入端和输出端。对应输入信号的任一状态，一般仅有一个输出状态有效，而其他的输出状态均无效。译码器按其功能特点分为两大类，即通用译码器和显示译码器。通用译码器又分为二进制译码器、二-十进制译码器。

1. 通用译码器

（1）二进制译码器　二进制译码器是将二进制代码的各种状态，按其原意"翻译"成对应的输出信号的电路。n 位二进制代码有 2^n 个取值组合，对应的输出信号就有 2^n 个。

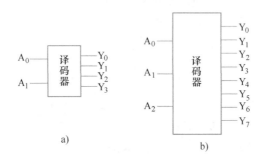

图 3-49　译码器

a) 2 线-4 线译码器　b) 3 线-8 线译码器

图 3-49 所示为 2 线-4 线译码器与 3 线-8 线译码器示意图。实际使用中，集成二进制译码器的型号和种类有很多，如 2 线-4 线译码器：74LS139、CC4556、CC4555 等；3 线-8 线译码器：74LS137、74LS138、74LS231 等；4 线-16 线译码器：CC4514、LS154、CC4515。表 3-19 为常用的集成的 2 线-4 线译码器 74LS139 的真值表。

表 3-19　74LS139 译码器真值表

$\overline{S}$	A_1	A_0	$\overline{Y_0}$	$\overline{Y_1}$	$\overline{Y_2}$	$\overline{Y_3}$
1	×	×	1	1	1	1
0	0	0	0	1	1	1

$\overline{S}$	A_1	A_0	$\overline{Y_0}$	$\overline{Y_1}$	$\overline{Y_2}$	$\overline{Y_3}$
0	0	1	1	0	1	1
0	1	0	1	1	0	1
0	1	1	1	1	1	0

由表 3-19 可见：

1）74LS139 译码器具有使能控制端 $\overline{S}$，用于控制译码器选通和禁止。S 上的非号 "‾" 表示低电平为有效选通电平。只有当 $\overline{S}=0$ 时才有信号输出。

2）74LS139 译码器没有信号输出时，所有输出端都是高电平 1。当译码器被选通时，有一个输出端为低电平 0，其余输出端为高电平 1。例如当 $A_1A_0=00$ 时，输出端 $\overline{Y_0}$ 为低电平 0，其余输出端为高电平 1；又如 $A_1A_0=01$ 时，输出端 $\overline{Y_1}$ 为低电平 0，其余输出端为高电平 1；以此类推。由此可见，输出端为低电平 0 的是有信号输出端，为高电平 1 的是没有信号输出端，这称为低电平译出。

（2）二-十进制译码器　二-十进制译码器输入的是 4 位 8421 码，输出的是代表十进制数的信号。

常用的二-十进制译码器集成芯片有 74LS42 等。图 3-50 所示为 74LS42 译码器的引脚排列图和逻辑电路图。

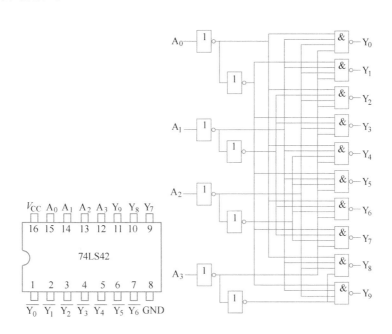

图 3-50　74LS42 译码器引脚排列图和逻辑电路图

a）引脚排列图　b）逻辑电路图

当 $A_3A_2A_1A_0=0000$ 时，只有 $\overline{Y_0}$ 为 0，其余输出端都是 1；当 $A_3A_2A_1A_0=0001$ 时，只有 $\overline{Y_1}$ 为 0，其余输出端都是 1；以此类推，可见这是低电平译出，10 种输出代表 10 个数字，是将 8421 码译为十进制数。

2. 显示译码器

 看一看：显示译码器的类型及特点。

在数字系统的某些终端，往往需要将测量数据和运算结果用十进制显示出来，显示译码电路的功能是将输入的 BCD 码（4 位二进制代码）译成能用于显示的十进制数信号，并驱动显示器件显示出来。实现此功能的电路称为显示译码器。显示译码电路通常由译码器、驱动器和显示器件三部分组成。

在数码显示器件中，七段显示器应用最广泛，它将 0 ~ 9 的 10 个数码通过七段笔画亮灭的不同组合来实现。七段显示器的笔画排列及亮灭组成的数码如图 3-51 所示。

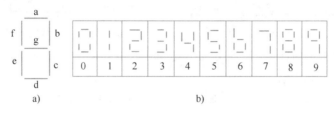

图 3-51　七段显示器及显示的数字

a）七段显示器　b）显示的数字

（1）数码显示器　常用的七段显示器有荧光数码管、半导体数码管和液晶显示器三种。

1）荧光数码管。荧光数码管是一种分段式真空显示器件，由阴极、栅极和 7 个独立的阳极（a、b、c、d、e、f、g）构成。荧光数码管每一段发光所需的阳极电压为 20V 左右，而七段显示译码器输出的高电平只有 3.6 V 左右，不足以使它发荧光。因此，应在荧光数码管每段阳极与每段译码器输出之间加一驱动电路，以实现电平转换。荧光数码管所配的七段显示译码器要求是低电平译出。

荧光数码管的主要优点是驱动电流小，字形清晰，工作电压也不高；缺点是需要灯丝加热，消耗功率大，灯丝易老化等。

2）半导体数码管。半导体数码管是由七段发光二极管（LED）封装而成的，排列成"日"字形，如图 3-52 所示。其外形如图 3-53 所示。发光二极管受正向电压而导通时便发出光。工作过程中，不同段加正向电压，点亮发光二极管，就显示出不同字形。例如，a、b、g、e、d 段亮，显示出 2；f、g、b、c 段亮，显示出 4。

图 3-52　半导体数码管

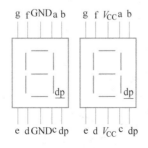  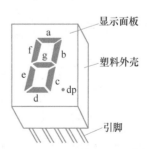

图 3-53　半导体数码管及其外形图

174

半导体数码管各引脚的功能如下：

① a、b、c、d、e、f、g：字形七段输入端。

② V_{cc}：电源。

③ GND：接地端。

④ dp：小数点输入端。

半导体数码管中的发光二极管有共阳极和共阴极两种接法，如图 3-54 所示。共阳极 LED 是将所有发光二极管的阳极连在一起接高电平（+5V），如图 3-54a 所示。而阴极串联限流电阻 R 接在七段译码器的输出端。共阳极 LED 所接的译码器要求是低电平译出的。共阴极半导体数码管是将所有发光二极管的阴极连在一起接地，如图 3-54b 所示。而阳极串联限流电阻 R 接在译码器的输出端。共阴极半导体数码管所接的译码器要求是高电平译出的。

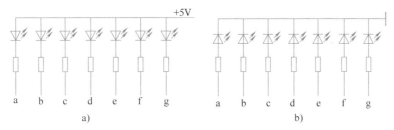

图 3-54　共阳极接法和共阴极接法

a）共阳极接法　b）共阴极接法

半导体数码管的特点是显示清晰，工作电压低（1.5~3V），工作电流小（在几毫安与十几毫安之间），寿命长（>1000h），响应速度快（1~100ns），颜色丰富，工作可靠。

3）液晶显示器。液晶显示器简称 LCD，是利用液晶材料的电光效应制作的数字显示器。液晶显示器具有工艺简单、结构紧凑、形体薄、功耗低等优点，由于它本身不能发光，所以是一种被动显示器。

（2）显示译码器　七段显示译码器的示意图如图 3-55 所示。七段显示译码器输入的是 4 位二进制代码，输出的是 a、b、c、d、e、f、g 7 个信号，以此驱动显示器件显示出数字 0~9。

集成显示译码器种类繁多，其中最常用的是驱动发光二极管显示器的 74LS247 和 74LS248。74LS247 输出低电平有效，OC 门输出，无上拉电阻，可驱动共阳极数码管；74LS248 输出高电平有效，有上拉电阻，可驱动共阴极数码管。其原理框图如图 3-56 所示。

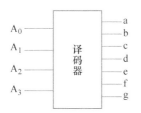

图 3-55　七段显示译码器示意图

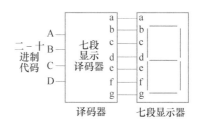

图 3-56　显示译码器原理框图

当 $A_3A_2A_1A_0 = 0000$ 时，a、b、c、d、e、f 为 1，g 为 0，显示 0；当 $A_3A_2A_1A_0 = 0001$ 时，b、c 为 1，其余为 0，显示 1；其余以此类推。

驱动共阴极数码管的七段显示译码器输入/输出真值表见表3-20。

表3-20　七段显示译码器输入/输出真值表（驱动共阴极数码管）

输入 BCD 码				输　　出							显示数字
A_3	A_2	A_1	A_0	a	b	c	d	e	f	g	
0	0	0	0	1	1	1	1	1	1	0	0
0	0	0	1	0	1	1	0	0	0	0	1
0	0	1	0	1	1	0	1	1	0	1	2
0	0	1	1	1	1	1	1	0	0	1	3
0	1	0	0	0	1	1	0	0	1	1	4
0	1	0	1	1	0	1	1	0	1	1	5
0	1	1	0	1	0	1	1	1	1	0	6
0	1	1	1	1	1	1	0	0	0	0	7
1	0	0	0	1	1	1	1	1	1	1	8
1	0	0	1	1	1	1	1	0	1	1	9

集成显示译码器又增加了很多功能，图 3-57 所示为 74LS247 的引脚排列图和逻辑符号。

$A_3 \sim A_0$ 是 8421 码输入端，高电平有效，$a \sim g$ 是七段显示译码器的输出端，低电平有效，可驱动共阳极半导体数码管。另外，还有三个控制端，其作用如下：

1）试灯端$\overline{LT}$：用来测试数码管的好坏。

当$\overline{LT} = 0$、$\overline{BI} = 1$ 时，不论 $A_3 \sim A_0$ 状态如何，$\bar{a} \sim \bar{g}$ 均为"0"，数码管七段全亮，显示 8，说明数码管能正常工作；当$\overline{LT} = 1$ 时，电路正常显示。

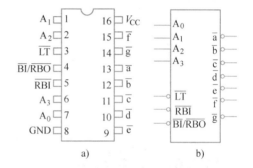

图 3-57　显示译码器 74LS247
a) 引脚排列　b) 逻辑符号

2）灭灯输入/灭零输出端：$\overline{BI}/\overline{RBO}$。

利用BI端可控制数码管按照需要进行工作或灭灯。

当$\overline{BI} = 0$ 时，无论其他输入端为何值，所有输出端 $\bar{a} \sim \bar{g}$ 均为"1"，七段全灭；当$\overline{BI} = 1$、$\overline{LT} = 1$ 时，电路正常显示。若用一串间歇脉冲信号由BI输入端送入，且与输入数码同步，则所显示的数字可间歇地闪烁。利用RBO端可将多位显示中的无用零熄灭，既方便读取结果，又减少电源消耗。

当$\overline{LT} = 1$、$\overline{RBI} = 0$、$\overline{RBO} = 0$，且 $A_3 A_2 A_1 A_0 = 0000$ 时，所有输出端 $\bar{a} \sim \bar{g}$ 均为"1"，七段全灭。

3）灭零输入端：$\overline{RBI}$。

利用RBI端可将数码管显示的零去掉。当$\overline{RBI} = 0$，且 $A_3 A_2 A_1 A_0 = 0000$ 时，七段输出均为"1"，显示器不显示数字0；当 $A_3 A_2 A_1 A_0$ 为其他值时，显示器均能正常显示对应的数字。

※活动实施步骤※

一、测试七段显示译码器

1. 识别并检测半导体数码管，完成任务单表 3-16。

2. 搭接测试七段显示译码器电路，并测试功能，完成任务单表 3-17。

二、评价方案

评价表见表 3-21。

表 3-21　七段显示译码器测试评价表

序号	评 价 内 容	评 价 标 准
1	半导体数码管的识别	正确识读半导体数码管各段
2	电路连接	接线正确，熟练完成
3	七段显示译码器功能测试	七段显示译码器功能正确实现，测试方法正确
4	安全规范操作	遵守安全规范操作规程，爱护仪器设备
5	5S 现场管理	现场做到整理、整顿、清扫、清洁、素养

活动二　认识触发器

※应知应会※

1. 了解触发器的概念、功能、特点和类型。
2. 掌握常用的 RS 触发器、JK 触发器、D 触发器的符号和逻辑功能。
3. 了解触发器的几种常用的触发方式及特点。
4. 会识读集成 JK 触发器、D 触发器引脚，了解应用常识。
5. 会搭接 JK 触发器、D 触发器的逻辑功能测试电路，会检测触发器的逻辑功能。

※工作准备※

设备与材料： 电子实验箱，导线若干，集成电路 74LS74、74LS76（见图 3-58）。

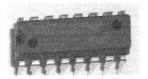 

图 3-58　集成电路

※知识链接※

一、RS 触发器

 看一看　生活中常见触发器的应用。

图 3-59 所示是常用的数码电子产品，移动 U 盘、MP4、摄像机，它们内部都有存储

— 177 —

信息的存储卡。存储卡内部的部件是由称为触发器的单元电路构成的。

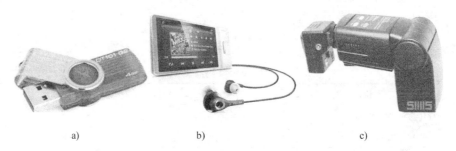

图 3-59　触发器的应用举例

a）移动 U 盘　b）MP4　c）摄像机

　读一读：触发器的定义、功能、分类。

在数字电路中，不仅需要对数字信号进行各种运算或处理，而且还经常要求将这些数字信号或运算结果保存起来，这就要求数字电路具有记忆功能。时序逻辑电路简称为时序电路，它由逻辑门电路和触发器组成，是一种具有记忆功能的逻辑电路。而构成时序逻辑电路的基本存储单元就是触发器。

触发器是具有记忆和存储功能的基本逻辑单元，有两个稳定状态，一个是 0 态，另一个是 1 态，一个触发器可以记忆一位二进制数。无触发信号时，触发器维持原态，如果外加合适的触发信号，触发器的状态可以在 0 态和 1 态之间相互转换。按触发器的结构形式来分，可分为两大类：一类是基本触发器，另一类是时钟控制触发器。按逻辑功能划分，又可分为 RS 触发器、JK 触发器、D 触发器和 T 触发器等。

1. 基本 RS 触发器

基本 RS 触发器是构成各种触发器的基础，它不受时钟脉冲 CP 控制。图 3-60a 所示是基本 RS 触发器的逻辑电路；图 3-60b 所示是用 2 输入四与非门 CD4011 连接而成的基本 RS 触发器；图 3-60c 所示为逻辑符号图。

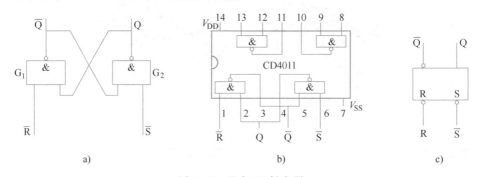

图 3-60　基本 RS 触发器

a）逻辑电路　b）基本 RS 触发器连接图　c）逻辑符号

基本 RS 触发器电路由两个与非门输入、输出端交叉相连组成，如图 3-60a 所示。其中 $\overline{R}$、$\overline{S}$ 是触发器两个输入端，$\overline{R}$ 端为置 0 端或称为复位端，$\overline{S}$ 为置 1 端，"‾" 表示低电平触发有效（与逻辑符号中输入端带小圆圈表示的意义相同）；Q、$\overline{Q}$ 是触发器的两个输出端，输出状态是互补关系。规定 Q 端状态为触发器的状态，即当 $Q=0$，$\overline{Q}=1$ 时，触发器为 0 态；当 $Q=1$，$\overline{Q}=0$ 时，触发器为 1 态。基本 RS 触发器的逻辑功能表见表 3-22。

表 3-22　基本 RS 触发器的逻辑功能表

$\overline{R}$	$\overline{S}$	Q^{n+1}	逻辑功能
1	1	Q^n	保持
0	1	0	置 0
1	0	1	置 1
0	0	不定	不允许

Q^n 称为现态，是触发信号未加入时的状态，即电路原来的状态；Q^{n+1} 称为次态，是触发信号加入后的状态。

2. 同步 RS 触发器

在实际的数字系统中，往往包含多个触发器，通常由时钟脉冲 CP 来控制触发器在统一的信号控制下协调地工作，即在时钟脉冲到来时输入触发信号才起作用。由时钟脉冲控制的 RS 触发器称为同步 RS 触发器，也称为时钟控制 RS 触发器。

（1）电路结构　如图 3-61a 所示，在基本 RS 触发器的基础上增加两个与非门构成。$\overline{R}_D$、$\overline{S}_D$ 不受时钟脉冲控制，可以直接置 0、置 1，所以。$\overline{R}_D$ 称为直接置 0 端或称异步置 0 端，$\overline{S}_D$ 称为直接置 1 端或称异步置 1 端。图 3-61b 所示为同步 RS 触发器的逻辑符号。

（2）工作原理

1）$CP=0$，即无时钟脉冲作用时，G_3、G_4 门被封锁，输入信号 R、S 不起作用，触发器维持原状态。

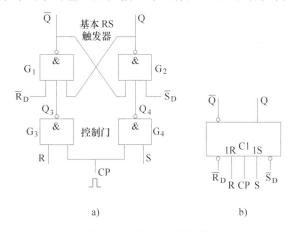

图 3-61　同步 RS 触发器
a）逻辑电路　b）逻辑符号

2）$CP=1$，即有时钟脉冲作用时，G_3、G_4 门被打开，输入信号 R、S 分别通过 G_3、G_4 加在基本 RS 触发器的输入端，从而使触发器翻转。

表 3-23 为同步 RS 触发器的逻辑功能表。

表 3-23　同步 RS 触发器的逻辑功能表

CP	R	S	Q^{n+1}	逻辑功能
0	×	×	Q^n	保持
1	0	0	Q^n	保持
1	0	1	1	置 1
1	1	0	0	置 0
1	1	1	不定	不允许

注："×"表示任意状态，Q^n 为现态，Q^{n+1} 为次态。

【例 3-9】　由图 3-62 中的 R、S 信号波形，画出同步 RS 触发器的 Q 和 $\overline{Q}$ 的波形。

解：设 RS 触发器的初态为 0，当时钟脉冲 $CP=0$ 时，触发器不受 R、S 端信号控制，保持原态不变；在 CP = 1 期间，Q 随 R、S 端信号变化。根据表 3-23 可画出 Q 和 $\overline{Q}$ 的波形。

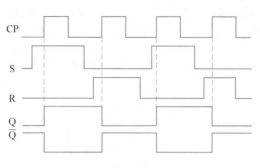

输出波形绘制要点：确定 Q 初态，一般以 0 为初态；确定 CP 的触发方式，引虚线；根据触发器功能表，逐步绘出。

图 3-62　例 3-9 图

二、触发器常用的几种触发方式

 读一读：触发器常用的几种触发方式及特点。

根据时钟脉冲触发方式的不同，触发器的触发方式可分为同步触发、边沿触发（上升沿触发、下降沿触发）和主从触发等。

1. 同步触发

触发器翻转在 CP 的高电平或低电平期间进行，称为同步触发。一般为高电平触发，同步 RS 触发器就是高电平触发，即 CP = 1 时触发。

2. 边沿触发

触发器的翻转在 CP 的上升沿或 CP 的下降沿时刻进行，称为边沿触发。触发波形如图 3-63、图 3-64 所示。

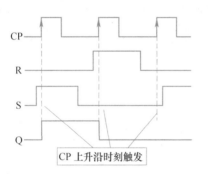

图 3-63　上升沿触发 RS 触发器

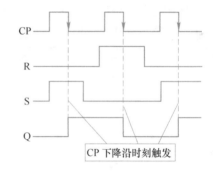

图 3-64　下升沿触发 RS 触发器

不同触发方式的触发器，其 CP 端都用特定符号加以区别，CP 端有"。"的表示触发器采用下降沿触发，没有"。"的表示采用的是上升沿触发，CP 端的符号">"表示采用的是边沿触发。不同触发方式的 RS 触发器符号见表 3-24。

表 3-24　不同触发方式的 RS 触发器符号

触发器类型	同步触发	上升沿触发	下降沿触发
逻辑符号			

同步 RS 触发器在 CP 高电平期间，若 R、S 的状态连续变化，则触发器的状态会产生翻转两次以上的现象，称为空翻。上升沿触发或下降沿触发 RS 触发器只在时钟脉冲上升

沿或下降沿时刻根据输入信号翻转。可以保证一个 CP 周期内触发器只动作一次，使触发器的翻转次数与时钟脉冲数相等，可以克服空翻现象及克服输入端干扰信号引起的误翻转。

三、JK 触发器

读一读：JK 触发器的符号和逻辑功能。

RS 触发器存在不确定状态，为了避免不确定状态，在同步 RS 触发器的基础上发展了几种不同逻辑功能的触发器，常用的有 JK、D 和 T 触发器。JK、D 和 T 触发器均为无空翻触发器。

1. JK 触发器的符号

JK 触发器是由两个同步 RS 触发器构成，逻辑符号如图 3-65 所示，触发方式有上升沿与下降沿触发，不同触发方式的 JK 触发器的逻辑功能相同，逻辑功能取决于 J、K 输入端。

图中，$\overline{R_D}$ 是直接置 0 端，$\overline{S_D}$ 直接置 1 端，低电平有效，即用低电平对触发器直接置 0 或直接置 1。

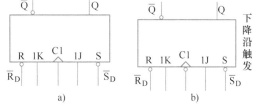

图 3-65　JK 触发器的逻辑符号

a）上升沿触发　b）下降沿触发

2. 逻辑功能

JK 触发器不仅可以避免不确定状态，还增加了翻转功能，是功能最多的触发器，又称全能触发器。JK 触发器的逻辑功能见表 3-25。

表 3-25　JK 触发器的逻辑功能表

J	K	Q^{n+1}	逻辑功能
0	0	Q^n	保持
0	1	0	置 0
1	0	1	置 1
1	1	$\overline{Q^n}$	翻转

【例 3-10】　图 3-66 所示为下降沿触发的 JK 触发器的输入波形，设初态为 0，画出输出端 Q 及 $\overline{Q}$ 的波形。

解：

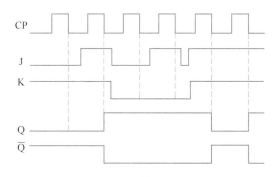

图 3-66　例 3-10 图

四、 D 触发器

读一读：D 触发器的符号和逻辑功能。

1. 逻辑电路及符号

D 触发器是由 JK 触发器演变而来，如图 3-67a 所示，JK 触发器的 K 端串接一个非门后与 J 端相连，作为输入端 D，即成 D 触发器，逻辑符号如图 3-67b 所示。

图中，$\overline{R_D}$ 是直接置 0 端，$\overline{S_D}$ 直接置 1 端，即用低电平可对触发器直接置 0 或直接置 1，D 是触发信号输入端。常用集成 D 触发器的触发方式是上升沿触发，例如 74LS74 集成 D 触发器等。

2. 逻辑功能

D 触发器的逻辑功能见表 3-26。在 CP 边沿作用下 D 触发器的输出状态与输入端 D 的状态一样。

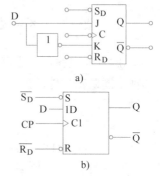

图 3-67　D 触发器的构成及逻辑符号

表 3-26　D 触发器的逻辑功能表

D	Q^{n+1}	逻辑功能
0	0	置 0
1	1	置 1

【例 3-11】　图 3-68 所示为上升沿触发的 D 触发器的输入波形，设初态为 0，画出输出端 Q 及 $\overline{Q}$ 的波形。

解：

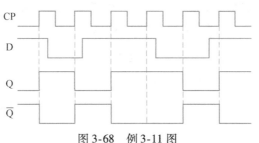

图 3-68　例 3-11 图

※活动实施步骤※

一、识别集成触发器

1. 识别集成 JK 触发器引脚
集成 JK 触发器 74LS76 的内部结构和引脚排列如图 3-69 所示。
2. 识别集成 D 触发器引脚
集成 D 触发器 74LS74 的内部结构和引脚排列如图 3-70 所示。

二、测试集成触发器功能

1. 搭接集成 JK 触发器 74LS76 测试电路，并测试功能，并完成任务单表 3-19 和表 3-20。

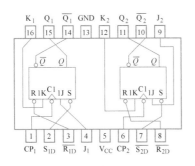

图 3-69　74LS76 内部结构和引脚排列图

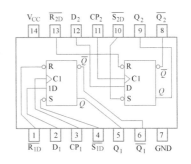

图 3-70　74LS74 内部结构和引脚排列图

2. 搭接集成 D 触发器 74LS74 测试电路，并测试功能，并完成任务单表 3-21 和表 3-22。

三、评价方案

评价表见表 3-27。

表 3-27　集成触发器功能测试评价表

序号	评 价 内 容	评 价 标 准
1	集成触发器的识别	正确识读集成触发器型号，正确识别集成触发器引脚功能
2	电路安装	电源接法正确，接线正确
3	触发器功能测试	触发器逻辑功能验证方法正确，功能实现正确
4	安全规范操作	遵守安全规范操作规程，爱护仪器设备
5	5S 现场管理	现场做到整理、整顿、清扫、清洁、素养

活动三　识读绘制计数器

※应知应会※

1. 了解计数器的概念、功能、类型和应用。
2. 了解典型的二进制计数器的结构和工作过程。
3. 会识读典型的集成计数器的引脚功能。
4. 会搭接集成计数器逻辑功能测试电路，会检测计数器的逻辑功能。
5. 会绘制集成计数器构成其他进制计数器的电路，并能搭接功能测试电路。

※工作准备※

　　设备与材料：电子实验箱，导线若干，集成电路 74LS160、74LS104、74LS00、74LS10 各一块（见图 3-71）。

图 3-71　集成电路

※知识链接※

一、二进制计数器

 读一读：时序逻辑电路的定义、特点及类型；计数器的定义、功能、分类；二进制计数器。

1. 时序逻辑电路概述

数字电路按逻辑功能分为组合逻辑电路和时序逻辑电路。组合逻辑电路由门电路组成，无记忆功能；时序逻辑电路简称时序电路，由触发器和门电路组成，具有记忆功能。时序逻辑电路的特点是：电路的输出状态不仅取决于电路当时的输入状态，还与电路原来的状态有关。

时序逻辑电路可分为同步时序逻辑电路和异步时序逻辑电路两大类。同步时序逻辑电路中各个触发器都受同一时钟脉冲控制，所有的触发器的时钟端连在同一个时钟脉冲上，即各个触发器状态的转换在同一时刻发生；异步时序逻辑电路中所有触发器没有统一的时钟脉冲控制，即各个触发器状态的转换不发生在同一时刻。

数字系统中常用的时序逻辑电路有计数器、寄存器等。

2. 计数器概念

能统计输入脉冲个数的电路称为计数器。常用来计算输入脉冲个数，对数字量进行测量、运算和控制。在计算机和数字系统中普遍采用的是集成计数器。

计数器的分类方法：

（1）按状态转换时刻　可分为同步计数器和异步计数器。同步计数器中所有触发器受同一时钟脉冲控制，各触发器的翻转是同步的；异步计数器中，有的触发器受 CP 脉冲控制，有的触发器的时钟脉冲是其他触发器的输出信号。

（2）按计数数制不同　可分为二进制计数器、十进制计数器、N 进制计数器。

（3）按计数过程中数值增减情况　可分为加法、减法和可逆计数器。随着计数脉冲的输入做递增计数的称加法计数器；随着计数脉冲的输入做递减计数的称减法计数器；而既可增又可减的称可逆计数器或双向计数器。

3. 异步二进制计数器

图 3-72 所示为异步 3 位二进制加法计数器的电路组成。它由 3 个 JK 触发器组成，且低位 FF_0 的输出 Q 接高位 FF_1 的 CP 端，由低位到高位依次相连。

3 个触发器的 J、K 端均悬空，相当于 J = K = 1，均具有翻转功能。FF_0 在计数脉冲

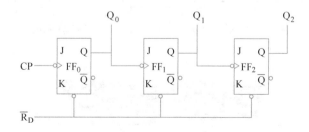

图 3-72　异步 3 位二进制加法计数器

CP 下降沿翻转；FF_1 在 FF_0 的 Q_0 由 1 变 0 时翻转；FF_2 在 FF_1 的 Q_1 由 1 变 0 时翻转。时序图如图 3-73 所示。表 3-28 为状态转换表。

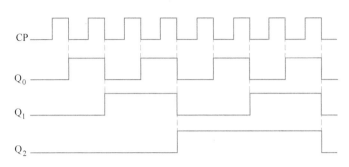

图 3-73　时序图

表 3-28　状态转换表

计数脉冲 CP	Q_2^{n+1}	Q_1^{n+1}	Q_0^{n+1}	计数脉冲 CP	Q_2^{n+1}	Q_1^{n+1}	Q_0^{n+1}
0	0	0	0	5	1	0	1
1	0	0	1	6	1	1	0
2	0	1	0	7	1	1	1
3	0	1	1	8	0	0	0
4	1	0	0				

从时序图看出各个触发器的 CP 信号不同，该计数器为异步计数器；从状态转换表看出计数器的计数周期为 8 个脉冲，该计数器为八进制计数器；该计数器随着计数脉冲的输入做递增计数，是加法计数器。因此，该计数器称为异步八进制加法计数器，又称异步 3 位二进制加法计数器。

计数器具有分频作用。从图 3-73 中可看出，Q_0 的频率是 CP 脉冲的 1/2，称为二分频；Q_1 的频率是 CP 脉冲的 1/4，称为四分频；Q_2 的频率是 CP 脉冲的 1/8，称为八分频。因此，N 进制计数器就是 N 分频器。

若将图 3-72 中的 JK 触发器的接法改为低位 FF_0 的 $\overline{Q}$ 端接至高位 FF_1 的 CP 端，FF_1 的 $\overline{Q}$ 端接至 FF_2 的 CP 端，该电路就成为异步 3 位二进制减法计数器。电路如图 3-74 所示。

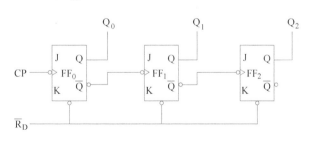

图 3-74　异步 3 位二进制减法计数器

异步二进制计数器的特点如下：

1）电路组成简单，连线少且连接规律易于掌握。

2）由于计数脉冲不是同时加到所有触发器的 CP 端，各级触发器的翻转是逐级进行的，因此工作速度低。

4. 同步二进制计数器

为提高计数速度，将计数脉冲送到每个触发器的时钟脉冲输入端 CP 处，使各个触发器的状态变化与计数脉冲同步，这种方式的计数器称为同步计数器。

图 3-75 所示为同步 3 位二进制加法计数器的电路组成。图中，各级触发器的 CP 端连在一起，在 CP 到来时，3 个触发器一起动作。

同步 3 位二进制加法计数器电路的计数状态表与表 3-28 相同，时序图也与图 3-73 相同，所不同的是该计数器计数速度快，电路接线稍显复杂。同步 3

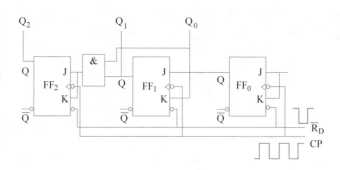

图 3-75　同步 3 位二进制加法计数器

位二进制减法计数器电路则是将在此电路基础上，将原来低位的 Q 端换成 $\overline{Q}$ 端依次接高位 JK 端。

二、集成计数器

 读一读：集成计数器 74LS160 引脚和使用方法。

在实际工程应用中，一般是很少使用小规模的触发器去拼接各种计数器，而是直接选用集成计数器产品。集成计数器是在基本计数器的基础上，将多个触发器和相应控制门电路集成在一起构成集成计数器。

常用集成计数器分为二进制计数器（含同步、异步、加减和可逆）和非二进制计数器（含同步、异步、加减和可逆）。有很多型号的集成计数器可供人们直接选用，也可以根据自己需要在不加其他外接元器件的情况下，通过对集成计数器的相关输出端、控制端作适当连接，便可实现将现有集成计数器改成任意进制计数器。

1. 74LS160 的引脚与功能

集成电路 74LS160 是同步十进制加法计数器。

（1）74LS160 引脚与符号　图 3-76 所示为十进制计数集成电路 74LS160 的引脚排列图和逻辑符号。74LS160 是具有清 0、置数、计数和保持四种功能的计数器。

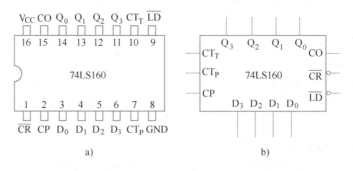

图 3-76　74LS160 的引脚排列和逻辑符号
a）引脚排列　b）逻辑符号

图中 Q_3、Q_2、Q_1、Q_0 为计数器输出端，$\overline{LD}$ 为置数控制端，$\overline{CR}$ 为异步清 0 端，CP 为时钟脉冲输入端，CO 为进位输出端，D_3、D_2、D_1、D_0 置数的输入端，CT_P、CT_T 为计数

项目三

控制端。

（2）74LS160 的逻辑功能　表 3-29 所示为 74LS160 的功能表。从表中可知，74LS160 有以下四种功能：

表 3-29　74LS160 的功能表

输　入									输　出				功能
清"0"$\overline{CR}$	计数控制 CT_P	CT_T	置数$\overline{LD}$	计数脉冲 CP	数据输入 D_3	D_2	D_1	D_0	Q_3	Q_2	Q_1	Q_0	
0	×	×	×	×	×	×	×	×	0	0	0	0	异步清 0
1	×	×	0	↑	D_3	D_2	D_1	D_0	D_3	D_2	D_1	D_0	同步置数
1	1	1	1	↑	×	×	×	×	$(Q_3$	Q_2	Q_1	$Q_0)^{n+1}$	加法计数
1	×	0	1	×	×	×	×	×	$(Q_3$	Q_2	Q_1	$Q_0)^{n}$	保持不变
1	0	×	1	×	×	×	×	×	$(Q_3$	Q_2	Q_1	$Q_0)^{n}$	保持不变

1）异步清 0：当 $\overline{CR}=0$ 时，无论其他端如何，都使计数器清 0，$Q_3Q_2Q_1Q_0=0000$，因不需 CP 脉冲，故称异步清 0。

2）同步置数：当 $\overline{LD}=0$ 且 $\overline{CR}=1$ 时，在置数输入端预置某个外加数据 $D_3D_2D_1D_0$。当 CP 上升沿到来时，将数据 $D_3D_2D_1D_0$ 送到相应触发器的输出端，即 $Q_3Q_2Q_1Q_0=D_3D_2D_1D_0$。

3）加法计数：当 $\overline{CR}=1$，$CT_P=CT_T=1$ 时，输入计数脉冲 CP，电路输出状态按二进制规律递增，直到 $Q_3Q_2Q_1Q_0=1001$ 时，再来一个 CP 脉冲，进位输出 CO=1，则 $Q_3Q_2Q_1Q_0=0000$，完成十进制计数。

4）保持：当 $\overline{CR}=\overline{LD}=1$，若 CT_P 或 CT_T 中有一个为 0 时，无论有无 CP，计数器状态均保持不变，即 $(Q_3Q_2Q_1Q_0)^{n+1}=(Q_3Q_2Q_1Q_0)^{n}$。

　议一议：如何使用集成计数器 74LS160？

2. 74LS160 的应用

（1）置数控制端复位法构成低于十进制的计数器　图 3-77 所示为利用同步置数和计数功能构成的七进制计数器。

计数状态见表 3-30。

表 3-30　七进制加法计数状态表

计数脉冲 CP	Q_3	Q_2	Q_1	Q_0	十进制数
0	0	0	0	0	0
1	0	0	0	1	1
2	0	0	1	0	2
3	0	0	1	1	3
4	0	1	0	0	4
5	0	1	0	1	5
6	0	1	1	0	6
7	0	0	0	0	0

该计数器初始状态 $Q_3Q_2Q_1Q=0000$，此时 $\overline{CR}=CT_T=CT_P=1$，计数器工作在计数状态，当第六个脉冲过后，输出为 0110，与非门输出为 0 使 $\overline{LD}=0$，计数器工作在预置数状态，下一个即第七个脉冲过后输出为 $Q_3Q_2Q_1Q=0000$，开始新的计数循环，为七进制。

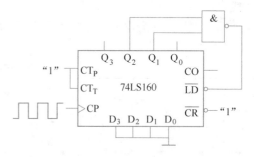

图 3-77　置数控制端复位法构成七进制计数器

利用置数控制端 $\overline{LD}$ 改变计数周期的条件是：置数输入端 $D_0 \sim D_3$ 全部接地（即为 0 状态），计数控制端 CT_T、CT_P 接高电平（即为1 状态），清 0 端 $\overline{CR}$ 开始计数后接高电平（即为 1 状态）。利用置数控制端 $\overline{LD}$ 构成 10 以内任意进制计数器的方法如下：实现 N 进制时，将 N－1 进制 $Q_3Q_2Q_1Q_0$。输出端中为 "1" 的端子接至与非门或者非门的输入端，如果只有一个 "1"，将该 Q 送到非门输入端；如果有两个或两个以上 "1"，将所有为 "1" 的 Q 送入与非门输入端，逻辑门的输出端连接 $\overline{LD}$ 端。

（2）清 0 端复位法构成低于十进制的计数器　图 3-78 所示利用异步清 0 和计数功能构成六进制计数器。

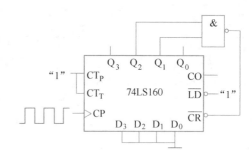

图 3-78　清 0 端复位法构成六进制计数器

使计数器初始状态 $Q_3Q_2Q_1Q=0000$，开始计数后，当输入第 6 个脉冲后，输出为 0110，使与非门输出为 0，加至清 0 端 $\overline{CR}$，使计数器清 0，$Q_3Q_2Q_1Q_0=0000$。计数器再从初始状态开始下一个计数循环，每过 6 个脉冲经历一个计数循环，为六进制计数器。

利用清 0 端 $\overline{CR}$ 改变计数周期的条件是：置数控制端 $\overline{LD}$、计数控制端 CT_T 和 CT_P 接高电平（即为 1 状态）。利用清 0 端 $\overline{CR}$ 构成 10 以内任意进制计数器的方法如下：实现 N 进制时，将 N 进制 $Q_3Q_2Q_1Q_0$ 输出端为 "1" 的端子接至与非门或者非门的输入端，如果只有一个 "1"，将该 Q 送到非门输入端；如果有两个或两个以上 "1"，将所有为 "1" 的 Q 送入与非门输入端，逻辑门的输出端连接 $\overline{CR}$ 端。

（3）利用 74LS160 构成一个模为 100 的计数器　一片十进制计数器芯片 74LS160 只能计 1 位十进制数，若要实现高于十进制的计数，需要将集成计数器 74LS160 进行级联，图 3-79 是用两片 74LS160 构成模为 100 的计数器。如图 3-79 所示，低位计数器的 CO 端接高位计数器的 CT_T 和 CT_P，计数脉冲同时加到两片集成电路的 CP 端，级间用低位计数器的进位输出端 CO 信号控制高位计数器的计数控制端 CT_T、CT_P 进行计数。当该电路中低位计数器处于计数状态，低位工作时，只要它的 CO 端输出为 0，高位 74LS160 就不工作；当低位芯片 74LS160 的 CO 端输出为 1，使高位芯片的 CT_T 和 CT_P 为高电平，此时高位芯片 74LS160 进入计数工作状态。

只有低位计数器有进位控制信号时，高位计数器才能进入计数工作状态，如此循环，完成 100 进制计数功能。

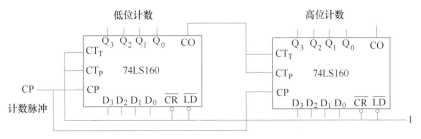

图 3-79　模 100 计数器连接图

※活动实施步骤※

一、识读测试集成计数器

1. 识读集成计数器 74LS160 引脚，集成计数器 74LS160 的引脚排列如图 3-80 所示。

2. 测试集成计数器 74LS160 功能，完成任务单表 3-24。

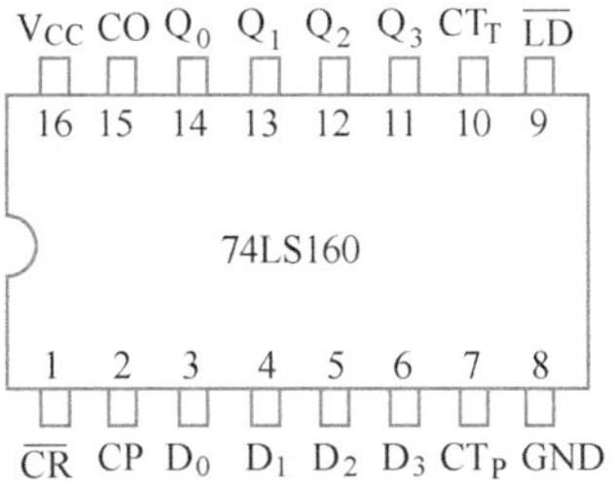

二、绘制集成计数器构成其他进制计数器电路并搭接测试

1. 用 74LS160 构成五进制计数器，在任务单图 3-24 中绘制连线图，并搭接电路、测试功能，完成任务单表 3-25。

图 3-80　74LS160 引脚排列图

2. 用 74LS160 构成七进制计数器，在任务单图 3-25 中绘制连线图，并搭接电路、测试功能，完成任务单表 3-26。

3. 用 74LS160 构成八进制计数器，在任务单图 3-26 中绘制连线图，并搭接电路、测试功能，完成任务单表 3-27。

三、评价方案

评价表见表 3-31。

表 3-31　集成计数器功能测试评价表

序号	评价内容		评价标准
1	十进制	电路连线	连线正确,画图整齐
		实际导线连接	导线连接正确、规范
		测试结果	功能结果测试正确
2	五进制	电路连线	连线正确,画图整齐
		实际导线连接	导线连接正确、规范
		测试结果	功能结果测试正确
3	七进制	电路连线	连线正确,画图整齐
		实际导线连接	导线连接正确、规范
		测试结果	功能结果测试正确

（续）

序号	评价内容		评价标准
4	八进制	电路连线	连线正确，画图整齐
		实际导线连接	导线连接正确、规范
		测试结果	功能结果测试正确
5	安全规范操作		遵守安全规范操作规程，爱护仪器设备
6	5S 现场管理		现场做到整理、整顿、清扫、清洁、素养

※知识评价※

测 试 题

一、判断题

1. 仅具有保持和翻转功能的触发器是 RS 触发器。 （　　）

2. 由逻辑门电路和 JK 触发器可构成计数器。 （　　）

3. 采用边沿触发器是为了防止"空翻"。 （　　）

4. 共阳极型半导体数码管各发光二极管阳极相连，接高电平。 （　　）

5. 将 JK 触发器的 J、K 端连接在一起作为输入端，就构成 D 触发器。 （　　）

6. D 触发器的输出总是跟随其输入的变化而变化。 （　　）

7. 能将输入信号转换为二进制代码的电路称为译码器。 （　　）

8. 计数器功能是统计输入脉冲的个数。 （　　）

9. 用 3 个触发器可构成 3 位二进制计数器。 （　　）

10. 在编码过程中，3 位二进制数有 8 种状态。 （　　）

二、填空题

1. 半导体数码管按内部发光二极管的接法不同，可分为＿＿＿＿＿和＿＿＿＿＿两种。

2. 按逻辑功能分，触发器主要有＿＿＿＿＿、＿＿＿＿＿、和＿＿＿＿＿四种类型。

3. 常用的数码显示器件有＿＿＿＿＿、＿＿＿＿＿和＿＿＿＿＿三种。

4. 时序逻辑电路主要由＿＿＿＿＿和＿＿＿＿＿构成，是一种具有＿＿＿＿＿功能的逻辑电路，常见的时序逻辑电路类型有＿＿＿＿＿和＿＿＿＿＿。

5. 触发器电路中，异步置 0 端 R_D、异步置 1 端 S_D 可以根据需要预先将触发器＿＿＿＿＿或＿＿＿＿＿，而不受＿＿＿＿＿同步控制。

6. 触发器的触发方式有＿＿＿＿＿、＿＿＿＿＿和＿＿＿＿＿三种。

7. 二-十进制译码器是将＿＿＿＿＿翻译成相对应的＿＿＿＿＿。

8. 计数器按进制分为＿＿＿＿＿和＿＿＿＿＿计数器；按计数过程中数值的增减分为＿＿＿＿＿和＿＿＿＿＿计数器；按触发器的翻转次序分为＿＿＿＿＿和＿＿＿＿＿计数器。

9. 在 CP 脉冲和输入信号作用下，JK 触发器具有_____、_____、_____和_____的逻辑功能。

10. 逻辑电路根据逻辑功能的不同特点，可分为两大类：_____和_____。

三、选择题

1. 半导体数码管是由（ ）排列成显示数字。

A. 发光二极管　　　　B. 辉光器件　　　　C. 液体晶体　　　　D. 小灯泡

2. 一个触发器可记录一位二进制代码，它有（ ）个稳态。

A. 1　　　　　　　　B. 2　　　　　　　　C. 3　　　　　　　　D. 4

3. 八输入端的编码器按二进制数编码时，输出端的个数是（ ）。

A. 2个　　　　　　　B. 3个　　　　　　　C. 4个　　　　　　　D. 5个

4. 要构成3位二进制计数器，需要（ ）个触发器。

A. 2　　　　　　　　B. 3　　　　　　　　C. 6　　　　　　　　D. 12

5. D 触发器的输入 D = 1，在时钟脉冲作用下，输出端 Q（ ）。

A. 翻转　　　　　　　B. 置0　　　　　　　C. 置1　　　　　　　D. 保持

四、作图题

1. 下降沿触发 JK 触发器的初态 Q = 0，试根据图 3-81 所示的 CP 和 J、K 的信号波形，画输出端 Q 的波形。

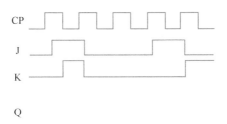

图 3-81

2. 上升沿触发的 D 触发器初始状态为 0，根据图 3-82 所示的时钟脉冲 CP 和输入信号 D 的波形，画出输出 Q 的波形。

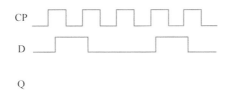

图 3-82

五、分析题

1. 如图 3-83 所示，试分析由两个或非门组成的基本 RS 触发器的逻辑功能真值表。

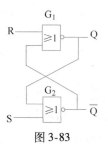

图 3-83

2. 集成计数器 74LS160 逻辑符号如图 3-84 所示，74LS160、74LS00 引脚图如图 3-85 所示。

（1）在图 3-84 中画出五进制电路；

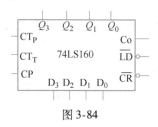

图 3-84

（2）在图 3-85 连接构成五进制计数器。

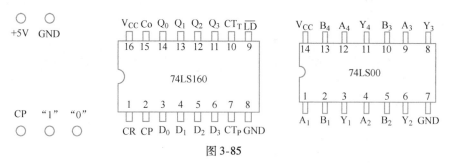

图 3-85

3. 计数器电路如图 3-86 所示。此计数器是_____计数器。画出 Q_0^{n+1}、Q_1^{n+1}、Q_2^{n+1} 的时序图，写出计数状态表。

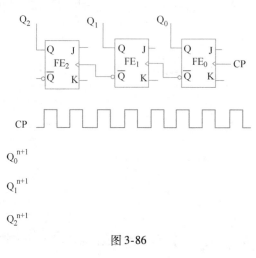

图 3-86

4. 用与非门设计一个三变量一致电路（变量取值相同，输出为1，否则为0）。

※应知应会小结※

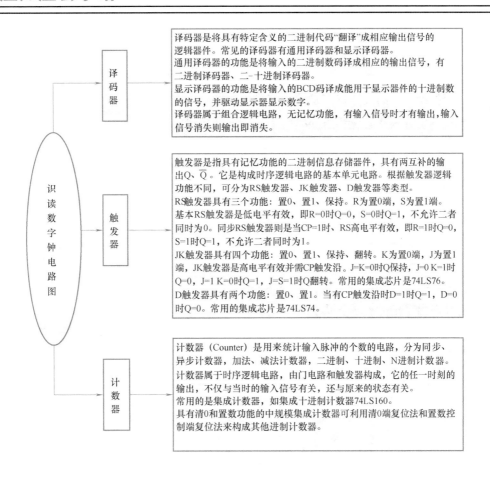

识读数字钟电路图

译码器

译码器是将具有特定含义的二进制代码"翻译"成相应输出信号的逻辑器件。常见的译码器有通用译码器和显示译码器。
通用译码器的功能是将输入的二进制数码译成相应的输出信号，有二进制译码器、二-十进制译码器。
显示译码器的功能是将输入的BCD码译成能用于显示器件的十进制数的信号，并驱动显示器显示数字。
译码器属于组合逻辑电路，无记忆功能，有输入信号时才有输出，输入信号消失则输出即消失。

触发器

触发器是指具有记忆功能的二进制信息存储器件，具有两互补的输出Q、$\overline{Q}$。它是构成时序逻辑电路的基本单元电路。根据触发器逻辑功能不同，可分为RS触发器、JK触发器、D触发器等类型。
RS触发器具有三个功能：置0、置1、保持。R为置0端，S为置1端。
基本RS触发器是低电平有效，即R=0时Q=0，S=0时Q=1，不允许二者同时为0。同步RS触发器则是当CP=1时，RS高电平有效，即R=1时Q=0，S=1时Q=1，不允许二者同时为1。
JK触发器具有四个功能：置0、置1、保持、翻转。K为置0端，J为置1端，JK触发器是高电平有效并需CP触发沿。J=K=0时Q保持，J=0 K=1时Q=0，J=1 K=0时Q=1，J=S=1时Q翻转。常用的集成芯片是74LS76。
D触发器具有两个功能：置0、置1。当有CP触发沿时D=1时Q=1，D=0时Q=0。常用的集成芯片是74LS74。

计数器

计数器（Counter）是用来统计输入脉冲的个数的电路，分为同步、异步计数器，加法、减法计数器，二进制、十进制、N进制计数器。
计数器属于时序逻辑电路，由门电路和触发器构成，它的任一时刻的输出，不仅与当时的输入信号有关，还与原来的状态有关。
常用的是集成计数器，如集成十进制计数器74LS160。
具有清0和置数功能的中规模集成计数器可利用清0端复位法和置数控制端复位法来构成其他进制计数器。

※知识拓展※

拓展一 编 码 器

在数字系统中，常用多位"0"、"1"数码表示数字、文字、符号、信息、指令等，这种多位"0"、"1"数码叫代码。用代码表示特定对象的过程称为编码。能够完成编码功能的逻辑电路称为编码器。它的输入是反映不同信息的一组变量，输出是一组代码。

由编码信号的不同特点和要求，编码器可分为二进制编码器、二-十进制编码器、优先编码器等。

二进制编码器是用二进制代码对特定对象进行编码的电路。其输入端与输出端数目满足 $n = 2^m$。即：若有 n 个输入端，则输出为 m 个。图3-87是3位二进制编码器示意图。

二-十进制编码器又称 BCD 编码器，它是用4位二进制代码表示1位十进制数码的电路。由于其输入为十进制的10个数码，输出为4位二进制数代码，故也称为10线-4线编码器。图3-88是二-十进制编码器示意图。

项目三

图 3-87　3 位二进制编码器示意图

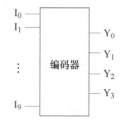

图 3-88　二-十进制编码器示意图

上述两种编码器的共同特点是输入信号相互排斥，即任何时刻只允许一个输入信号有效，其余输入信号无效。但在实际应用中，经常存在两个以上的输入信号同时有效。若要求输出编码不出现混乱，只能对其中一个输入信号进行编码，这就产生了优先编码器。所谓优先编码器就是在同时输入的若干信号中，只对其中优先级别最高的输入信号进行编码的电路。输入信号的优先级别是由设计人员根据需要决定的。

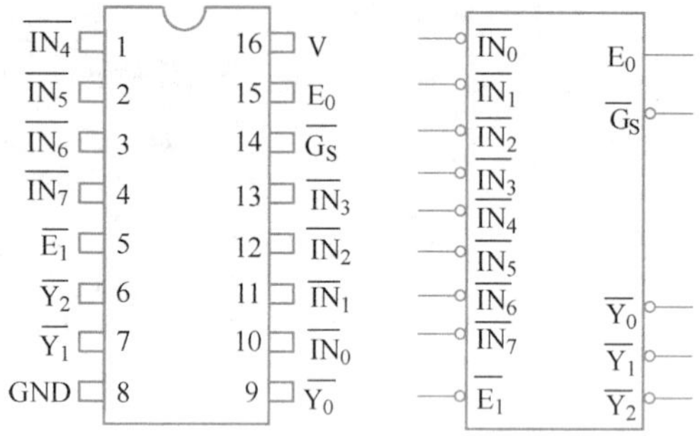

优先编码器的突出优点是电路对其中优先级别最高的输入信号进行编码，因此不必对输入信号提出严格的要求，而且可靠，应用极为广泛。

8 线-3 线优先编码器的常见型号有
T1148、74LS148、CC40147 等。图 3-89 所示为 74LS148 的引脚排列图和逻辑符号，其真值表见表 3-32。

图 3-89　8 线-3 线优先编码器 74LS148
a）引脚排列　b）逻辑符号

表 3-32　74LS148 编码器真值表

输　　入									输　　出				
$\overline{E_1}$	$\overline{IN_0}$	$\overline{IN_1}$	$\overline{IN_2}$	$\overline{IN_3}$	$\overline{IN_4}$	$\overline{IN_5}$	$\overline{IN_6}$	$\overline{IN_7}$	$\overline{Y_2}$	$\overline{Y_1}$	$\overline{Y_0}$	$\overline{G_S}$	E_0
0	×	×	×	×	×	×	×	0	0	0	0	0	1
0	×	×	×	×	×	×	0	1	0	0	1	0	1
0	×	×	×	×	×	0	1	1	0	1	0	0	1
0	×	×	×	×	0	1	1	1	0	1	1	0	1
0	×	×	×	0	1	1	1	1	1	0	0	0	1
0	×	×	0	1	1	1	1	1	1	0	1	0	1
0	×	0	1	1	1	1	1	1	1	1	0	0	1
0	0	1	1	1	1	1	1	1	1	1	1	0	1

$\overline{IN_0} \sim \overline{IN_7}$ 为 8 位输入端，$\overline{Y_0} \sim \overline{Y_2}$ 为 3 位输出端，且均为低电平有效。$\overline{IN_7}$ 优先级别最高，$\overline{IN_6}$ 次之，$\overline{IN_0}$ 优先级别最低。

$\overline{E_1}$ 为使能输入端。$\overline{E_1} = 0$ 允许编码；$\overline{E_1} = 1$ 禁止编码，$\overline{E_1} = 1$ 时，无论 $\overline{IN_0} \sim \overline{IN_7}$ 为何种状态，输出 $\overline{Y_2}\,\overline{Y_1}\,\overline{Y_0} = 111$。

$\overline{G_S}$ 为优先编码器输出端。$\overline{E_1} = 0$，且 $\overline{IN_0} \sim \overline{IN_7}$ 有信号时，$\overline{G_S} = 0$ 表示该片编码器有输

入信号；$\overline{E}_1 = 0$，且 $\overline{IN}_0 \sim \overline{IN}_7$ 无信号时，$\overline{G}_S = 1$ 表示该片编码器无输入信号。

E_0 为使能输出端，受 $\overline{E}_1$ 控制，当 $\overline{E}_1 = 1$ 时，$E_0 = 1$。当 $\overline{E}_1 = 0$ 时，$\overline{IN}_0 \sim \overline{IN}_7$ 有信号时，$E_0 = 1$ 表示本片工作；当 $\overline{E}_1 = 0$，$\overline{IN}_0 \sim \overline{IN}_7$ 无信号（全部为"1"）时，$E_0 = 0$ 表示本片不工作。

以二-十进制优先编码器即 10 线-4 线优先编码器为例。其常见型号有 T340、74LS147、C340 等。图 3-90 所示为 74LS147 的引脚排列图和逻辑符号，其真值见表 3-33。

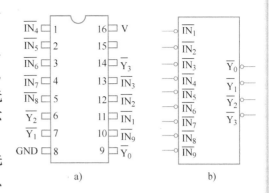

图 3-90　10 线-4 线优先编码器
a）引脚排列　b）逻辑符号

表 3-33　74LS147 优先编码器真值表

输　　　入									输　出			
$\overline{IN}_9$	$\overline{IN}_8$	$\overline{IN}_7$	$\overline{IN}_6$	$\overline{IN}_5$	$\overline{IN}_4$	$\overline{IN}_3$	$\overline{IN}_2$	$\overline{IN}_1$	$\overline{Y}_3$	$\overline{Y}_2$	$\overline{Y}_1$	$\overline{Y}_0$
0	×	×	×	×	×	×	×	×	0	1	1	0
1	0	×	×	×	×	×	×	×	0	1	1	1
1	1	0	×	×	×	×	×	×	1	0	0	0
1	1	1	0	×	×	×	×	×	1	0	0	1
1	1	1	1	0	×	×	×	×	1	0	1	0
1	1	1	1	1	0	×	×	×	1	0	1	1
1	1	1	1	1	1	0	×	×	1	1	0	0
1	1	1	1	1	1	1	0	×	1	1	0	1
1	1	1	1	1	1	1	1	0	1	1	1	0
1	1	1	1	1	1	1	1	1	1	1	1	1

编码器的输入、输出均为低电平有效。输入 $\overline{IN}_1 \sim \overline{IN}_9$ 是按高位优先编码，$\overline{IN}_9$ 优先级别最高。当 $\overline{IN}_1 \sim \overline{IN}_9$ 均为"1"时，相当于 $\overline{IN}_0 = 0$，输出代码为 1111，隐含着对 $\overline{IN}_0$ 编码，所以不单设 $\overline{IN}_0$ 输入端。编码输出均为 8421BCD 码的反码。

二-十进制编码器由于每一个十进制单独编码，无须扩展位数，故没有扩展使能端。

拓展二　寄　存　器

寄存器是用以暂存二进制数码和信息（数据，指令等）的电路，由触发器和门电路构成。一个触发器可以存放一位二进制数码。如存放 N 位二进制数码，需要 N 个触发器，从而构成 N 位寄存器。按功能不同，分为数码寄存器和移位寄存器两种。

1. 数码寄存器

数码寄存器具有接收、暂存数码和清除原有数码的功能。按接收方式的不同分为双拍接收式数码寄存器和单拍接收式数码寄存器。

（1）单拍接收式数码寄存器　电路组成如图 3-91 所示，由 D 触发器构成的 4 位数码寄存器。FF_0 为最低位触发器，FF_3 为最高位触发器。4 位数据输入端从高位到低位为 $D_3 D_2 D_1 D_0$，4 位数据输出端为 $Q_3 Q_2 Q_1 Q_0$。

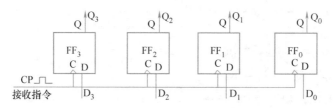

图 3-91 4 位单拍数码寄存器

工作原理：单拍接收式数码寄存器不需要先清 0，当脉冲 CP 上升沿到来时，将输入数据 $D_3 D_2 D_1 D_0$ 存入，由触发器的 $Q_3 Q_2 Q_1 Q_0$ 并行输出，$Q_3 Q_2 Q_1 Q_0 = D_3 D_2 D_1 D_0$。

（2）双拍接收式数码寄存器 双拍接收式数码寄存器电路组成仅比单拍接收式数码寄存器多异步清 0 接线而已，如图 3-92 所示。

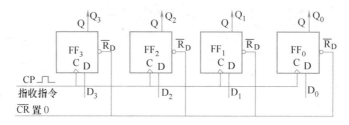

图 3-92 4 位双拍数码寄存器

工作过程如下：

1）清 0：令 $\overline{CR}$（总清 0 端）= 0，则 $Q_3 Q_2 Q_1 Q_0 = 0000$。

2）寄存数码：令 $\overline{CR} = 1$。例如，存入 1010，则寄存器 D_3、D_2、D_1、D_0 分别为 1、0、1、0。当 CP 脉冲（接收数码的控制端）的上升沿一到，寄存器的状态 $Q_3 Q_2 Q_1 Q_0 = 1010$。只要使 $\overline{CR} = 1$，CP = 0，寄存器就处在保持状态，完成了数码的接收和暂存功能。

工作特点：在接收数码时，各位数码是同时输入；输出数码时，也是同时输出。因此，这种寄存器称为并行输入、并行输出数码寄存器。

2. 移位寄存器

根据数码移动情况不同，寄存器可分为单向移位寄存器（又可分为左移寄存器和右移寄存器）和双向移位寄存器。

例如，4 位左移寄存器逻辑图如图 3-93a 所示，图 3-93b 所示为其工作波形。

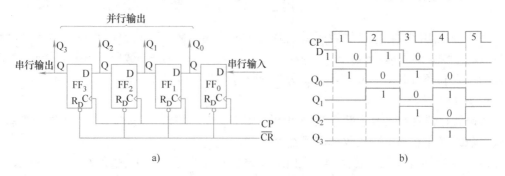

图 3-93 4 位左移寄存器

a）逻辑图 b）工作波形图

工作原理：例如要将数码 $D_3D_2D_1D_0 = 1010$ 寄存，从高位到低位依次串行送到串行输入端。在第一个 CP 上升沿之后，$Q_0 = D_3 = 1$；在第二个 CP 上升沿之后，$Q_0 = D_2 = 1$，$Q_1 = D_3 = 1$；依次类推，在 4 个脉冲作用下，$D_3D_2D_1D_0 = 1010$。寄存器的状态转换情况见表 3-34。工作波形如图 3-93b 所示。

表 3-34　4 位左移寄存器状态转换表

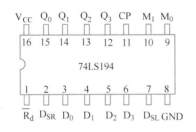

3. 集成寄存器

将触发器、控制门等都集成在同一芯片中形成具有较强功能的集成移位寄存器。这种集成移位寄存器具有左移、右移、清 0、保持、并行置数等多种功能。集成 4 位双向移位寄存器 74LS194 引脚排列如图 3-94 所示，它是一个 16 引脚中规模集成芯片，它的功能表见表 3-35。M_1、M_0 为两个工作方式控制端。

图 3-94　74LS194 引脚排列图

$\overline{R_d}$——清 0 端；　　M_1、M_0——工作方式控制端；
D_{SR}——右移串行输入端；　　D_{SL}——左移串行输入端；
V_{CC}——电源端；　　GND——"地"端；
$Q_3 \sim Q_0$——并行输出端；　　$D_3 \sim D_0$——并行输入端；
CP——移位脉冲送入端。

表 3-35　74LS194 逻辑功能表

$\overline{R_d}$	M_1	M_0	功能	$\overline{R_d}$	M_1	M_0	功能
0	×	×	清 0	1	1	0	左移
1	0	0	保持	1	1	1	并行输入
1	0	1	右移				

任务三　组装调试数字钟

※任务描述※

本任务是完成数字钟套件的组装与调试。引导学生熟练掌握焊接要领及电子工艺，会识读装配图，了解装配顺序及技巧。在组装数字钟的工作过程中，了解电子产品的整机装配流程。通过数字钟的调试，使学生了解电子产品整机检测的必要性和检测的关键点，建立考虑产品质量和节能环保的意识。

— 197 —

数字钟的组装如图 3-95 所示，首先清点套件中各种材料的种类、数量。其次将各种元器件按照焊接顺序焊接到印制电路板上，检查电路板焊点及元器件对错。然后组装变压器，连接电源线。最后通电测试，参数无误后装上外壳，即完成。

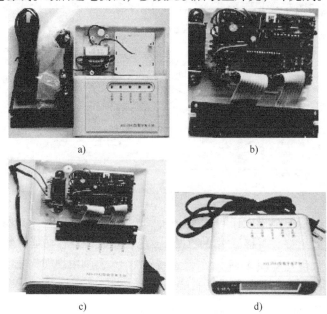

a)   b)

c)   d)

图 3-95 数字钟套组状过程

a) 数字钟电子套件 b) 焊接完成的电路板 c) 未组装外壳的半成品 d) 完成全部组装的成品

※任务目标※

知识目标：

1. 掌握识读原理图和装配图的方法。

2. 了解数字钟的工作原理。

3. 掌握电子产品整机的装配方法。

4. 掌握数字钟的调试方法。

能力目标：

1. 具有娴熟的手工焊接技能。

2. 会识别和检测电子元器件。

3. 能看懂装配图，并按电子工艺要求进行焊接与装配。

4. 会调试电路，能排查常见的故障。

素质目标：

1. 通过数字钟的组装与调试，培养学生养成安全节能的环保意识，养成规范、仔细认真的工作习惯。

2. 具备安全操作、善于与他人合作的团队意识。

3. 培养学生 5S 意识。

4. 通过数字钟的调试，培养学生分析问题、解决问题的能力。

※任务实施※

活动一 组装数字钟

※应知应会※

1. 了解数字钟电路组成。
2. 识读装配图，了解整机装配流程。
3. 掌握装配图的识读方法，能正确识读数字钟的装配图。
4. 掌握焊接要领，能熟练使用焊接工具完成数字钟电路板焊接。

※工作准备※

设备与材料（见图3-96）：电烙铁、尖嘴钳、斜口钳、镊子、焊锡、数字钟套件、元器件盒、十字形螺钉旋具。

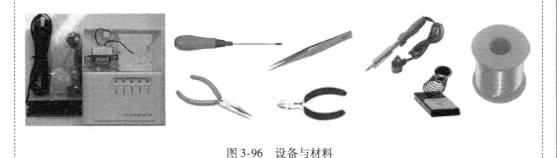

图 3-96 设备与材料

※知识链接※

一、识读数字钟电路原理图

  读一读： 数字钟电路原理。

DS-2042 型数码显示电子钟电路，采用一只 PMOS 大规模集成电路 LM8560（TMS3450NL、SC8560、CD8560）和 4 位 LED 显示屏，通过驱动显示屏便能显示时、分。振荡部分采用石英晶体作时基信号源，从而保证了走时的精度。本电路还供有定时报警功能。它定时调整方便，电路稳定可靠，能耗低，集成电路采用插座插装，制作成功率高。本电路还可扩展成定时控制交流开关（小保姆式）等功能。图 3-97 为 DS-2042 型数码显示电子钟电路原理图。

1. 振荡器

振荡器的作用是产生时间标准信号。数字钟的精度主要取决于时间标准信号的频率及稳定性，因此通常采用晶体振荡器（BJT），输出脉冲经过整形、分频获得脉冲信号。

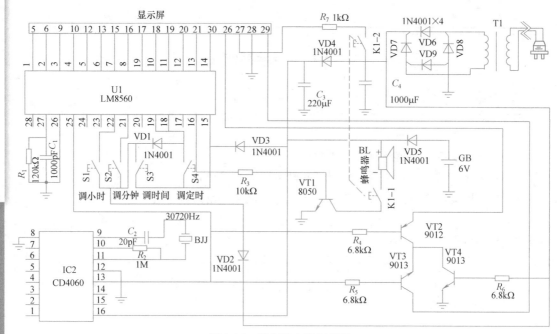

图 3-97　数字钟电路原理图

电路采用了中规模集成电路 CD4060（14 位二进制串行计数器/分频器），其引脚排列如图 3-98 所示。IC2（CD4060）、BJT、R2、C2 构成 60Hz 的时基电路，CD4060 内部包含 14 位二分频器和一个振荡器，电路简洁，30720Hz 的信号经分频后，得到 60Hz 的信号送到 LM8560 的 25 脚，经 VT2、VT3 驱动显示屏内的各段笔画分两组轮流点亮。

CD4060 采用 16 引脚 DIP 封装形式。工作电压通常为 4.5～18V，振荡器的振荡频率为 $f \approx 1/(2.2RC)$。CD4060 是 4000 系列 CMOS 器件中的一种，是 14 位二进制计数器。它内部有两个反相器，外接两个电阻及一个电容就可组成振荡器，作为时钟发生器。输入时钟脉冲时（下降沿），输出端输出计数脉冲。它有一个复位端（Reset），当复位端为高电平时，所有输出端都是低电平。CP_1 是时钟脉冲输入，CP_0 和 $\overline{VP_0}$ 是时钟脉冲输出端（相位差 180°），$Q_4 \sim Q_{14}$ 是二进制计数脉冲输出端。图 3-98 所示为 CD4060 外引脚排列图。

2. 计数译码

秒、分、时分别为 60、60、24 进制计数器，它们的个位数为十进制，十位数为六进制，时为 24 进制计数器（本例采用 12 进制计数器）。电路中采用 LM8560 双列直插集成计数器，构成秒、分、时的计数而实现计时功能。电路引脚排列如图 3-99 所示，其引脚功能见表 3-36。LM8560（IC1）是 50/60Hz 的时基 24 小时专用数字钟集成电路，有 28 只引脚，1～14 脚是显示笔画输出，15 脚为正电源端，20 脚为负电源端，27 脚是内部振荡器 RC 输入端，16 脚为报警输出。

图 3-98　CD4060 外引脚排列图

图 3-99　LM8560 集成计数器外引脚排列图

表 3-36　LM8560 引脚功能表

引脚	功能 1	功能 2	引脚	功　　能
1	AM(上午)	十时位	15	电池正
2	PM(下午)	十时位 b	16	报闹输出
3	十时位 c	时位 e	17	睡眠输出
4	时位 b	时位 g	18	报闹切断,高电位触发,报闹终止
5	时位 c	时位 d	19	闹显示。接高电位,显示闹时刻,若与 21、22 脚配合可修改闹时刻
6	时位 a	时位 f	20	电池负
7	十分位 a	十分位 f	21	分位调整,接高电位,分钟向增加方向跳变
8	十分位 b	十分位 g	22	时位调整,接高电位,时数值向增加方向跳变
9	十分位 c	十分位 d	23	睡眠显示,高点位触发,使睡眠输出有效,1h 后自行失效
10	十分位 e	分位 e	24	暂停(打盹),高电位触发,在报闹状态下,使报闹暂停分钟
11	分位 b	分位 g	25	50/60Hz 信号输入端
12	分位 c	分位 d	26	50/60Hz 选择接地/悬空
13	分位 a	分位 f	27	振荡器
14	秒点输出		28	12/24h 选择悬空/接地

3. 数码显示电路

显示电路采用 FTTL-655G LED 显示屏，如图 3-100 所示。

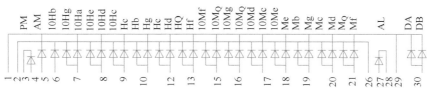

图 3-100　FTTL-655G LED 显示屏

4. 校正电路

在刚开机接通电源时，由于时、分、秒为任意值，所以要进行调整。通过手动按钮，分别对 LM8560 的 21、22 脚单独计数。在面板上从左到右，存在 5 个微动开关，分别是 S4、S3、K1-1、S2、S1。S1 调小时，S2 调分钟，S3 调时钟，S4 调定时，K1-1 定时报警开关（退闹铃开关）。闹时电路主要由 LM8560 16 脚输出音频信号，由 VT1 驱动蜂鸣器 BL 鸣叫。当调好定时间后，并按下开关 K1-1（白色钮），显示屏右下方有红点指示，到定时时间有驱动信号经 R3 使 VT1 工作，即可定时报警输出。

调时钟时，按下 S3 的同时按动 S1，即可调小时数：按下 S3 的同时按动 S2，可调时闹铃数。调定时报警时，需按下 S4 的同时按动 S1 可调闹铃的小时数；按下 S4 的同时按动 S2 可调事实上的时闹铃数。

T1 为降压变压器，经桥式整流（VD6 ~ VD9）及滤波（C3、C4）后得到直流电，供主电路和显示屏工作。当交流电源停电时，备用电池通过 VD5 向电路供电。

二、识读数字钟电路装配图

练一练：识读装配图。

图 3-101 为 DS-2042 型数码显示电子钟的装配图。观察其装配图，熟悉各元器件的位置。

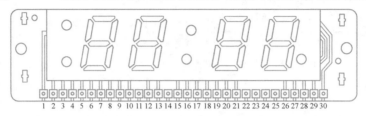

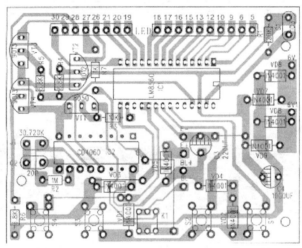

图 3-101　数码显示数字钟装配图

数字钟装配图读图练习：将图 3-102（DS-2042 型数码显示数字钟 PCB）与装配图、原理图对照识图，找出各元器件的安装位置、极性。

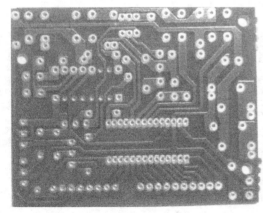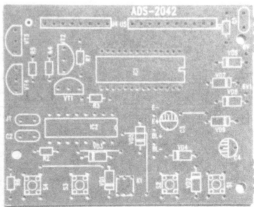

图 3-102　DS-2042 型数码显示数字钟 PCB

三、整机装配

　议一议：数字钟的装配流程。

安装时先装低矮和耐热的元件（如电阻），然后再装大一点的元件，最后装怕热的元器件（如晶体管、集成电路等）。安装电阻 R1、R2、R3、R4、R5、R6、R7 时，根据两孔的距离可采用卧式紧贴电路板安装。电解电容器、二极管、晶体管安装时注意极性，电解电容器 C4 紧贴电路板卧式安装，C3 紧贴电路板立式安装，二极管紧贴电路板立式安装，晶体管安装时注意型号。轻触开关和自锁开关紧贴电路板安装。集成电路采用插座安装。

排线两端去塑料皮上锡后，一端按电路原理图的序号接 LED 的显示屏，另外一端接电路板。蜂鸣器安装时注意接线，在蜂鸣器的两端分别焊接红、黑导线，导线的另一端分别接电路板的 BL＋、BL－。另外，电路板上还有 4 根跨接线（J1～J4），用其他元器件多余的引脚线充当。

将热缩管套在电源变压器一次绕组的导线上，然后把插头电源线与一次绕组的导线焊在一起，移动热缩管至焊接处，确保使用时的安全。

变压器安装在前盖两个高的座上，用螺钉固定，接入电路时注意分清一、二次侧。蜂鸣器装在前盖的共振腔座孔中，用电烙铁点一下固定。显示屏和电路板分别用 4 颗自攻螺钉固定，电路板与显示屏之间的排线折成 S 形，防止排线在焊接处折断。电源线卡好后引出壳外，电池弹簧依顺序安好。前盖和后盖对好后扣好，再用自攻螺钉固定即可。

※活动实施步骤※

一、清点套件

1. 领稳压电源套件如图 3-103 所示。对照配套材料清单（表 3-37）清点元器件及辅料，完成任务单表 3-30。

表 3-37　配套材料清单

序号	名称	名称规格	用量	位号
1	集成电路	LM8560（3450）	1	IC1
2	集成电路	CD4060	1	IC2
3	二极管	1N4001	9	VD1～VD9
4	晶体管	9013	2	VT3、VT4
5	晶体管	9012	1	VT2
6	晶体管	8050	1	VT1
7	显示屏	FTTL-655G	1	LED
8	晶体振荡器	30.720kHz	1	JT
9	蜂鸣器	$\phi12\times9$mm	1	BL
10	电源变压器	220V/9V/2W	1	
11	电阻	1kΩ	1	R7

（续）

序号	名称	名称规格	用量	位号
12	电阻	6.8kΩ	3	R4、R5、R6
13	电阻	10kΩ	1	R3
14	电阻	120kΩ	1	R1
15	电阻	1MΩ	1	R2
16	瓷片电容	20pF	1	C2
17	瓷片电容	103pF	1	C1
18	电解电容	220μF	1	C3
19	电解电容	1000μF	1	C4
20	轻触开关	6×6×17	4	S1~S4
21	自锁开关	7×7	1	K1-1
22	按键帽		1	
23	集成插座	28密脚	1	
24	集成插座	16脚	1	
25	扁插头	1.2m	1	
26	排线	8cm×18芯	1	
27	导线	1.0mm×60mm	4	
28	电池极片		1套	
29	前后壳电池盖	前后壳电池盖	3件	
30	螺钉	PA3×6mm	5	
31	螺钉	PA3×8mm	1	
32	热缩管	φ3×20mm	2	
33	说明书		1	
34	电路板		1	

2. 识读装配图、PCB，理清数字钟的组装顺序，完成任务单表3-31。

二、焊接电路板

1. 焊接前的准备

1）焊接前先要对电烙铁进行检查，如果吃锡不良，应进行去除烙铁头的氧化层和预挂锡的处理。

2）将被焊元器件的引线进行清洁和预挂锡。清洁印制电路板的表面。

图3-103　稳压电源套件

3）对照原理电路图及装配图，先试试各元器件的位置及安装顺序。

2. 焊接注意事项

1）安装元器件以及连线时，一定明确其在焊接板上准确的位置，确保正确无误。

2）在焊接装配的同时，要剪去多余引线，留下的线头长度必须适中，剪线时要注意不能损坏其他焊点。

3）对焊点质量进行检查。不要出现虚焊、漏焊，焊点要牢固可靠。在焊接各种元器件时，焊接时的温度不要过高，时间不要过长，以免烫坏元器件的绝缘和骨架。

4）各元器件的引线注意不要相碰，以免改变电路的特性，出现不良后果。

焊接顺序及工艺要求见表3-38。

表3-38　焊接顺序及工艺要求

焊接顺序	安装工艺与注意事项	安装完成图片
焊接电阻	工序：识别→检测→引脚成型→焊接 识别检测：将所有电阻测试后分开，固定在一张白纸上标明阻值及 R_x 引脚成型：将各电阻引脚按照电路板中孔的距离弯曲成型 安装焊接：均为卧式安装。注意不能接错位置	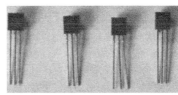
焊接二极管	工序：识别→检测→管脚成型→焊接 识别检测：9 只 1N4001 二极管，用万用表检测正负极、好坏 管脚成型：将二极管管脚安装孔距弯曲成型 安装焊接：卧式安装 二极管脚位示意图 负极标志	
焊接晶体管与集成电路插座	① 晶体管的焊装 工序：识别→检测→管脚成型→焊接 识别：区分三种型号的晶体管，不能弄错 检测：用模拟万用表检测管脚 E、B、C 及好坏，比较与晶体管上标出的 E、B、C 是否相同 安装：晶体管 VT1～VT4，立式安装，要尽量低。注意型号 晶体管脚位示意图 9013　8050　8550　B　E C　管脚位示意图 ② 集成电路插座的焊接 工序：识别→检测→确认插座方向→安装 识别检测：目测插座好坏分为 IC1、IC2 安装：立式安装，确认集成电路插座的方向，插到底，防短路	 

项目三

焊接顺序	安装工艺与注意事项	安装完成图片
焊接电容及跨接线	① 电解电容的焊接 工序：识别→检测→引脚成型→焊接 识别：根据电容体上标示的电容容量和耐压值区分电容（C3、C4）和正负极 电容极性示意图 实物  符号 检测：用模拟万用表检测电容有无充放电功能 安装：C3、C4 均紧贴电路板卧式安装 注意电容极性 ② 瓷片电容的焊接 工序：识别→引脚成型→焊接 识别：根据 C1、C2 电容体上标示的电容参数按所在位号排列 安装：均为卧式安装，注意电容容量不同 ③ 跨接线的焊装 在 PCB 上找到 J1～J4 的位置，跨接线可用元器件的引脚代用，先成型再焊接	  1.电解电容器实物示意图 符号：　　　实物： 短　长 2.瓷片电容器计算示意图 符号：　　　实物：(104) 第一、二位数字代表电容值 第三位数字代表 0 的个数 即 104=100000pF=0.1μF
焊接晶体振荡器及排线	① 晶体振荡器的焊接 工序：识别→检测→引脚成型→焊接 识别：根据晶体振荡器体上标示的参数按所在位号排列 安装：为卧式安装，注意控制时间，以免晶体振荡器损坏 ② 排线的焊接 工序：识别→排线剪裁→焊接 剪裁：根据需要将排线分配 安装：显示屏与 IC1 引脚的对应关系，显示屏的 1、2、3、4、7、8、11、14、22、23、24、25 为空脚。排线不要撕开太长，尽量美观。两相邻焊点很近，焊接时要十分小心，钎料要尽量少用，防止短路。每焊完一个引脚都要用万用表测一下与其他引脚是否短路。电路板与显示屏之间的排线折成 S 形，防止排线在焊接处折断	

焊接顺序	安装工艺与注意事项	安装完成图片
焊接电池极片、蜂鸣器、轻触开关、自锁开关	① 电池极片的焊装 工序：识别→清洁→上锡→焊装 识别：根据数字钟外壳形状及电池极片的形状区分正极片和负极片 安装：电池极片与PCB的连接要注意正、负极 ② 蜂鸣器的焊装 工序：识别→清洁→上锡→焊装 识别：根据蜂鸣器体上标注的极性，区分蜂鸣器的正、负极 安装：蜂鸣器的正、负极，红线接正，黑线接负，导线的另一端分别接电路板的 BL＋、BL－。焊好后倒插入圆孔中 ③ 轻触开关和自锁开关的焊装 工序：识别→清洁→上锡→焊装 识别：区分轻触开关和自锁开关，及对应的电路板中的位号 安装：紧贴电路板安装	

三、安装变压器

1. 变压器的焊接

工序：识别→固定焊接。

识别：区分变压器一、二次侧，如图 3-104 所示。需注意变压器的一、二次侧不能接反，否则通电后变压器马上就烧毁。对变压器的一、二次侧的区分，使用万用表的电阻挡，分别测量一、二次绕组电阻，电阻值大的是一次侧，接 220V，电阻小的是二次侧，接电路板。

固定焊接：先将电源变压器用塑料胶固定于盒子中。变压器的二次侧与 PCB 的焊接，二次侧不分正、负极，变压器二次侧的两条引线过孔焊接在 PCB 的相应位置上，如图 3-104所示。注意美观且两条线不可交叉，焊接时间不可过长，防止印制导线脱落。

2. 220V 电源线的装接

工序：电线捻头→上锡→套入热缩管→焊接→加热热缩管。

注意事项：变压器一次侧引线与电源线的连接，交流电没有正、负极的问题，但变压器一次侧直接连接 220V，要做好绝缘以确保安全。注意绝缘处理，用热缩管处理保证绝缘良好，此处是 220V 电压的交流市电，处理不当容易触电。焊接时既要焊牢，钎料又不能多，更不能出毛刺以免扎破热缩管造成漏电。

焊接流程：电线捻头，挂锡，套入热缩管，电线接头搭焊，用电烙铁上端管部加热热缩管，使热缩管能紧固在电线焊接头处，不松动，如图 3-105 所示。

图 3-104　变压器

图 3-105　热缩管的使用

四、评价方案

评价表见表 3-39。

表 3-39　组装数字钟评价表

序号	评 价 内 容	评 价 标 准
1	电阻焊接	引脚成型处理符合要求、安装位置正确,焊点圆锥状、焊点光亮
2	电解、瓷片电容焊接	安装位置正确、电解电容安装极性正确、高度合适,焊点圆锥状、焊点光亮
3	整流二极管焊接	管脚成型处理符合要求、安装位置正确、极性正确、高度合适,焊点圆锥状、焊点光亮
4	晶体管焊接	安装位置正确、高度合适,焊点圆锥状、焊点光亮
5	跨接线、轻触开关焊接	安装位置正确、高度合适,钎料量合适、焊点圆锥状、焊点光亮
6	集成插座焊接	
7	晶体振荡器焊接	
8	蜂鸣器焊接	安装位置正确、极性正确、高度合适,焊点圆锥状、焊点光亮
9	电池正、负极片焊接	接插件牢固,走线合理、位置合适、热缩管安装美观、连接可靠
10	显示屏与电路板焊接	
11	220V 电源线的焊装	
12	安全、规范操作	操作安全规范,爱护仪器设备
13	5S 现场管理	现场做到整理、整顿、清扫、清洁、素养

活动二　调试数字钟

※应知应会※

1. 会检查、调试数字钟。
2. 会处理简单故障。

※工作准备※

设备与材料：电烙铁、尖嘴钳、斜口钳、镊子、焊锡、数字钟、万用表。

※活动实施步骤※

一、通电测试

1. 检查

通电前应认真对照电路原理图、印制电路板，检查有无错焊、漏焊，特别是观察电路板上有无短路现象发生，如有故障要一一排除。只要焊接正确，通电后即可正常工作；时间显示并闪动，调整后就不闪动了。数字钟正常工作后，便可以将焊接好的电路板（见图3-106）固定装于外壳内合适位置，用螺钉紧固外壳，数字钟产品组装完成。

图3-106 焊接好的电路板

2. 调试

4个轻触开关分别是小时键、分钟键、调时键和定时键，一个自锁开关为闹铃开关。

（1）时间调试

1）开通电源后显示屏出现"12：00"字样并闪烁，说明电路正常。

2）按下"调时"键和"小时"键，这时显示屏上时钟不断从1~12变化，松开任一开关应保持这时显示的数字不变，将时钟调到指定时间，松开轻触开关。

3）按下"调时"键和"分钟"键，这时显示屏上分钟数不断从00~59变化，松开任一开关应保持这时显示的数字不变，将分钟调到指定时间，松开轻触开关。

（2）闹时调试

1）按下"定时"键和"小时"键，将闹时时钟调到指定时间，松开轻触开关。

2）按下"定时"键和"分钟"键，将闹时分钟调到指定时间，松开轻触开关。

这样就完成了闹时调试。必须注意的是，闹铃开关必须置于弹出状态，即显示屏右下角闹时指示灯亮。如需要去闹，只需按下闹铃开关即可。

（3）电池接力 当停电时，数字钟内部的电池维持晶体振荡器和计数电路继续工作，只是显示屏没有显示，来电后不需对表正常工作。

二、故障排除

1. 显示屏字段全部亮

检查流程：测量变压器二次侧两端电压（9V），正常，则查整流电路。整流后应有6V以上电压输出（C4两端），如没有，查4个整流二极管，或者是输出有短路，查焊点。如果变压器二次侧两端电压（9V）不正常，则是变压器的问题，更换变压器。

2. 有部分字段不亮

两个原因如下：一是在集成电路或排线的焊接过程中有虚焊、假焊、短路；二是集成电路或显示屏损坏，集成电路损坏几率很大。要先查焊点，确认无误后换集成块。

3. 电池不接力

查电池正、负极板，看极性对不对，查引线是否接反，引线是否断路，电池是否有电。

4. 不能校时

查轻触开关焊接是否正确，有无虚焊、假焊、短路。

5. 闹铃不闹

查轻触开关焊接是否正确，有无虚焊、假焊、短路。查蜂鸣器正、负极是否接反，引线是否断路。

三、评价方案

评价表见表3-40。

表3-40　调试数字钟评价表

序号	评价内容	评价标准
1	显示屏字段	通电后正常全部亮
2	时间调试	时钟、分钟均能调试到指定时间。计时精度±1s/天
3	闹时调试	闹时时钟、分钟均能调到指定时间
4	电池接力	维持晶振和计数电路继续工作，只是显示屏没有显示，来电后不需对表正常工作
5	调试方法掌握情况	能自行调试，掌握了基本调试方法
6	安全、规范操作	操作安全规范，爱护仪器设备
7	5S现场管理	现场做到整理、整顿、清扫、清洁、素养

※应知应会小结※

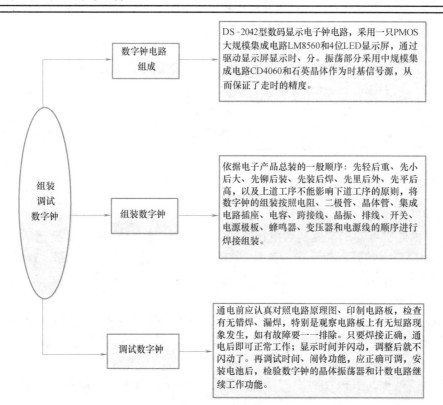

组装调试数字钟

数字钟电路组成 → DS-2042型数码显示电子钟电路，采用一只PMOS大规模集成电路LM8560和4位LED显示屏，通过驱动显示屏显示时、分。振荡部分采用中规模集成电路CD4060和石英晶体作为时基信号源，从而保证了走时的精度。

组装数字钟 → 依据电子产品总装的一般顺序：先轻后重、先小后大、先铆后装、先装后焊、先里后外、先平后高，以及上道工序不能影响下道工序的原则，将数字钟的组装按照电阻、二极管、晶体管、集成电路插座、电容、跨接线、晶振、排线、开关、电源极板、蜂鸣器、变压器和电源线的顺序进行焊接组装。

调试数字钟 → 通电前应认真对照电路原理图、印制电路板，检查有无错焊、漏焊，特别是观察电路板上有无短路现象发生，如有故障要一一排除。只要焊接正确，通电后即可正常工作；显示时间并闪动，调整后就不闪动了。再调试时间、闹铃功能，应正确可调，安装电池后，检验数字钟的晶体振荡器和计数电路继续工作功能。

任务四　验收数字钟

※任务描述※

　　本任务以展示验收数字钟成品为主，引导学生了解项目制作报告的书写方法，能按要求完成项目制作报告的撰写；引导学生验收数字钟，会检验数字钟成品质量。

※任务目标※

知识目标：

1. 了解项目制作报告的内容。

2. 了解数字钟产品评价要素。

能力目标：

1. 会写项目制作报告。

2. 会评价数字钟产品质量。

素质目标：

1. 通过书写项目制作报告，提高学生归纳、总结能力。

2. 通过展示产品、演讲，提高学生的语言表达能力、自信心。

※任务实施※

活　动　产　品　验　收

※工作准备※

> **设备与材料**（见图3-107）：数字钟成品、说明书、万用表、一块6V锂电池。
>
>
>
> 图3-107　设备与材料

※知识链接※

一、项目制作报告

 读一读：项目制作报告的主要内容。

数字钟制作报告主要包括以下内容：

1. 项目制作目的。
2. 数字钟功能说明。
3. 项目制作过程，包括电路原理图、元器件参数选择、组装与调试过程。
4. 总结（制作过程中遇到的问题及解决方法、设计体会、建议）。
5. 其他事项。

二、产品验收

 议一议： 数字钟验收内容。

1. 外观检查

检查数字钟产品外观的主要内容有：

（1）外观标示是否粘贴牢固、标示是否正确。

（2）外壳封装是否严整紧固。

（3）电源正、负极板及电源线是否牢固不松动。

（4）外观干净整洁无污迹。

2. 功能检查

数字钟产品功能检查的主要内容有：

（1）基本功能是否实现，准确计时，以数字形式显示时、分，能校正时间功能。

（2）闹时功能是否实现。

※实施步骤※

一、制作项目报告

书写数字钟项目制作报告。填写在任务单中。

二、产品验收

1. 检查数字钟产品外观，完成任务单表3-35。
2. 时间基本功能检查，完成任务单表3-35。
3. 闹时功能检查，完成任务单表3-35。
4. 给产品贴合格标签。

三、评价方案

评价表见表3-41。

表3-41 验收数字钟评价表

序号	评价内容		评分标准
1	项目制作报告	内容全面，说明到位	主要内容描述清楚，无错别字，格式符合要求
2	产品验收	外观封装严密无污迹	外观标示清楚，外壳封装严整，电源正、负极板牢固，电源线连接牢固，外观干净整洁无污迹
		时间显示正确可调	通电电路工作正常，调时功能正确，调分功能正确
		闹时功能正确可调	闹时电路正常可调
3	安全规范及5S现场管理		操作安全、规范，爱护仪器设备，工作环境清洁 现场做到整理、整顿、清扫、清洁、素养

※应知应会小结※

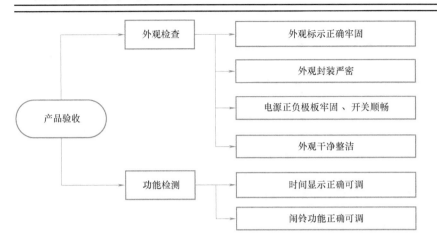

※巩固与提高——项目三小结※

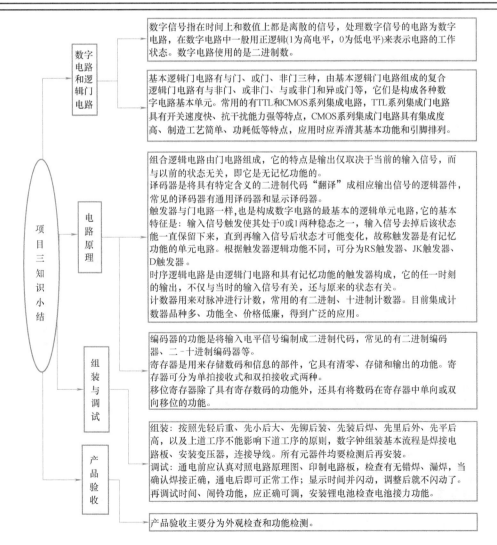

参 考 文 献

[1] 陈振源. 电子技术基础与技能：通信类 [M]. 北京：高等教育出版社，2010.

[2] 林宏裔. 电工与电子技术基础 [M]. 北京：中国铁道出版社，2007.

[3] 陈其纯. 电子线路学习辅导与练习 [M]. 2 版. 北京：高等教育出版社，2008.

[4] 黄宗放. 电子技术基础与技能：电子信息类 [M]. 北京：电子工业出版社，2011.

[5] 张金华. 电子技术基础与技能 [M]. 2 版，北京：高等教育出版社，2014.

[6] 李秀玲. 电子技术基础项目教程 [M]. 北京：机械工业出版社，2009.

[7] 王忠诚，王逸轩. 任务驱动学模拟电子技术. [M]. 北京：电子工业出版社，2013.

项目三

中等职业学校以工作过程为导向课程改革实验项目
电气运行与控制专业核心课程系列教材

电子装置组装与调试任务单

李凤玲　主　编

机械工业出版社

目 录

项目一

直流稳压电源的组装与调试

班级_____ 姓名_____ 同组人_____

工作时间： 年 月 日

※项目分析※

谈一谈

观察直流稳压电源套件、半成品及成品，对制作项目有初步认识。生活中哪些地方用到直流稳压电源？你用到的直流稳压电源有哪些？

写一写

1. 直流稳压电源由_____、_____、_____和_____组成。
2. 整流电路的作用为_____。
3. 电源变压器的作用为_____。
4. 滤波电路的作用为_____。
5. 稳压电路的作用为_____。

画一画

画出直流稳压电源组成框图。

记一记

本项目要制作的直流稳压电源参数是_____。

任务一　识别检测电子元器件

活动一　识别检测二极管

一、工作准备

写一写

1. 导电能力介于_____和_____之间的一类物质叫半导体。半导体的导电能力比导体_____，比绝缘体_____。

2. 目前应用最广泛的半导体材料有_____和_____，它们的元素符号分别是_____和_____。

3. 在纯净的半导体中掺入_____形成 N 型半导体，其多数载流子是_____。

4. 在纯净的半导体中掺入_____形成 P 型半导体，其多数载流子是_____。

5. 半导体具有_____性、_____性和_____性。

6. 半导体中有_____种载流子，分别是带_____电的电子和带_____电的空穴。

7. PN 结是在____型和____型半导体交界面形成的_____，有_____特性。

8. 二极管的封装材料有_____、_____和_____等。

9. 二极管的图形符号为_____，文字符号为_____。

10. 二极管的内部是由_____个_____构成的，其 P 区引出的电极是二极管的____极，N 区引出的电极是二极管的_____极。

11. 二极管具有_____特性，即加_____向电压时_____，加_____向电压时_____。加在二极管两端的正向电压较小时，二极管_____，当电压超过_____值时，二极管开始导通。

12. 硅二极管的死区电压是_____，正向压降是_____；锗二极管的死区电压是_____，正向压降是_____。

13. 二极管的伏安特性是分析_____与_____之间的关系。

14. 国外晶体管型号1N4001中"1"表示_____，N 表示_____，4001 是序号。二极管的主要参数有：_____、_____、_____、_____。

15. 二极管按材料分有_____管和_____管两类。

16. 二极管按用途分有_____二极管、_____二极管和_____二极管。

17. 若将二极管看作为理想器件，则二极管正向导通时可等效为_____，二极管反向截止时可等效为_____。

18. 写出下列二极管型号中各部分的意义。

19. 根据图 1-1 中条件填入硅二极管并标出二极管两端电压值。

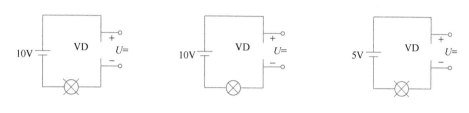

图 1-1

20. 在图 1-2 所示电路中，_____图的小指示灯不会亮。

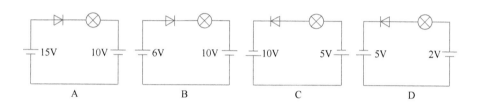

图 1-2

21. 特种二极管有_____二极管、_____二极管和_____二极管等。

22. 稳压二极管是一种用_____工艺制造的____材料的二极管，工作在_____，加正向电压时与普通二极管_____，正向压降为_____V。它的电路符号为_____。

23. 稳压二极管的稳压值就是其_____电压。

24. 稳压二极管的温度系数不是固定值，通常稳压值高于 6V 时温度系数为_____，稳压值低于 6V 时温度系数为____，稳压值为_____V 的稳压二极管受温度影响最小。

25. 稳压二极管电路如图 1-3 所示，VZ1、VZ2 是稳压二极管，$U_{Z1} = 6V$、$U_{Z2} = 8V$，求输出电压 U_o。

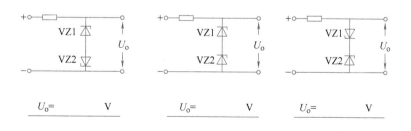

$U_o=$ ____ V　　　$U_o=$ ____ V　　　$U_o=$ ____ V

图 1-3

26. 发光二极管的电路符号为_____。发光二极管的作用是将__

— 3 —

_____变成_____，简称_____。

27. 发光二极管可由_____、_____和_____电源点亮。

28. 发光二极管正向压降大概在_____V，工作电流一般为_____
_____。

29. 检测发光二极管需要选择万用表欧姆挡的_____。

30. 光敏二极管的电路符号是_____，它是一种光电转换器件。

31. 光敏二极管工作时，PN结加_____向电压，没有光照时反向电流_____，
有光照时反向电流_____。

32. 判断图1-4所示几种二极管的类型，写出名称和符号。

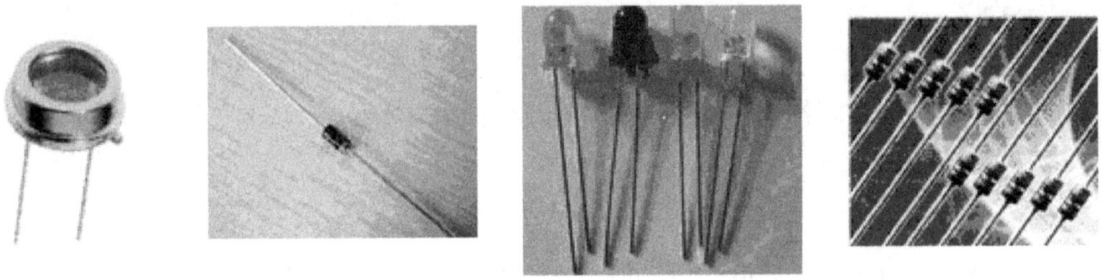

a   b   c   d

名称_____   名称_____   名称_____   名称_____
符号_____   符号_____   符号_____   符号_____

图 1-4

33. 万用表R×10k挡量程电池是_____，欧姆挡其他量程电池是_____；电池的
正极连接_____表笔，电池的负极连接_____表笔。

34. 用万用表检测二极管时，应选用_____或_____量程。黑表笔接二极管的正
极，红表笔接负极时，测量的是二极管的_____向电阻，阻值较_____；红表笔接二极
管的正极，黑表笔接负极时，测量的是二极管的_____向电阻，阻值较_____。

35. 用万用表检测二极管，红、黑表笔接二极管两端，测得阻值较小；将红、黑表笔
对调，测得阻值较大，且两值相差较大，说明二极管质量_____，具有很好的
_____性；阻值较小时黑表笔接的是二极管的_____极，红表笔接的是二极管的
_____极。

36. 使用万用表测量发光二极管时，应选用_____量程，正向阻值应小于____
_____，反向阻值应大于_____ 。

37. 使用万用表测量光敏二极管时，应选用_____量程，若光敏二极管正常，
无光照时阻值_____，有光照时阻值_____。

画一画

1. 画出多种二极管的符号
二极管   稳压二极管   发光二极管   光敏二极管

2. 画出硅二极管的伏安特性曲线，标出死区电压、正向导通电压、反向击穿电压。

认一认

1. 按照下列实物图片写出对应的元器件名称和符号，填入表1-1。

表 1-1　元器件名称实物符号表

实物图片	名称、符号	实物图片	名称、符号
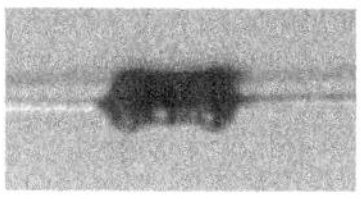			

二、实施步骤

1. 通过外形识别电子元器件，每组一袋混合的电子元器件，将电子元器件进行识别分类，填入表1-2。

表 1-2　元器件识别统计表

名称	数量	名称	数量
电阻		电位器	
普通电容		变压器	
电感		电解电容	
普通二极管		发光二极管	
稳压二极管		光敏二极管	

2. 使用万用表检测普通二极管、稳压二极管，检测图如教材图 1-19 所示，完成表 1-3。

3. 使用万用表检测发光二极管，完成表 1-3。

表 1-3　二极管检测表

名称	型号	正向电阻		反向电阻		质量
		挡位	阻值	挡位	阻值	
整流二极管						
发光二极管						
稳压二极管						

三、评价

评价表见表 1-4。

表 1-4　识别检测二极管评价表

序号	评价内容		分值(100)	评价标准	得分
1	外观识别元器件	电阻、电容、电感等	10	从外观区分电阻、电容、电感、电位器、变压器，每个 2 分	
		普通二极管	5	能从外观正确识别二极管、稳压二极管、发光二极管、光敏二极管各 3 分，能看出正负极，每个 2 分	
		稳压二极管	5		
		发光二极管	5		
		光敏二极管	5		
2	二极管检测	万用表	15	挡位正确 5 分，根据错误次数扣 1~5 分；电气调零 5 分，根据未调零次数扣 1~5 分。万用表复位 5 分	
		整流二极管	15	分清正反向电阻 1 分，会测正反向电阻各 2 分，正反向电阻读数准确各 2 分，会判断正负极 3 分，会判断质量好坏 3 分	
		稳压二极管	15		
		发光二极管	10	会判断正负极 3 分，会判断质量好坏 3 分，正反向电阻读数各 2 分	
3	安全、规范操作		10	安全、规范操作，3 分，器件丢失或损坏，扣 2~5 分，表格填写工整，2 分	
4	5S 现场管理		5	整理、整顿、清扫、清洁、素养各 1 分	
	总分				

班级_____　姓名_____　　同组人_____　时间：　　年　　月　　日

活动二　识别检测晶体管

一、工作准备

写一写

1. 晶体管有____个电极、____个 PN 结。在电路中主要作为_____和_____使用。晶体管电极的名称是_____极、_____极和_____极，分别用字母_____表示。

2. 晶体管具有_____的功能，晶体管若要实现电流放大，必须要发射结_____，集电结_____。

3. 晶体管常采用的封装材料有_____和_____。大功率晶体管多采用_____封装，目的是_____。

4. 晶体管的分类：

（1）晶体管按制造材料分为_____管和_____管；

（2）晶体管按结构分为_____型和_____型；

（3）晶体管按工作频率分为_____管和_____管；

（4）晶体管按功率不同分为_____管和_____管；

（5）晶体管按用途分为_____管和_____管。

5. 晶体管是_____控制型器件，是用_____极电流控制_____极电流。

6. 晶体管三个极电流之间的关系是_____，其中__电流很小，所以__电流和_____电流近似相等。

7. 晶体管电流放大系数 β = _____，其值越大，表明晶体管的_____能力越强。

8. 晶体管的输入特性曲线是_____为定值时，_____与_____对应关系的曲线。

9. 晶体管的输出特性曲线是指_____为某一定值时，与_____之间的关系。

10. 晶体管有三种工作状态：

（1）_____状态，条件为_____；

（2）_____状态，条件为_____；

（3）_____状态，条件为_____。

11. 国外晶体管型号中，以"2N"开头的是_____注册产品，以"2S"开头的是_____注册产品；其中"2"表示_____，晶体管属于这一类型。

12. 写出下列晶体管型号中各部分的意义。

3AX31

3DG6

— 7 —

13. 测得某处在放大状态中晶体管各极电压如下：①脚电压为 0V，②脚电压为 6V，③脚电压为 0.7V，则①脚为________极，②脚为________极，③脚为________极，是________管（锗、硅），是________型（PNP、NPN）。

14. 某晶体管管脚①流进 2mA，②流出 1.95mA，③流出 0.05mA，则①脚为______极，②脚为________极，③脚为________极，是________型（PNP、NPN）。

15. 晶体管三个极对地电位如图 1-5 所示，判断晶体管的工作状态。

-6V
-1.3V
-1V
a)
-6V
-1.5V
-2V
b)
3.4V
3.7V
3V
c)
6V
1.7V
1V
d)

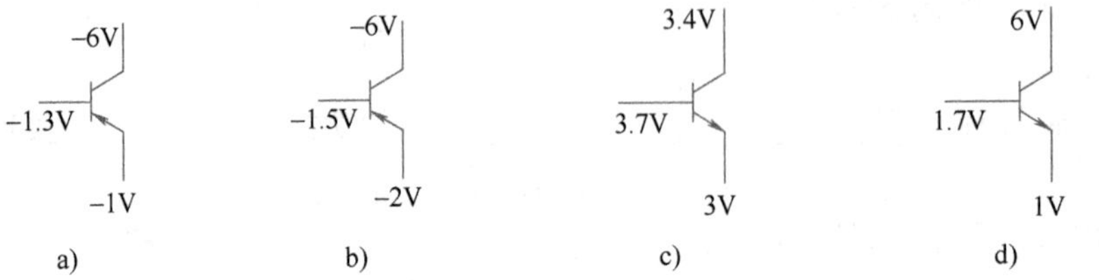

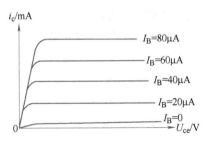

图 1-5 晶体管的工作状态

16. 检测晶体管选用万用表________或________量程。

17. 假定一基极，黑表笔接假定基极，红表笔接另外两个极测出两个阻值均小，则假定基极________，该晶体管为________型。

18. 假定一基极，红表笔接假定基极，黑表笔接另外两个极测出两个阻值均小，则假定基极________，该晶体管为________型。

19. NPN 型晶体管确定基极后，假定一集电极，将万用表____表笔接假定集电极，______表笔接另一管脚，用手捏住________和________，看表针偏转角度；再将另一管脚假定为集电极按上述方法测试，两次测量中万用表表针偏转角度______的一次，黑表笔接的是集电极。

20. PNP 型晶体管确定基极后，假定一集电极，将万用表____表笔接假定集电极，______表笔接另一管脚，用手捏住________和________，看表针偏转角度；再将另一管脚假定为集电极按上述方法测试，两次测量中万用表偏转角度______的一次，红表笔所接为集电极。

画一画

1. 画出晶体管的符号。

NPN 型　　　　PNP 型

2. 晶体管的输出特性曲线如图 1-6 所示，在图中标出三个工作区。

i_c/mA
I_B=80μA
I_B=60μA
I_B=40μA
I_B=20μA
I_B=0
0
U_{ce}/V

图 1-6 晶体管输出特性曲线

二、实施步骤

1. 识读晶体管的型号，完成表 1-5。
2. 依据管脚排列常识，识别晶体管管脚，完成表 1-5。
3. 测量 NPN 型晶体管的管脚和管型，完成表 1-5。
4. 测量 PNP 型晶体管的管脚和管型，完成表 1-5。

表 1-5　晶体管检测表

管型	型号	外形	好坏	管脚
NPN 型				
PNP 型				

型号	管型	管脚
9012		
9013		

三、评价

评价表见表 1-6。

表 1-6　识别检测晶体管评价表

序号	评价内容		分值	评价标准	得分
1	识别	型号识读	8	识读型号 4 分，说明含义 4 分	
		管脚判断	12	判断三个电极，每个电极 4 分	
2	检测	万用表	15	挡位正确 5 分，根据错误次数扣 1~5 分；电气调零 5 分，根据未调零次数扣 1~4 分；万用表复位 5 分	
		NPN 型	25	管脚判断，每一个电极 5 分，判断管型 5 分，判断质量好坏 5 分	
		PNP 型	25		
3	安全、规范操作		10	安全、规范操作 3 分，器件丢失或损坏扣 2~5 分，表格填写工整 2 分	
4	5S 现场管理		5	整理、整顿、清扫、清洁、素养各 1 分	
	总分				

班级 _____ 姓名 _____ 同组人 _____ 时间：　年　月　日

※知识拓展※

写一写

1. 贴片元器件也称_____，是一种_____或_____的

新型微小型元器件，适合安装于没有_____的印制电路板上，是_____
_____的专用元器件。

2. 贴片元器件具有_____、_____、_____、无引线或短引线，适合在印制电路板上进行表面安装的特点。

3. 无极性的贴片元器件有_____。

4. 有极性的贴片元器件有_____。

5. 场效应晶体管是一种_____控制器件，它是利用输入电压产生的_____来控制输出电流。

6. 场效应晶体管按结构的不同可分为_____型和_____型两大类，各类又有_____沟道和_____沟道的区别。

7. 场效应晶体管的三个电极分别为_____、_____、_____、_____。

8. 存放_____场效应晶体管时，应将三个电极_____，以防止_____。

9. 焊接场效应晶体管时应先焊_____，最后焊_____。

画一画

P 沟道结型场效应晶体管符号   N 沟道增强型绝缘栅场效应晶体管符号

P 沟道耗尽型绝缘栅场效应晶管符号   N 沟道耗尽型绝缘栅场效应晶体管符号

任务二　识读直流稳压电源电路图

活动一　识读整流电路

一、工作准备

写一写

1. 整流电路是利用_____实现整流。从整流所得的电压波形看，可分为_____和_____。整流电路的主要类型有_____和_____。

2. 单相半波整流电路原理：

（1）当 u_2 正半周时，二极管_____，负载 R_L 上有自_____而_____的电流，电压 U_L = _____。

（2）当 u_2 负半周时，二极管_____，此时回路中_____，负载 R_L 上电压 U_L = _____。

3. 单相半波整流电路计算公式：

（1）负载上的直流电压 $U_L =$

（2）负载上的直流电流 $I_L =$

（3）流过二极管的平均电流 $I_{VD} =$

（4）二极管承受的最高反向工作电压 $U_{RM} =$

4. 单相全波整流电路原理：

（1）当 u_2 正半周时，二极管_____导通，二极管_____截止，负载 R_L 上有自____而_____的电流，电压 $U_L =$ _____。

（2）当 u_2 负半周时，二极管_____导通，二极管_____截止，负载 R_L 上有自____而_____的电流，电压 $U_L =$ _____。

5. 单相全波整流电路计算公式：

（1）负载上的直流电压 $U_L =$

（2）负载上的直流电流 $I_L =$

（3）流过二极管的平均电流 $I_{VD} =$

（4）二极管承受的最高反向工作电压 $U_{RM} =$

6. 单相桥式整流工作原理：

（1）当 u_2 正半周时，二极管_____导通，二极管_____截止，负载 R_L 上有自_____而_____的电流，电压 $U_L =$ _____。

（2）当 u_2 负半周时，二极管_____导通，二极管_____截止，负载 R_L 上有自_____而_____的电流，电压 $U_L =$ _____。

7. 单相桥式整流电路计算公式：

（1）负载上的直流电压 $U_L =$

（2）负载上的直流电流 $I_L =$

（3）流过二极管的平均电流 $I_{VD} =$

（4）二极管承受的最高反向工作电压 $U_{RM} =$

画一画

1. 画出单相半波整流、单相全波整流电路图。

2. 画出单相桥式整流电路图。

3. 画出图 1-7 中单相半波整流电路 U_L 的波形。

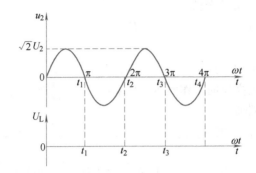

图 1-7　单相半波整流输出电压波形

4. 画出图 1-8 中单相全波整流电路 U_L 的波形。

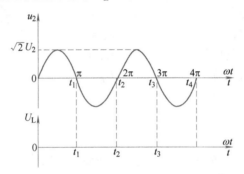

图 1-8　单相全波整流输出电压波形

5. 画出图 1-9 中单相桥式整流电路 U_L 的波形。

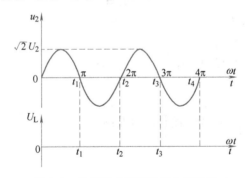

图 1-9　单相桥式整流输出电压波形

算一算

1. 单相半波整流电路的输出电压为 45V，则变压器二次电压为_____。

2. 单相半波整流电路的变压器二次电压为 10V，其负载上的直流电压为_____。

3. 单相半波整流电路的变压器二次电压有效值为 15V，负载电阻 $R_L = 100\Omega$，求：
（1）整流电路的输出电压；（2）整流电路输出电流。

4. 单相半波整流电路的变压器二次电压有效值为 20V，负载电阻 $R_L = 500\Omega$，求：负载上的电压；二极管流过电流和所承受的最高反向工作电压。

5. 单相桥式整流电路的 $u_2 = 10V$，其负载上的直流电压为_____。

6. 单相桥式整流电路的变压器二次电压为20V，其负载上的直流电压为_____。

7. 单相桥式整流电路的输出电压为45V，则变压器二次电压为_____。

8. 单相桥式整流电路的 $u_2 = 20V$，负载电阻 $R_L = 100\Omega$，求：（1）整流电路输出电压；（2）整流电路的输出电流；（3）二极管流过电流和所承受的最高反向工作电压。

9. 有一个桥式整流电路，若输出电压 $U_L = 9V$，负载电流 $I_L = 1A$，求：（1）变压器的二次电压；（2）流过二极管的电流。

记一记

将单相半波整流与桥式整流的知识填入表1-7。

表1-7 单相半波整流与桥式整流知识梳理表

项目	单相半波整流电路	单相桥式整流电路
电路图		
输出电压		
输出电流		
二极管电流		
二极管耐压值		
输出电压波形		

二、实施步骤

1. 搭接电路

按照电路原理（见图1-10），在电子实验箱上搭接单相桥式整流电路。

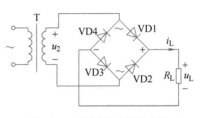

图1-10　单相桥式整流电路

2. 观察波形

用示波器观察交流电压 u_2 和负载电阻上 U_L 的电压波形。并填入表1-8中画出波形图。

表1-8　单相桥式整流电路检测表

测量内容		交流输入电压 u_2（整流前）	整流输出电压 u_L（整流后）
电压波形			
电压有效值	理论值	$U_2 =$ 　　　V	$U_L =$ 　　　V
	测量值	$U_2 =$ 　　　V	$U_L =$ 　　　V

3. 测量电压

用万用表的交流电压挡测交流电压 U_2，用直流电压挡测量整流输出电压平均值 U_L，将数据记入表1-8，同时根据相应的公式将理论值计算后记入表1-8中。

4. 总结归纳

整流电路是利用二极管的＿＿＿＿＿＿＿＿＿特性，实现将交流电转换为直流电。桥式整流电路在交流电的正、负半周都有（同一、不同）方向的电流流过负载 R_L，在负载上得到全波脉动的直流电压和电流。

5. 问题讨论

当电路出现以下故障时，电路会出现什么情况。

（1）当 VD2 开路或脱焊时，＿＿＿＿＿＿＿＿＿＿＿＿＿＿＿＿＿。

（2）当 VD1 极性接反时，＿＿＿＿＿＿＿＿＿＿＿＿＿＿＿＿＿。

（3）当 VD2 击穿或短路时，＿＿＿＿＿＿＿＿＿＿＿＿＿＿＿。

（4）当 R_L 短路时，＿＿＿＿＿＿＿＿＿＿＿＿＿＿＿＿＿＿。

（5）若将桥式整流电路中的4只二极管均反接，对输出电压有何影响？

三、评价

评价表见表1-9。

表1-9　识读整流电路评价表

序号	项目		分值	评价标准	得分
1	桥式整流	搭接电路	20	接线正确10分，熟练10分	
		观察波形	30	示波器接线10分，调波形10分，绘波形10分	
		测量输出电压	30	万用表挡位选择10分，接线10分，读数10分	
2	安全、规范操作		15	安全、规范操作5分，仪器整理到位5分，表格填写工整5分	
3	5S 现场管理		5	整理、整顿、清扫、清洁、素养各1分	
	总分				

班级＿＿＿＿＿　姓名＿＿＿＿＿　同组人＿＿＿＿＿　时间：　年　月　日

活动二　识读滤波电路

一、工作准备

写一写

1. 滤波器的类型有＿＿＿＿＿＿＿＿、＿＿＿＿＿＿＿＿、＿＿＿＿＿＿＿＿三大类。常用滤波元件是＿＿＿＿＿和＿＿＿＿＿。

2. 电容滤波电路是由电容 C 与负载 R_L＿＿＿＿＿＿＿＿构成，它是利用＿＿＿＿＿＿＿＿＿＿＿＿＿＿＿＿特性来实现滤波，适用于＿＿＿＿＿＿＿＿＿＿＿＿＿＿＿＿＿＿＿的场合。

3. 半波整流电容滤波电路的输出电压：U_L =

4. 桥式整流电容滤波电路的输出电压：U_L =

5. 电容滤波电路中，电容值越大，滤波效果就＿＿＿＿＿＿＿＿。

6. 在单相桥式整流电路中，接入电容滤波后，电压波动＿＿＿＿＿＿，输出电压＿＿＿＿＿＿＿＿。

7. 在半波整流电容滤波电路中，变压器二次电压为 20V，则电路的输出电压为＿＿＿＿＿＿。

8. 在桥式整流电容滤波电路中，变压器二次电压为 20V，则电路的输出电压为＿＿＿＿＿＿。

9. 电感滤波电路是由电感 L 与负载 R_L＿＿＿＿＿＿＿＿构成，它是利用＿＿＿＿＿＿＿＿＿＿＿特性来实现滤波。

10. 电感滤波适用于＿＿＿＿＿＿＿＿＿＿＿＿＿＿＿＿＿＿＿＿＿的场合。

11. 在电感滤波电路中，L 越＿＿＿＿，滤波效果越＿＿＿＿＿＿。

12. 为了取得更好的滤波效果，常使用＿＿＿＿＿＿＿＿。

13. 常用的复式滤波器类型有＿＿＿＿＿＿＿＿、＿＿＿＿＿＿＿＿、＿＿＿＿＿＿＿＿三种类型。

画一画

1. 给图 1-11、图 1-12 所示电路中加上滤波电容构成整流滤波电路。

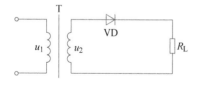

图 1-11　单相半波整流电容滤波电路

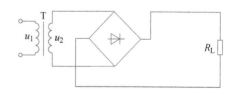

图 1-12　单相桥式整流电容滤波电路

2. 给图 1-13、图 1-14 所示电路中加上滤波电感构成整流滤波电路。

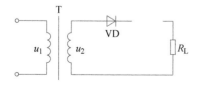

图 1-13　单相半波整流电感滤波电路

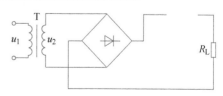

图 1-14　单相桥式整流电感滤波电路

3. 在图 1-15 上补全单相桥式整流 L 型滤波器电路。

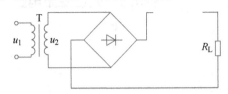

图 1-15　单相桥式整流 L 型滤波器电路

4. 在图 1-16 上补全单相桥式整流 $LC\text{-}\pi$ 型滤波器电路。

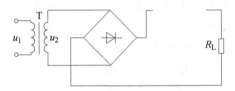

图 1-16　单相桥式整流 $LC\text{-}\pi$ 型滤波器电路

5. 在图 1-17 上补全单相桥式整流 $RC\text{-}\pi$ 型滤波器电路。

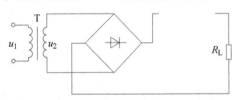

图 1-17　单相桥式整流 $RC\text{-}\pi$ 型滤波器电路

二、实施步骤

1. 搭接、测试单相桥式整流电容滤波电路

按照《电子装置组装与调试》图 1-55 所示电路原理图，对照实验箱上相应位置，按图 1-18 所示的提示完成任务单表 1-10 单相桥式整流电容滤波电路搭接并测试。

2. 搭接、测试单相桥式整流电感滤波电路

按照《电子装置组装与调试》图 1-56 所示电路原理图，对照实验箱上相应位置，按图 1-18 所示的提示完成任务单表 1-10 单相桥式整流电感滤波电路搭接、测试。

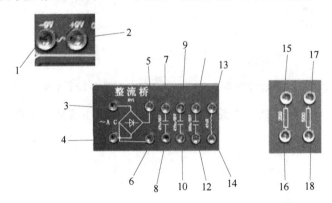

图 1-18　单相桥式整流电容、电感接线提示图

表 1-10　滤波电路测试表

项目	测试内容	搭接电路	输出电压	输出波形
整流前后波形观察	未整流的电压波形	导线 1 接 3,2 接 4；万用表拨至交流电压 10V 挡，万用表的红表笔接 3,黑表笔接 4；示波器的红表笔接 3,黑表笔接 4		u_L O t
	单相桥式整流后不带负载的电压波形	导线 1 接 3,2 接 4；万用表拨至直流电压 50V 挡，万用表的红表笔接 5,黑表笔接 6；示波器的红表笔接 5,黑表笔接 6		u_L O t
搭接测试单相桥式整流电容滤波电路	接入 $C=47\mu F$、$R=200\Omega$ 后的滤波输出电压	导线 1 接 3,2 接 4,5 接 7,6 接 8,7 接 15,8 接 16；万用表拨至直流电压 50V 挡，红表笔接 15,黑表笔接 16;示波器红表笔接 15,黑表笔接 16		u_L O t
	接入 $C=100\mu F$、$R=200\Omega$ 后的滤波输出电压	导线 1 接 3,2 接 4,5 接 11,6 接 12,11 接 15,12 接 16;万用表拨至直流电压 50V 挡，红表笔接 15,黑表笔接 16;示波器红表笔接 15,黑表笔接 16		u_L O t
	接入 $C=470\mu F$、$R=200\Omega$ 后的滤波输出电压	导线 1 接 3,2 接 4,5 接 9,6 接 10,9 接 15,10 接 16;万用表拨至直流电压 50V 挡，红表笔接 15,黑表笔接 16;示波器红表笔接 15,黑表笔接 16		u_L O t

项目	测试内容	搭接电路	输出电压	输出波形
搭接测试单相桥式整流电感滤波电路	接入 $L=47\mu H$、$R=200\Omega$ 后的滤波输出电压	导线 1 接 3,2 接 4,5 接 13,14 接 15,16 接 6;万用表拨至直流电压 50V 挡,红表笔接 15,黑表笔接 16;示波器红表笔接 15,黑表笔接 16		u_L / O / t
	接入 $L=47\mu H$、$R=500\Omega$ 后的滤波输出电压	导线 1 接 3,2 接 4,5 接 13,14 接 17,18 接 6;万用表拨至直流电压 50V 挡,红表笔接 17,黑表笔接 18;示波器红表笔接 17,黑表笔接 18		u_L / O / t

3. 总结归纳

（1）由表 1-10 的测试结果说明，电容滤波的效果与电容 C 的容量有关，C _____（越小 越大），滤波效果越_____（好 不好）。

（2）由表 1-10 中的测试值可知，桥式整流电路加电容滤波后，负载两端电压的平均值_____（升高 下降）。此时 $U_2 =$ ____ U_L。

（3）电感滤波的效果与负载阻值的大小有关，但本实验测试结果说明，负载电阻 R_L 的阻值变化，对滤波效果的影响_____（明显 不明显），说明电感滤波不适合_____的场合（负载电流小 负载电流大）

三、评价

表 1-11　识读滤波电路评价表

序号	项目	分值	评价标准	得分
1	万用表测交流电压	10	挡位正确 2 分,表笔正确接入 2 分,读数准确 4 分,熟练完成 2 分	
2	万用表测直流输出电压	25	挡位正确 5 分,表笔正确接入 5 分,读数准确 10 分,表笔复位 5 分	
3	示波器观察波形	20	接线正确 4 分,调钮正确 10 分,波形稳定 4 分,熟练完成 2 分	
4	数据及数据分析	10	数据准确 5 分,分析正确 5 分	
5	搭接电路	20	接线正确 15 分,熟练完成 5 分	
6	安全、规范操作	10	安全、规范操作 5 分,仪器整理到位 5 分	
7	5S 现场管理	5	整理、整顿、清扫、清洁、素养各 1 分	
	总　分			

班级_____　姓名_____　　　同组人_____　　时间:　　年　月　日

活动三　识读稳压电路

一、工作准备

写一写

1. 利用稳压二极管的＿＿＿＿＿＿＿＿＿＿＿＿＿＿＿＿＿＿＿＿特性可实现电源的稳压作用。

2. 稳压二极管并联型稳压电路由＿＿＿＿＿＿＿和＿＿＿＿＿＿＿＿＿＿＿组成。

3. 稳压二极管并联型稳压电路具有＿＿＿＿＿＿＿＿＿＿＿＿＿的特点。但输出电压由稳压二极管的稳压值决定，输出电流也受稳压二极管的稳定电流限制，因此，电路的输出电压＿＿＿＿＿＿＿，输出电流变化＿＿＿＿＿＿＿＿＿，只适合＿＿＿＿＿＿＿＿＿＿的场合。

4. 晶体管串联型稳压电路由＿＿＿＿＿＿、＿＿＿＿＿＿、＿＿＿＿＿和＿＿＿＿＿＿组成。

5. 取样电路由＿＿＿＿＿＿构成，作用是＿＿＿＿＿＿＿＿＿＿。

6. 基准电压由＿＿＿＿＿＿构成，作用是＿＿＿＿＿＿＿＿＿。

7. 比较放大电路由＿＿＿＿＿＿＿＿＿＿构成，作用是＿＿＿＿＿＿＿。

8. 调整电路由＿＿＿＿＿＿构成，作用是＿＿＿＿＿＿＿＿＿＿＿＿。

9. 串联型稳压电路输出电压公式：U_o ＿＿＿＿＿＿＿＿＿；

输出电压最大值：$U_{omax} =$ ＿＿＿＿＿＿＿；

输出电压最小值：$U_{omin} =$ ＿＿＿＿＿＿。

10. 集成稳压器一般有三个端子，故又称为三端集成稳压器。集成稳压器类型很多，按结构分为＿＿＿＿＿＿、＿＿＿＿＿＿和开关型，按输出电压分为＿＿＿＿＿＿＿＿和＿＿＿＿＿＿。

11. W78L08 的输出电压为＿＿＿＿＿＿＿，输出电流为＿＿＿＿＿＿。

12. W7912 的输出电压为＿＿＿＿＿＿＿，输出电流为＿＿＿＿＿＿。

13. 三端固定式集成稳压器分为＿＿＿＿＿＿＿系列和＿＿＿＿＿＿＿＿＿＿系列。

14. W78×× 系列的三个引脚是 1 ＿＿＿＿＿＿，2 ＿＿＿＿＿＿，3 ＿＿＿＿＿。

15. W79×× 系列的三个引脚是 1 ＿＿＿＿＿＿，2 ＿＿＿＿＿＿，3 ＿＿＿＿＿。

16. CW317 系列的三个引脚是 1 ＿＿＿＿＿＿，2 ＿＿＿＿＿＿，3 ＿＿＿＿＿。

17. 将集成稳压器分类对比填入表 1-12 中。

表 1-12　集成稳压器对比表

内容	三端固定式集成稳压器	三端可调式集成稳压器
分类系列		
输出电压(正、负)		
三个引脚		
输出电压值		
符号含义	W—　××— L—　M—　无字母—	1—　2—　3— L—　M—　无字母—

画一画

1. 绘制稳压二极管并联型稳压电路、晶体管串联型稳压电路原理图。

2. 绘制一个输出电压 +6V 的三端固定式集成稳压器应用电路。

3. 绘制 W117 可调式集成稳压器的应用电路。

二、实施步骤

1. 搭接稳压二极管并联型稳压电路。对照电路原理（见图 1-19），按照电子实验箱上提供的支路（见图 1-20），连接电路，连接端子为＿＿＿＿＿＿＿，＿＿＿＿＿＿＿，
＿＿＿＿＿＿＿。

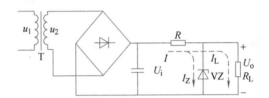

图 1-19　稳压二极管并联型稳压电路

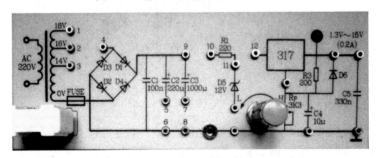

图 1-20　实验箱稳压电路

2. 测量稳压效果。改变输入电压值，测量输出电压，填入表 1-13 中，分析数据，观察稳压效果。

表 1-13　稳压电路测试

输入电压/V	输出电压测量值 u_o/V
16	
14	

3. 按照图 1-21，连接三端可调式（W317）稳压电路，连接端子为＿＿＿＿＿＿＿，
＿＿＿＿＿＿＿。

4. 测量三端可调式（W317）稳压电路的输出电压范围。使输入电压 $u_i = 16V$，调节实验板上的电位器 RP 向左旋到底（即 RP 最小），读出输出电压 u_{omin}，填入表 1-14 中；再将电位器 R_P 向右旋到底（即 R_P 最大），读出输出电压 u_{omax}，填入表 1-14 中。

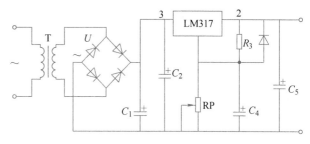

图 1-21　三端可调式（W317）稳压电路

表 1-14　三端可调式稳压电路稳压范围

测试条件	$u_2 = 16V$	
测量内容	u_{omin}/V	u_{omax}/V
测量值		

5. 总结归纳

（1）稳压的作用是在_____波动或_____变动的情况下，保持_____不变。

（2）三端可调式（W317）稳压电路的输出电压范围为_____。

三、评价

评价表见表 1-15。

表 1-15　识读稳压电路评价表

序号	评价内容	分值	评价标准	得分
1	万用表测输出电压	30	挡位正确 5 分,表笔接入正确 5 分,读数准确 10 分,熟练完成 5 分,表笔复位 5 分	
2	搭接电路	45	接线正确 35 分,熟练完成 10 分	
3	数据及数据分析	10	数据填写清晰、准确 5 分,分析正确 5 分	
4	安全、规范操作	10	仪器整理到位 5 分,安全规范操作 5 分	
5	5S 现场管理	5	整理、整顿、清扫、清洁、素养各 1 分	
	总　分			

班级_____姓名_____同组人_____时间：　年　　月　日

活动四　识读放大电路

一、工作准备

写一写

1. 放大电路又称_____，是将_____放大成_____
_____。放大电路实质是一种_____，是将
_____转换成_____。

2. 共发射极放大电路的_____都较大，因此，广泛应用在_____

— 21 —

_____。其他放大电路还有_____和_____

_____。共集电极放大电路只有_____，无

_____，它的_____，常用来实现_____。共基极放大电路主要电路特点是_____，常用来做_____。

3. 放大器的工作状态分为_____和_____两种。静态是指_____时，电路中的电压、电流呈直流状态；动态是指_____时，电路中的电压、电流呈交流和直流叠加状态。

4. 在共发射极基本放大电路中，输出电压与输入电压频率_____，相位_____。因此，该放大电路通常称为_____。

5. 静态工作点 Q 是指放大电路没有输入交流信号时，晶体管的各极的直流电压和直流电流，主要是指_____。

6. 填入表 1-16 中各符号所表示交、直流量名称。

表 1-16 电压、电流表示意义

符号	名　称	符号	名　称
I_B		U_{CE}	
i_B		i_e	
u_o		i_C	
u_i		I_C	

7. 放大电路的静态工作点设置不合适，将导致放大输出的波形产生____。由静态工作点设置不合适引起的失真主要有_____和_____两类。

8. 产生饱和失真的原因是_____，导致输出电压波形的_____被削去一部分，解决方案是_____。产生截止失真的原因是_____，导致输出电压波形的_____被削去一部分，解决方案是_____。

9. 放大电路的分析主要有_____和_____分析法，分析内容主要有_____分析和_____分析。

10. 晶体管组成放大电路有三种连接方式：_____、_____和_____。

11. 判断如图 1-22 所示的失真类型：A_____；B_____。

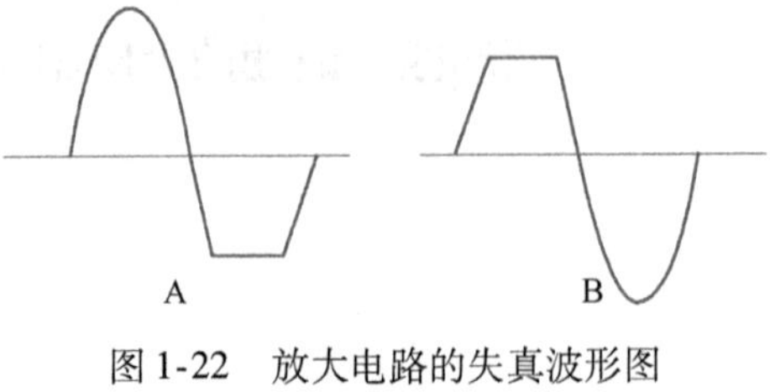

A　　　　　　　　　B

图 1-22　放大电路的失真波形图

12. 静态分析过程是先画_____，然后通过直流通路求_____。

13. 直流通路是指静态时，电路中_____流过的路径。画直流通路的方法是将电容做_____处理。

14. 静态工作点是指_____。

15. 动态分析过程是先画_____，然后通过交流通路求_____。

16. 交流通路是指动态时，电路中_____流过的路径。画交流通路的方法是将电容、直流电源看作_____。

17. 共发射极基本放大电路，又名_____，优点是_____，但其静态工作点随_____变化而变化。

18. 静态工作点稳定的共发射极放大电路，又名_____，优点是其静态工作点不随_____变化而变化，电路多了_____元件。

19. 电路特点：利用____和____的串联分压使晶体管的_____固定，R_E 是发射极电阻，起_____作用，C_E 对射极电阻 R_E 起_____作用。

20. 对比固定偏置放大电路的直流通路和交流通路与分压式偏置放大电路的直流通路和交流通路，得出结论是：直流通路_____，交流通路_____，说明两个电路的交流参数_____，分压式偏置放大电路主要用于稳定电路的_____。

21. 多级放大电路是指_____的单级放大电路组成，目的是获得_____的电压放大倍数。级与级之间的连接方式称为_____，常用的耦合方式有_____、_____、_____和_____。

22. 总电压放大倍数公式为_____。

23. 两级放大电路的放大倍数 $A_{u1} = 30$，$A_{u2} = 50$，其总放大倍数为_____。若输入信号 $u_i = 5\text{mV}$，放大后的输出信号 u_o 为_____。

24. 对比不同耦合方式多级放大电路的优缺点，填入表 1-17。

表 1-17　几种耦合方式优缺点对比表

耦合方式	优　　点	缺　　点
阻容耦合		
变压器耦合		
直接耦合		
光耦合		

25. 幅频特性曲线是指_____与_____关系曲线。反映放大倍数与频率的关系。

26. 标出图 1-23 中幅频特性曲线上的参数。

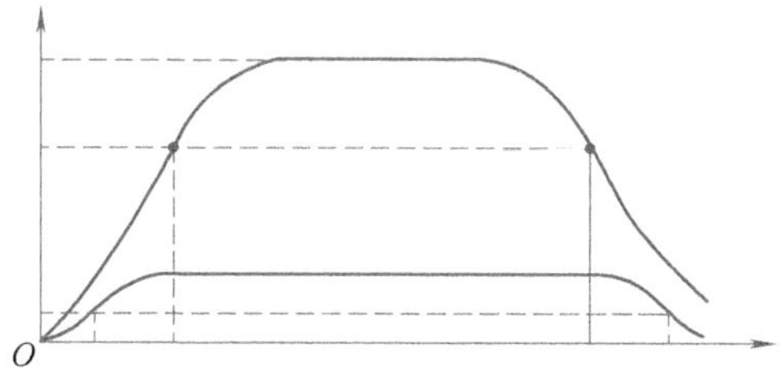

图 1-23　阻容耦合放大器幅频特性曲线

27. 通频带 $BW =$ _____。

28. 由幅频特性曲线看出，放大电路在_____放大效果最好。

29. 多级放大电路的通频带比它的任何一级的通频带都_____。

30. 反馈是指将放大电路的_____信号的一部分或全部返送回_____端，并与_____信号相叠加的过程。反馈放大电路由_____和_____组成。

31. 使净输入信号增强的反馈叫_____反馈；使净输入信号削弱的反馈叫_____反馈。

32. 对直流量起反馈作用的叫_____反馈，对交流量起反馈作用的叫_____反馈。

33. 根据反馈信号从放大器的输出端取出方式的不同，分为_____反馈和_____反馈。

34. 根据反馈信号在放大器_____端与_____信号连接方式的不同，分为串联反馈和并联反馈。

35. 负反馈有四种组态分别是：_____、_____、_____、_____。

36. 负反馈对放大器性能的影响有以下几个方面：
（1）负反馈使放大电路放大倍数减小；
（2）_____；
（3）_____；
（4）_____；
（5）_____。

37. 输入电阻变化主要取决于反馈信号在输入端的连接方式：串联负反馈使_____电阻_____，并联反馈使_____电阻_____。它与输出端取出反馈信号的方式无关。

38. 输出电阻的变化主要取决于反馈信号在输出端的提取方式：电压负反馈使_____电阻_____，电流负反馈使_____电阻_____。它与反馈信号在输入端的合成方式无关。

39. 负反馈可以_____非线性失真，但是不可以_____非线性失真。

40. 电压负反馈可以稳定_____，电流负反馈可以稳定_____。

41. 共集电极电路，又称_____。它的特点是输入阻抗_____；输出阻抗_____；输入、输出电压相位_____，大小_____。

42. 射极输出器的应用有：（1）_____；（2）_____；（3）_____。射极输出器的反馈组态是_____。

画一画

1. 画出共发射极基本放大电路及直流通路、交流通路。

2. 画出分压式偏置放大电路及直流通路、交流通路。

3. 画出反馈放大电路框图，标出输出信号、输入信号、净输入信号、反馈信号。

记一记

1. 共发射极基本放大电路的静态工作点公式：

$$I_{BQ} =$$
$$I_{CQ} =$$
$$U_{CEQ} =$$

2. 共发射极基本放大电路的交流参数公式：

$$r_{be} \approx$$
$$r_i =$$
$$r_o =$$
$$A_u =$$

算一算

1. 共发射极基本放大电路中，$R_B = 300\text{k}\Omega$，$R_C = 4\text{k}\Omega$，$R_L = 4\text{k}\Omega$，$V_{CC} = 9\text{V}$，$\beta = 50$。求：（1）静态工作点；（2）交流参数。

2. 共发射极基本放大电路中，$R_B = 400\text{k}\Omega$，$R_C = 3\text{k}\Omega$ $R_L = 3\text{k}\Omega$，$V_{CC} = 12\text{V}$，$r_{be} = 1\text{k}\Omega$，$\beta = 50$。求：（1）静态工作点；（2）接 R_L 时的电压放大倍数；（3）不接 R_L 时的电压放大倍数。

二、实施步骤

1. 搭接单管放大电路

实验电路图及电路板如图 1-24 所示，将电路板与电路图对照，了解电路板上各元器件具体位置。按照电路图在电路板上搭接单管共发射极基本放大电路。断电接线，RP 调到最大，搭接完毕检查无误即可。

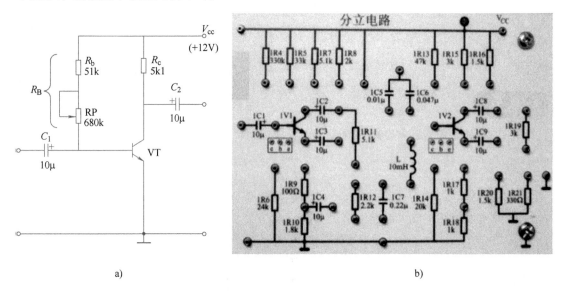

a)   b)

图 1-24　单管共发射极基本放大电路及分立电路板

a）实验电路图　b）分立电路板

2. 检测单管放大电路

（1）测直流电源 $V_{CC} = 12\text{V}$，打开电子实验箱电源开关，电源模块如图 1-25 所示，直流电源有 +12V，将万用表转换开关置于直流电压 50V 挡位，在电源模块部分用红表笔接实验箱电源模块的 "+12V" 插孔，黑表笔接 "⊥" 插孔，测直流电压 12V，填入表 1-18 中。

（2）测放大电路的静态工作点，即晶体管三个极的电位。调节 RP 使 U_C 为 5V 左右，黑表笔接地，红表笔接电路板中晶体管边的 C 测得 U_C，再分别测 B、E 得到 U_B、U_E。完成表 1-19。

表 1-18　测直流电压

调测直流 电源电压	万用表挡位	黑表笔 接触端孔	红表笔 接触端孔	万用 表读数
12V				

表 1-19　测静态工作点

测晶体管三个极的电位	电 压 值
基极电位:万用表挡位为直流电压1V挡, 红表笔接在B孔,黑表笔在"⊥"	$U_B =$
发射极电位:万用表挡位为直流电压1V挡, 红表笔接在E孔,黑表笔在"⊥"	$U_E =$
集电极电位:万用表挡位为直流电压10V挡, 红表笔接在C孔,黑表笔在"⊥"	$U_C =$

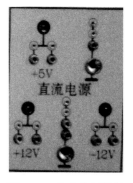

图 1-25　直流电源模块

（3）测量输出电压。找到实验箱中的函数波发生器模块，如图 1-26 所示，调频率 1000Hz，幅度 5mV 的正弦信号，将其接入电路板，即用导线连接函数波发生器波形输出端与电路板的信号输入端。这样，1000Hz、5mV 的正弦信号就输入了放大电路；使用毫伏表测量输出电压，黑夹子端接"⊥"端孔，红夹子端接电路输出端。分别测量电路不接负载时、接入负载 $R_L = 5.1k\Omega$ 时的输出电压，求电压放大倍数，完成表 1-20。

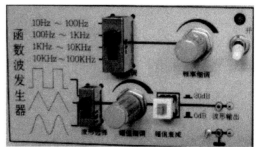

图 1-26　函数波发生器模块

表 1-20　测量输出电压、放大倍数

接入负载情况	输出电压	放大倍数
接负载 $R_L = 5.1k\Omega$		
不接负载		

3. 观看放大电路波形

打开示波器电源开关，调出示波器基线，将探头线接到示波器 Y 轴输入端，黑夹子端接"⊥"端孔，红夹子端接电路板输出端孔。调节示波器面板上的各旋钮，主要调节幅度旋钮和时基扫描旋钮，使波形清晰稳定。

表 1-21　放大电路输出电压波形

调节基极电位器 RP 到中间某位置	将基极电位器 RP 旋钮顺时 针旋到底,观察描绘波形	将基极电位器 RP 旋钮逆时针旋 到底,观察描绘波形
u_O O　　　　　　t	u_O O　　　　　　t	u_O O　　　　　　t
波形失真?　是　　　否	波形失真?　是　　　否	波形失真?　是　　　否

4. 总结归纳

（1）电压放大电路设置静态工作点的目的是 _____
_____ 。

（2）由表1-20测量结果可知，当输入信号一定时，静态工作点 Q 设置得太低，将产生＿＿＿＿＿＿＿＿＿＿＿＿＿失真；设置太高，将产生＿＿＿＿＿＿＿＿＿＿＿＿＿失真。

（3）由表1-21测量结果可知，负载 R_L 对电压放大倍数的影响是＿＿＿＿＿＿＿。

三、评价

评价表见表1-22。

表1-22　识读放大电路评价表

序号	评价内容	分值	评价标准	得分
1	搭接电路	15	接线正确10分，熟练完成5分	
2	万用表测直流电压12V、静态工作点	20	挡位正确2分，表笔正确接入8分，RP 调节正确2分，读数准确6分，熟练完成2分	
3	正弦信号引入	10	接线正确5分，调钮正确3分，熟练完成2分	
4	毫伏表测输出电压	10	挡位正确2分，接线正确2分，读数准确4分，熟练完成2分	
5	示波器观察波形	20	接线正确5分，调钮正确5分，波形稳定5分，分辨失真5分	
6	数据计算、分析	10	计算电压放大倍数5分，归纳分析正确5分	
7	安全、规范操作	10	仪器整理到位5分，安全规范操作5分	
8	5S 现场管理	5	整理、整顿、清扫、清洁、素养各1分	
	总　分			

班级＿＿＿＿＿＿＿姓名＿＿＿＿＿＿＿同组人＿＿＿＿＿＿时间：　年　月　日

活动五　认识集成运算放大器

一、工作准备

写一写

1. 集成运算放大器是一种＿＿＿＿＿＿＿＿＿＿＿＿放大器件。集成运算放大器广泛应用于＿＿＿＿＿＿＿＿＿＿＿＿、＿＿＿＿＿＿＿＿＿、＿＿＿＿＿、＿＿＿＿＿＿电路等。

2. 集成运算放大器的常见的封装形式有＿＿＿＿＿＿＿＿＿＿＿＿＿式和＿＿＿＿＿＿式。

3. 集成运算放大器由四部分组成：＿＿＿＿＿级、＿＿＿＿＿级、＿＿＿＿＿级和＿＿＿＿＿＿＿。

4. 集成运算放大器有两个输入端：标"＋"的为＿＿＿＿＿端，输入信号从此端送入运算放大电路，输出信号与输入信号＿＿＿＿＿＿＿＿＿＿；标"－"的为＿＿＿＿＿端，输入信号从此端送入运算放大电路，输出信号与输入信号＿＿＿＿＿＿＿＿＿。

5. 集成运算放大器的理想特性有：

（1）＿＿＿＿＿＿＿＿＿＿；（2）＿＿＿＿＿＿＿＿＿；

（3）＿＿＿＿＿＿＿＿＿＿；（4）＿＿＿＿＿＿＿＿＿。

6. 根据理想特性可以得出两个重要结论：

（1）同相输入端的电位等于_____，即_____；

（2）_____等于零，即_____。

7. 反相放大器的输入信号从_____端加入，平衡电阻 R_2 = _____，电压放大倍数公式为_____。

8. 反相放大器的反馈电阻 R_F 的反馈类型为_____。

9. 同相放大器的输入信号从_____端加入，电压放大倍数公式为_____。

10. 同相放大器的反馈电阻 R_F 的反馈类型为_____。

画一画

1. 画出集成运算放大器的组成框图。

2. 画出集成运算放大器的电气图形符号，并标出同相、反相输入端、输出端。

算一算

1. 理想集成运算放大器构成电路如图 1-27 所示，$R_1 = 10k\Omega$，$R_F = 20k\Omega$，$u_i = 0.1V$。求 u_o 和 R_2。

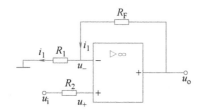

图 1-27 集成运算放大器应用电路

2. 理想集成运算放大器构成电路如图 1-28 所示，$R_1 = 30k\Omega$，$R_F = 100k\Omega$，$u_i = 30mV$。求 u_o 和 R_2。

3. 理想集成运算放大器构成电路如图 1-27 所示，$R_1 = 40k\Omega$，$u_i = 20mV$，$u_o = 0.1V$。

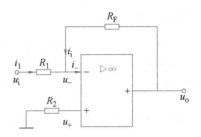

图 1-28 集成运算放大器应用电路

求 R_F 和 R_2。

4. 已知 $R_F = 100\text{k}\Omega$，画出输出电压 u_o 与输入电压 u_i 满足下列关系的运算放大电路图。

（1） $u_o = 15u_i$　　　　　　　　（2） $u_o = -3u_i$

二、实施步骤

1. 搭接反相放大器

电路原理如《电子装置组装与调试》图 1-100b 所示，$R_1 = 10\text{k}\Omega$，$R_F = 100\text{k}\Omega$，$R_2 = 10\text{k}\Omega$。电路板如图 1-29 所示。

（1）关闭实验箱电源，断电接线，将集成运放电路板插入实验箱，使用直流电源 +12V、-12V，接入集成运放电路板。

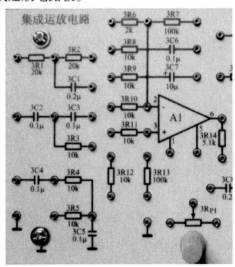

图 1-29　集成运放电路板

（2）对照原理图与集成运放电路板，用导线搭接构成反相放大器，搭接完毕检查无误即可。

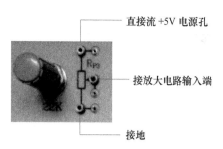

图 1-30　电位器接法
- 直接流 +5V 电源孔
- 接放大电路输入端
- 接地

2. 检测反相放大器

（1）打开实验箱电源开关，用 +5V 电源和 $22k\Omega$ 电位器得到电压 U_i，方法如图 1-30 所示。万用表红表笔接电位器中间孔，黑表笔接地可测得 U_i，调整电位器旋钮可改变输入电压值。

（2）将调好的 U_i 按图 1-29 接入电路板，测量此时电路的输出电压 U_o，并将测量结果填入表 1-23（测 U_o 时注意其极性，万用表黑表笔接输出端、红表笔接"⊥"）。由 $U_o = \underline{\quad} U_i$（填公式）估算 U_o，估算值填入表 1-23，并计算与测量值的误差。

表 1-23　反相放大器测试

直流输入电压 U_i/V		0.1	0.3	0.5	0.8	1
U_o/V	测量值					
	计算值					
	误差					

3. 搭接同相放大器

断电接线，在原来反相放大器电路的基础上按照《电子装置组装与调试》图 1-102a 所示进行修改，$R_1 = 10k\Omega$，$R_F = 100k\Omega$，$R_2 = 10k\Omega$。搭接成同相放大器，搭接完毕检查无误即可。

4. 检测同相放大电路

获得 U_i 方法同前文所述，如图 1-30 所示，仍用 +5V 电源和 $22k\Omega$ 电位器得到，改变电位器得到不同 U_i，用万用表测量所对应的输出电压值，填入表 1-24（测 U_o 时万用表红表笔接输出端、黑表笔接"⊥"）。由 $U_o = \underline{\qquad} U_i$，估算 U_o，将计算值填入表 1-24，并计算与测量值的误差。

表 1-24　同相放大器测试

直流输入电压 U_i/V		0.1	0.3	0.5	0.8	1
U_o/V	测量值					
	计算值					
	误差					

5. 总结归纳

（1）反相放大器的电压放大倍数是 _____。

（2）同相放大器的电压放大倍数是 _____。

三、评价

评价表见表 1-25。

表 1-25　认识集成运算放大器评价表

序号	项目	分值	评价标准	得分
1	搭接电路	15	接线正确 10 分，熟练完成 5 分	
2	电位器使用	20	电位器连接正确 5 分，表笔正确接入 3 分，调节旋钮正确 5 分，读数准确 5 分，熟练完成 2 分	

序号	项目	分值	评价标准	得分
3	反相运算电路输出值测量	15	接线正确5分,输入信号正确2分,万用表量程选择正确3分,表笔接入正确3分,读数准确5分,熟练完成2分	
	同相运算电路输出值测量	15		
4	反相运算电路输出值计算	10	公式填写正确5分,计算正确5分	
	同相运算电路输出值计算	10		
5	安全、规范操作	10	仪器整理到位5分,安全规范操作5分	
6	5S现场管理	5	工作台整理5分	
	总　分			

班级＿＿＿＿＿＿　姓名＿＿＿＿＿＿＿＿＿＿　同组人＿＿＿＿＿＿＿＿＿＿＿　时间：　年　月　日

活动六　分析直流稳压电源电路图

一、工作准备

写一写

1. 电路原理图反映的是电子产品中＿＿＿＿＿＿之间，各单元电路之间的＿＿＿＿＿＿和＿＿＿＿＿。

2. 识读复杂电路图的基本方法是先找＿＿＿＿＿＿＿＿＿＿＿＿＿＿＿＿＿，列出元器件表格；其次，将大电路分割成＿＿＿＿＿＿＿＿＿＿，分析各主干电路中元器件作用；然后，从＿＿＿＿＿＿＿＿＿＿＿＿＿＿＿，沿电流走向理顺电路。

二、实施步骤

1. 分析图1-31，直流稳压电源电路由哪些元器件组成？列出图中使用元器件的名称、数量，填入表1-26。

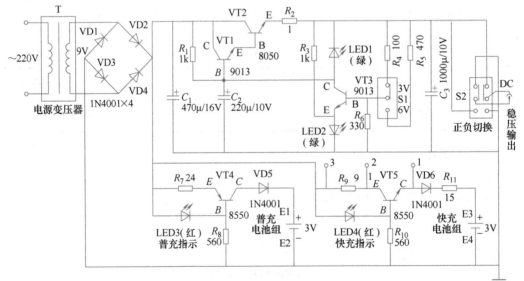

图1-31　直流稳压电源电路图

表1-26　元器件清单

名称	数量	名称	数量	名称	数量

2. 分析主干电路的名称、作用。

三、评价

评价表见表1-27。

表1-27　分析直流稳压电源电路图检测评价表

序号	评价内容	分值	评价标准	得分
1	元器件清单	50	名称正确30分，数量正确20分，错一个元器件扣2分，数量错一个扣1分	
2	主干电路名称、作用	50	电路划分正确20分，电路作用30分，错一个小电路扣3分，作用不全面每个扣1～5分	
	总分			

班级_____姓名_____同组人_____时间：　　年　　月　　日

※知识拓展※

写一写

1. 开关电源的三种工作模式为_____、_____和_____。

2. PFM模式是指通过调节_____改变输出电压。

3. PPM模式是指通过调节_____改变输出电压。

4. PWM模式是指通过调节_____改变输出电压。

画一画

1. 画出三相半波整流电路。

2. 画出三相桥式整流电路。

任务三 组装调试直流稳压电源

活动一 组装直流稳压电源

一、工作准备

认一认

1. 在表 1-28 图片下方填入工具名称和作用。

表 1-28 常用工具识别

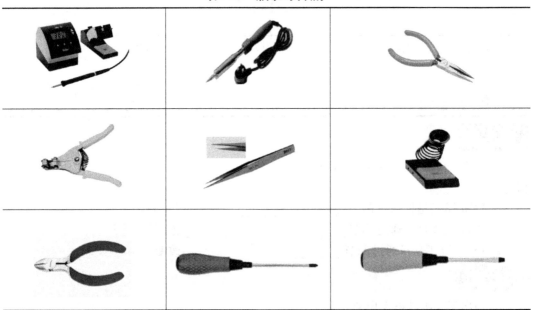

2. 标注出图 1-32 中电烙铁的不同握法。

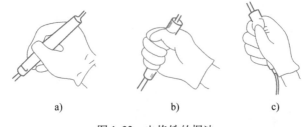

图 1-32 电烙铁的握法

a) ＿＿＿＿＿ b) ＿＿＿＿＿ c) ＿＿＿＿＿

3. 在图 1-33 中标注焊接五步法中各步骤。

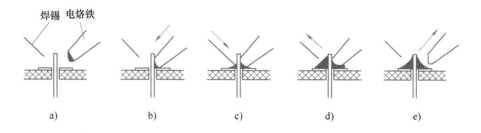

图 1-33　焊接五步骤

a) _____　　b) _____　　c) _____　　d) _____　　e) _____

练一练

1. 卧式安装元器件训练。
2. 立式安装元器件训练。
3. 单股及多股导线上锡处理。

二、实施步骤

1. 清点套件材料，对照《电子装置组装与调试》表 1-15 或安装文件中的元器件清单，在表 1-29 上做标记。清点元器件并记录，看是否缺少。注意保留元器件包装袋完好，以免材料丢失。在材料袋上写清名字，以免混淆。在电源外壳适当处贴口取纸，写上班级名字。贴直流电源铭牌，贴输出电压极性和输出电压幅度转换开关指示牌。

表 1-29　元器件清单

序号	元器件名称	规　格	单　位	数　量	清点(齐全打√)
1	LED	红色,绿色	只	4	
2	电阻	1Ω	只	1	
3	电阻	560Ω	只	2	
4	电阻	15Ω	只	1	
5	电阻	24Ω	只	1	
6	电阻	330Ω	只	1	
7	电阻	470Ω	只	1	
8	电阻	9.1Ω	只	1	
9	电阻	1kΩ	只	2	
10	电阻	100Ω	只	1	
11	电解电容	470μF	只	1	
12	电解电容	100μF	只	1	
13	电解电容	22μF	只	1	
14	二极管	1N4001	只	6	
15	十字电源线		条	1	
16	变压器	220V/9V	只	1	

序号	元器件名称	规 格	单 位	数 量	清点(齐全打√)
17	晶体管	C9013	只	2	
18	晶体管	C8050	只	2	
19	晶体管	C8550	只	1	
20	外壳(上、下盖)		副	1	
21	转换开关		个	2	
22	两插头电源线		条	1	
23	热缩管		个	2	
24	螺钉		个	5	
25	正负极片		副	4	
26	不干胶		个	2	

2. 识读直流稳压电源装配图、PCB,对照装配图、PCB、电路原理图,找出各元器件的安装位置、极性。写出直流稳压电源安装顺序,完成表1-30。

表1-30　直流稳压电源安装顺序

顺 序	元 器 件	焊装方式(卧式、立式)

3. 按照《电子装置组装与调试》表1-16,完成电路板焊接。

4. 按照安装变压器要领,完成变压器安装和电源线的连接。

三、评价

评价表见表1-31。

表1-31　组装直流稳压电源评价表

序号	评价内容	分值	评价标准	得分
1	电阻焊接	66	要求引脚处理、位置正确、钎料量合适、焊接准时完成、焊点圆锥状、焊点光亮、无毛刺、无气孔、助焊剂残留、高度合适、极性正确、接插件牢固	
2	电解电容焊接	9		
3	二极管焊接	24		
4	晶体管焊接	20	高度不合适、有气孔、有毛刺、焊点不光亮、钎料多、摆放歪斜、剪脚过长一处扣0.5分	
5	发光二极管焊接	16		
6	跨接线、转换开关焊接	15	极性错误、漏焊、虚焊、假焊、搭焊、接插件不牢固一处扣1分	
7	正负极片焊接	15	错装一处扣2分	

序号	评价内容	分值	评价标准	得分
8	十字输出电源线的焊接	5	走线合理、位置合适、热缩管安装美观、连接可靠。接线不牢固、不美观、位置不合适均扣 1 分	
9	220V 电源线的焊装	5		
10	变压器安装	10	一、二次侧正确 5 分,二次侧连接电路板正确 5 分	
11	安全、规范操作	10	安全意识 5 分,规范操作 5 分	
12	5S 现场管理	5	整理、整顿、清扫、清洁、素养各 1 分	
	总分			

班级＿＿＿＿＿＿　姓名＿＿＿＿＿＿＿＿＿＿　同组人＿＿＿＿＿＿＿＿＿＿　时间：　年　月　日

活动二　调试直流稳压电源

一、工作准备

写一写

1. 测直流稳压电源 C1 两端电压值,正常电压应为＿＿＿＿＿＿左右,选用万用表＿＿＿＿＿＿挡。

2. 测直流稳压电源 3V 输出电压挡,正常电压应为＿＿＿＿＿＿左右,选用万用表＿＿＿＿＿＿挡。

3. 测直流稳压电源 6V 输出电压值,正常电压应为＿＿＿＿＿＿左右,选用万用表＿＿＿＿＿＿挡。

二、实施步骤

1. 通电检查

电源指示灯 LED 亮。

2. 调试

用万用表检测主要部位电压,对出现的故障及时处理,按照表 1-32 测试,将测试数据填入表内,并看是否满足电路的技术指标。

表 1-32　直流稳压电源参数测试

测量点	测量电压	
	参考值/V	测试值/V
变压器二次侧两端电压 u_2	9	
电容 C1 两端电压 U_{C1}	11	
电容 C2 两端电压 U_{C2}		
充电极片两端电压		
直流输出十字电源线电压	3	
	6	

三、评价

评价表见表 1-33。

表 1-33 调试直流稳压电源评价表

序号	项目	分值	评价标准	得分
1	电源指示灯	10	通电正常亮 10 分	
2	3V 电压输出	15	输出电压在 3(1±10%)V 范围内	
3	6V 电压输出	15	输出电压在 6(1±10%)V 范围内	
4	过载保护	10	过载保护正常	
5	充电指示灯	10	充电指示灯显示正常	
6	调试方法掌握情况	20	能自行调试,掌握了基本调试方法	
7	安全、规范操作	10	安全意识 5 分,规范操作 5 分	
8	5S 现场管理	10	整理、整顿、清扫、清洁、素养各 2 分	
	总分			

班级_____ 姓名_____ 同组人_____ 时间: 年 月 日

任务四　验收直流稳压电源

活 动　产 品 验 收

一、工作准备

写一写

1. 产品说明书主要内容包含:_____

_____。

2. 产品验收主要查看_____,检查_____。

二、实施步骤

1. 书写直流稳压电源产品说明书。

2. 检查直流稳压电源产品外观,完成表 1-34。

3. 用万用表检查直流稳压电源输出电压,完成表 1-34。

4. 检查电池充电功能，给 5 号、7 号电池充电，完成表 1-34。

5. 给产品贴合格标签。

表 1-34　产品验收表

序号	验收内容		验收结果
1	外观检查	外观标示	有 □　　无 □
		外观标示粘贴牢固	是 □　　否 □
		外观标示粘贴正确	是 □　　否 □
		外观封装严密	是 □　　否 □
		外观干净整洁无污迹	是 □　　否 □
		电源正极板牢固	是 □　　否 □
		电源负极板牢固	是 □　　否 □
2	功能检测	输出电压符号标准	是 □　　否 □
		电池正常充电	是 □　　否 □
		快速充电	是 □　　否 □
3	产品合格		合格 □　　不合格 □

三、评价

评价表见表 1-35。

表 1-35　产品验收评价表

序号	评价内容		分值	评分标准	得分
1	产品说明书	内容全面，说明到位	50	欠缺一项主要内容扣 5 分，描述不清视情况扣 1~5 分	
2	产品验收	外观封装严密无污迹	15	外观标示 3 分，外壳封装严整 3 分，电源正负极板 3 分，电源线 3 分，外观干净整洁无污迹 3 分	
		输出电压符合标准	10	输出 3V 合格 5 分，6V 合格 5 分	
		充电功能正常	15	5 号充电正常 5 分，7 号充电正常 5 分，快充功能 5 分	
3	安全、5S现场管理	爱护设备；安全操作；5S 意识	10	保持工作环境清洁；未做到 5S 管理视情况扣 1~3 分；未执行安全操作视情况扣 1~5 分	
		总分			

班级_____ 姓名_____ 同组人_____ 时间：　年　月　日

项目二

收音机的组装与调试

班级_____ 姓名_____ 同组人_____
工作时间：   年   月   日

※项目分析※

谈一谈

生活中是否听收音机？开车、坐车时是否听收音机？收音机的发展史是怎样的？收音机由哪些元器件组成？

听一听

现场收听当地电台广播1min。

写一写

1. 收音机是_____的简称，是收听_____发射的电波信号的机器。它用_____将_____信号转换为_____信号，由_____、_____、磁铁等构造而成。

2. 集成电路调频调幅收音机_____好，自带_____，声音_____，容易制作。

3. 收音机按调制方式分为_____和_____；按电路层次分为_____式、_____式和_____式。_____式效果最好。

画一画

画出收音机的组成框图。

任务一 识别检测收音机套件

活动 识别检测中周、扬声器

一、工作准备

写一写

1. 中周即_____，是一种具有_____的变压器，谐振回路可在一定范围内微调，以使接入电路后能达到稳定的_____（_____kHz）。

2. 收音机中的中频变压器大多是_____式，双调谐式的优点是选择性较好，且通频带较宽，多用在_____收音机中。

3. 晶体管收音机通常采用两级中频放大器，所以需用_____个中周进行前后级信号的耦合与传送。

4. 收音机中频变压器一般由_____、_____、底座、支架、_____及屏蔽罩组成。

5. 用万用表检测中周各绕组通断时，应选择_____量程，逐一检查一、二次绕组的完整性。

6. 用万用表检测中周绝缘性能时，应选择_____量程，分别检查_____与_____、一次绕组与外壳、_____与_____之间的阻值。若阻值为_____时正常，阻值为 0 时表示_____。

7. 扬声器又称_____，是一种把_____转变为_____的换能器件。

8. 扬声器按换能机理和结构分_____式、_____式、_____式、_____式、电离子式和气动式扬声器等，电动式扬声器具有_____、结构牢固、_____等优点，应用广泛；按声辐射材料分_____式、_____式、膜片式；按纸盆形状分_____、_____、双纸盆和橡皮折环；按工作频率分_____、_____、_____扬声器；按音圈阻抗分低阻抗和高阻抗型；按效果分直辐和环境声等。

9. 扬声器有两个接线柱（两根引线），当单只扬声器使用时，两根引脚不分_____，多只扬声器同时使用时，两个引脚有极性之分。

10. 电动式锥形纸盆扬声器，由_____系统、_____系统和_____系统组成。

11. 电动式锥形纸盆扬声器磁回路系统包括_____、_____和_____。

12. 电动式锥形纸盆扬声器振动系统包括_____、_____和_____。

13. 用万用表检测扬声器好坏时，将万用表置于_____挡，用红表笔接扬声器一端，用黑表笔去_____扬声器的另一端，若扬声器有"咔咔"声，同时万用表的表针作同步摆动，则扬声器_____；若扬声器无声，万用表指针也不摆动，则说明_____。

二、实施步骤

1. 通过外形识别中周、扬声器。每组一袋混合的电子元器件，将中周、扬声器识别分类。

2. 使用万用表检测中周各绕组的通断情况。完成表2-1。

3. 使用万用表检测中周的绝缘性能。完成表2-1。

4. 检测扬声器的好坏。完成表2-1。

5. 检测扬声器的正负极。完成表2-1。

表2-1　中周、扬声器识别与检测

序号	项目		结果			
1	中周	识别中周	数量		引脚排列	
		检测各绕组的通断				
		检测绝缘性能				
2	扬声器	识别扬声器	数量			
		检测好坏				
		测量阻抗	数值			
		判断正负极				

三、评价

评价表见表2-2。

表2-2　识别检测中周、扬声器评价表

序号	项目		分值	评价标准	得分
1	外观识别	中周	9	从套件中识别中周,每个3分,错误一个扣3分	
		扬声器	6	从套件中识别扬声器,每个3分,错误一个扣3分	
2	检测中周	各绕组的通断	21	万用表挡位正确3分;电气调零3分;各绕组检测,每个3分;万用表复位3分	
		检测绝缘性能	18	万用表挡位正确3分;电气调零3分;一/二次侧、一次侧与外壳、二次侧与外壳绝缘性能检测各3分;万用表复位3分	
3	检测扬声器	检测好坏	10	方法正确、结论正确各5分	
		测量阻抗	12	万用表挡位正确3分;电气调零3分;读数正确3分;万用表复位3分	
		判断正负极	10	方法正确、结论正确各5分	
4	安全、规范操作		10	安全、规范操作3分,器件丢失或损坏扣2~5分。表格填写工整2分	
5	5S现场管理		4	整理、整顿、清扫、清洁、素养各1分,本项最多扣4分	
	总分				

班级_____ 姓名_____ 同组人_____　　　　　时间:　　年　月　日

任务二　识读收音机电路图

活动一　识读正弦波振荡电路

一、工作准备

写一写

1. 振荡器不需要_____就能输出不同频率、不同波形的交流信号。

2. 根据振荡器产生波形的不同，可分为_____振荡器和_____振荡器。

3. 正弦波振荡器的种类主要有_____电路、_____电路和 RC 振荡电路等几种。_____电路的频率最稳定。

4. 振荡电路由_____和_____组成，要使振荡电路输出某一频率的正弦信号，电路必须具有_____特性。

5. 振荡器形成稳定振荡必须同时具备的两个条件：① _____；② _____。

6. 振荡器的相位平衡条件是指_____信号和_____信号的相位_____。

7. LC 振荡器由_____、_____、_____构成，振荡的频率一般在 1MHz 以上。分为_____式、三点式两大类。其中三点式有_____和_____两种基本形式。

8. 从电容三点式振荡器交流通路看，选频网络中电容的三个引出端分别接_____上。

9. 从电感三点式振荡器交流通路看，选频网络中电感的三个引出端分别接_____上。

10. 石英晶体具有_____效应。如果外加交变电压的频率与_____相等，振幅达到最大，这就是石英晶体的_____。

11. 石英晶体振荡器的优点是_____，广泛应用在钟表、计算器、信号发生器以及各种视频设备中。

画一画

画出自激振荡电路的组成框图。

认一认

辨别图 2-1 所示电路为哪种振荡电路并标出瞬时极性。

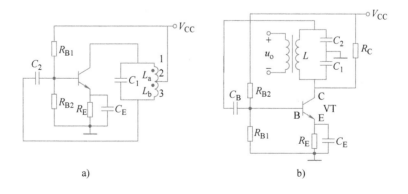

图 2-1

二、实施步骤

1. 振荡频率与振荡幅度的测试。填入表 2-3。

表 2-3　振荡频率与振荡幅度的测试

C_T/pF	f/MHz	V_{p-p}
50		
100		
150		

2. 试求当 C、C' 不同时（反馈系数不同），起振点、振幅与工作电流 I_{EQ} 的关系。将测量得到的数据填入表 2-4。

表 2-4　起振点、振幅与工作电流的关系

C/C'	I_{EQ}/mA	1	1.5	2	2.5	3	3.5	4	4.5	5
100pF/1200pF	V_{p-p}/V									
120pF/680pF	V_{p-p}/V									
680pF/120pF	V_{p-p}/V									

3. 并联在 L 上的各电阻对振荡频率的影响。填入表 2-5。

表 2-5　并联在 L 上的各电阻对振荡频率的影响

$R/k\Omega$	1	10	110
f/MHz			

4. I_{EQ} 对频率的影响。填入表 2-6。

表 2-6　I_{EQ} 对频率的影响

I_{EQ}/mA	1	2	3	4
f/MHz				

三、评价

评价表见表 2-7。

表 2-7　识读正弦波振荡电路评价表

序号	评价内容	分值	评价标准	得分
1	万用表	10	挡位正确 2 分，表笔正确接入 2 分，读数准确 4 分，熟练完成 2 分	
2	频率计	25	输入端口正确 7 分，频段选择正确 8 分，读数准确 10 分	
3	示波器	20	接线正确 4 分，旋钮使用正确 10 分，波形稳定 4 分，熟练完成 2 分	
4	数据及数据分析	10	数据准确 5 分，分析正确 5 分	
5	搭接电路	20	接线正确 15 分，熟练完成 5 分	
6	安全、规范操作	10	仪器整理到位 5 分，安全规范操作 5 分	
7	5S 现场管理	5	整理、整顿、清扫、清洁、素养各 1 分	
	总分			

班级_____　姓名_____　同组人_____　　　　时间：　　年　　月　　日

活动二　识读低频功率放大电路

一、工作准备

写一写

1. 对功率放大器的基本要求有 _____、_____、_____和_____。

2. 根据功放管静态工作点 Q 在交流负载线上的位置不同,功率放大器可分为_____、_____和_____三种,经常采用的方式是_____。

3. OCL 电路在输出最大不失真信号的情况下,输出最大功率 P_{om} = _____,OCL 电路在理想情况下效率为 η = _____。

4. OCL 电路工作时将晶体管视为理想状态,由于没有直流偏置,输出波形会产生_____失真。消除交越失真的方法是使功放管处于微导通状态,即工作在_____状态。

5. 互补对称式 OTL 功率放大电路由_____电源供电,输出端与负载的连接为_____耦合。

6. 互补对称式 OTL 功率放大电路在正常工作时,其输出端中点电压应为_____。

7. 集成功率放大器具有_____、_____、_____和_____等优点。

8. 集成功率放大器通常可以分为_____型和_____型两大类。_____型可以用于多种场合的电路,_____型只用于某种特定场合。

9. LM386 是一种音频集成功率放大器,具有自身功耗_____,电压增益_____,电源电压范围_____,外接元器件_____和总谐波失真_____等优点,广泛应用于录音机和收音机之中。

画一画

画出 LM386 的引脚图,标出各引脚名称。

二、实施步骤

1. 连接电路。
2. 测试电路参数。填写表 2-8、表 2-9。

表 2-8　实验数据 1

集成电路引脚	1	2	3	4	5	6	7	8
直流电压/V								

表 2-9　实验数据 2

V_i	最大不失真输出电压 V_o	$P_{om} = \dfrac{V_o^2}{R_L}$	电源电流 I_{cc}	$\eta = \dfrac{P_{om}}{P_E}$
1kHz				

三、评价

评价表见表 2-10。

表 2-10　识读低频功率放大电路评价表

序号	评价内容	分值	评分标准	得分
1	连接电路	5	连线正确 5 分	
2	LM386 各引脚直流电压	15	万用表量程正确 3 分，测量方法正确 4 分，数值合理、单位正确 8 分	
3	观察输出端最大不失真波形	10	示波器使用熟练 5 分，波形正确 5 分	
4	测量信号电压 V_o	15	毫伏表使用正确 5 分，测量方法正确 3 分，数值合理 5 分，单位正确 2 分	
5	计算最大不失真功率	10	公式运用正确 5 分，计算数据正确 5 分	
6	测量电源电流 I_{cc}	14	万用表量程正确 4 分，测量方法正确 5 分，数值合理、单位正确 5 分	
7	计算电路效率	10	公式运用正确 5 分，计算数据正确 5 分	
8	安全、规范操作	6	安全、规范操作 3 分，表格填写工整 3 分	
9	5S 现场管理	10	整理、整顿、清扫、清洁、素养各 2 分	
	总分			

班级_____　姓名_____　　同组人_____　时间：　年　月　日

活动三　分析收音机电路图

一、工作准备

写一写

1. 中频广播信号频率为_____～_____kHz。广播信号经_____回路选择后，送至集成电路与本振信号进行_____。混频后的各种信号经中频选频回路，将高频载波变为统一的中频载波_____kHz，然后输入到中频放大电路进行放大。再经过_____回路解调出音频信号，进行音频放大和功率放大后推动扬声器。

2. 调频信号频率为_____～_____kHz。从天线输入后先进行_____放大，经混频电路使得 FM 高频载波变为统一的_____载波（_____MHz）。再进行中频放大，经过_____回路将音频信号解调下来，经音频放大和功率放大后推动扬声器。

3. 调制是将所需传送的_____加载到_____信号上去，以_____波、_____波或调相波的形式通过天线辐射出去。其目的是为使基带信号变成_____的信号。

4. 解调是从_____中将原调制信号取出来，例如从调幅波的振幅变化中取出原调制信号。从调频波的瞬时频率变化中取出原调制信号。

5. 调幅波的包络与_____的形状完全一致，而_____的频率和初相则保持不变。

6. 检波器可分为_____检波和_____检波两大类。目前应用最广的包络检波器是_____。

7. 调频（FM）就是高频载波的_____随调制信号幅度的变化而在一定范围内变化的调制方式。调频的优点是_____好。

8. 鉴频就是从调频波中恢复出_____信号，完成此功能的电路称为_____。

二、实施步骤

1. 写出收音机电路中元器件的名称和符号。

_____

_____

2. 写出收音机的电路组成及各部分的作用。

_____

_____

_____

_____

_____

三、评价

评价表见表2-11。

表2-11　分析收音机电路图评价表

序号	评价内容	分值	评价标准	得分
1	元器件名称	50	名称正确30分，符号正确20分，错一个扣2分	
2	主要电路的名称、作用	50	电路划分正确20分，电路作用30分，错一个小电路扣3分，作用不全面每个扣1~5分	
	总分			

班级_____　姓名_____　　同组人_____　　时间：　　年　　月　日

任务三　组装调试收音机

活动一　组装收音机

一、工作准备

写一写

1. 装配图与_____完全对应，它能表示电路原理图中各_____在实际印制电路板上分布的具体位置。

2. 一般将印制电路板上元器件安装面称为_____，覆铜焊接面称为_____。

3. 电子产品整机总装的遵循的原则是_____、_____、_____、先里后外、先低后高。

4. 元器件的安装形式主要有_____、_____两种，_____安装是将元器件贴印制电路板的板面水平放置。

二、实施步骤

1. 领取收音机套件。对照配套材料清单表清点元器件及辅料。

2. 写出收音机安装顺序：＿＿＿＿＿＿＿＿＿＿＿＿＿＿＿＿＿＿＿＿＿＿

＿＿＿＿＿＿＿＿＿＿＿＿＿＿＿＿＿＿＿＿＿＿＿＿＿＿＿＿＿＿＿＿＿＿

＿＿＿＿＿＿＿＿＿＿＿＿＿＿＿＿＿＿＿＿＿＿＿＿＿＿＿＿＿＿＿＿＿。

三、评价

评价表见表 2-12。

表 2-12　组装收音机评价表

项目		工艺标准	分值	扣分标准	得分
装配	元器件摆放	(1)电阻器除 R3 外为立式安装,位置正确 (2)瓷片电容器安装高度符合工艺要求 (3)电解电容、电感贴板安装 (4)按图装配,元器件的位置、极性正确	40	(1)元器件安装歪斜、不对称、高度超差、色环电阻标志方向不一致,每处扣 1 分 (2)错装、漏装,每处扣 2 分	
	焊接	(1)焊点光亮、清洁,钎料适量 (2)无漏焊、虚焊、假焊、搭焊、溅锡等现象 (3)焊接后元器件引脚留头长度小于 0.5～1mm	35	(1)焊点不光亮、钎料过多或过少,每处扣 0.5 分 (2)漏焊、虚焊、假焊、搭焊、溅锡,每处扣 1 分 (3)剪脚留头过长,每处扣 0.5 分	
	总装	(1)走线合理 (2)接插件牢固符合要求 (3)封装严整,外观整洁	10	(1)走线不合理,每处扣 1～3 分 (2)接插件不牢,每处扣 1 分 (3)封装不严整、外观不整洁每处扣 1 分	
安全文明生产		(1)安全用电,无人为损坏元器件、加工件和设备 (2)保持环境整洁,秩序井然,操作习惯良好	15	(1)违反安全操作规程,扣 1～10 分 (2)工具、器件摆放不整齐,扣 1～5 分	
总分					

班级＿＿＿＿　姓名＿＿＿＿　同组人＿＿＿＿＿＿＿＿　时间：　年　月　日

活动二　调试收音机

一、工作准备

写一写

1. 整机组装后可能没有在＿＿＿＿＿＿状态,所以一定要进行整机调试。调试的目的是为了使收音机＿＿＿＿＿＿＿＿＿,而满足整机的技术指标。

2. 收音机调试前的准备工作分三步:①＿＿＿＿＿＿＿＿;②＿＿＿＿＿＿;③＿＿＿＿＿＿。

3. 调试的第一步是调整＿＿＿＿＿,使其输出增益最大;第二步是调整＿＿＿＿＿＿,使其振荡频率符合收音机接收的范围;第三步是调整＿＿＿＿＿,使收音机＿＿＿＿＿与接收频率相对应。

4. 收音机调试的基本原则是:低频调＿＿＿＿＿,高频调＿＿＿＿＿。

5. 收音机故障判断宗旨:先＿＿＿＿、后＿＿＿＿,先＿＿＿＿、后其他。

画一画

画出收音机无声检修流程图。

二、实施步骤

1. 检查：对照电路原理图、印制电路板，检查有无错焊、漏焊，观察电路板上有无短路现象。填写表2-13。

2. 调试：调试→调中频频率→调覆盖→统调。填写表2-14。

3. 故障检查及排除。

表2-13 检查电路内容

内容	自检	互检
各电阻位置是否正确		
各电容位置是否正确		
各电感位置是否正确		
有无电路板线条断线或短路		
有无焊锡造成电路短路		

表2-14 调试收音机频段内容

内容		自检		互检	
AM	中频	良好□	不清晰□	良好□	不清晰□
	覆盖	良好□	不清晰□	良好□	不清晰□
	统调	良好□	不清晰□	良好□	不清晰□
FM	中频	良好□	不清晰□	良好□	不清晰□
	覆盖	良好□	不清晰□	良好□	不清晰□
	统调	良好□	不清晰□	良好□	不清晰□
外观		良好□ 一般□ 需纠正□		良好□ 一般□ 需纠正□	

三、评价

评价表见表2-15。

表2-15 调试收音机评价表

项目	工艺标准	分值	扣分标准	得分
调试	(1)通电正常 (2)正确使用仪器仪表 (3)数据合理 (4)能分析排除故障	40	(1)检修1次后正常扣2分,2次后扣4分 (2)数据错误,每处扣2分	

项目	工艺标准	分值	扣分标准	得分
安全文明生产	（1）安全用电,无人为损坏元器件、加工件和设备 （2）保持环境整洁,秩序井然,操作习惯良好	10	（1）违反安全操作规程,扣 1~10 分 （2）工具、器件摆放不整齐,扣 1~5 分	
	总分			

班级_____ 姓名_____ 同组人_____ 时间: 年 月 日

任务四 产品验收

活动 产品验收

一、工作准备

写一写

1. 收音机验收外观检查包括_____。

2. 收音机验收功能检测的主要内容有_____。

3. 写总结,制作演示文稿。

二、实施步骤

1. 检查收音机外观,完成表 2-16。

2. 分别检查 AM、FM 频段收听到的电台数目,完成表 2-16。

3. PPT 展示学习报告,完成表 2-16。

表 2-16 产品验收评价表

序号		评价内容	分值	评分标准	得分
1	产品验收	外观封装严密无污迹	10	外壳封装严整 5 分,外观干净整洁无污迹 5 分	
		收音机音质	10	音质清脆无杂音 10 分	
		声音调节电位器	10	开关正常,声音调节正常 10 分	
		AM 验收:涵盖当地 AM 电台 80%,所收电台频率准确	15	频率不准确减 2 分。依据当地情况检查收音机接收到的电台数目,少一个减 3 分	
		FM 验收:涵盖当地 FM 电台 80%,所收电台频率准确	15	频率不准确减 2 分。依据当地情况检查收音机接收到的电台数目,少一个减 3 分	
2	小结报告	内容:内容完整、条理清晰 PPT 制作:美观大方、图表整齐 10 分 展示:表达流畅、讲述精彩 10 分	30	内容不完整减 2 分,条例不清晰减 2 分 PPT 制作不精美减 2 分,图表不整齐减 2 分,讲述欠流畅减 3 分	
3	安全操作、5S 现场管理	爱护设备及工具,安全文明操作,成本及环保意识	10	保持工作环境清洁;未做到 5S 管理视情况扣 1~3 分 未执行安全操作视情况扣 1~5 分	
		总分			

项目三

数字钟的组装与调试

班级_____ 姓名_____ 同组人_____

工作时间： 年 月 日

※项目分析※

写一写

1. 数字钟电路由_____组成。
2. 晶体振荡器的作用为_____。
3. 分频器的作用为_____。
4. 译码电路的作用为_____。
5. 显示电路的作用为_____。

画一画

画出数字钟电路的组成框图。

任务一　识别检测集成门电路

活动一　识别检测基本门电路

一、工作准备

写一写

1. 电信号可分为____________和____________两类。____________信号是在时间上和数值上都连续变化的信号，____________信号是在时间上和数值上不连续变化的信号。

2. 在电子技术中，通常把持续时间极短的_________或_________信号称为脉冲信号。

3. 脉冲信号有多种形状，最常见的有__________、__________、__________和__________。

4. 通常把脉冲的出现或消失用 1 和 0 表示，但它们并不表示_________的大小，而是代表电路的_________状态。

5. 正逻辑规定：逻辑 1 代表_______电平，逻辑 0 代表_______电平；负逻辑规定：逻辑 1 代表_______电平，逻辑 0 代表_______电平。

6. 脉冲幅值 U_m 表示______________，其值等于脉冲_______至_______之间的电位差。脉冲周期 T 的倒数为脉冲的_______。请写出图 3-1 所示锯齿波的 U_m 和 T 的数值。由图中可读出 $U_m=$_______，$T=$_______。

7. 脉冲宽度 t_w 与脉冲周期 T 之比，称为_______，用 D 表示，即用公式__________表示。如图 3-2 所示，若某脉冲宽度 $t_w=1\mu s$，信号周期 $T=4\mu s$，则此脉冲序列的占空比 $D=$_______。

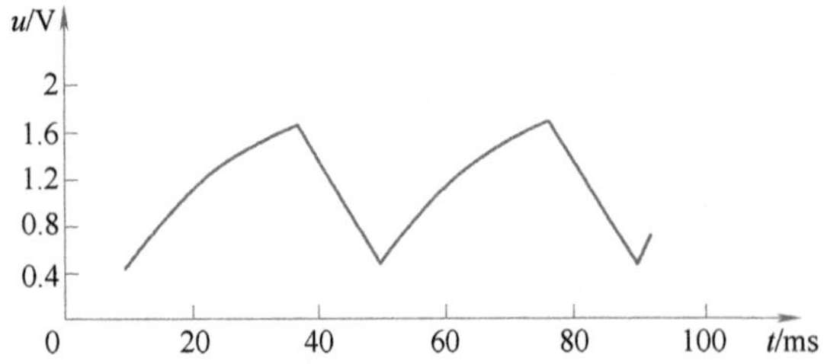

图 3-1　锯齿波

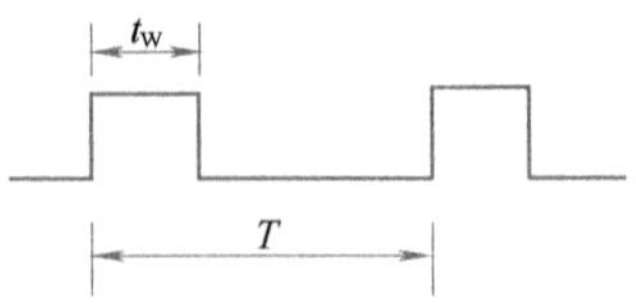

图 3-2　矩形波

8. 基本的逻辑门电路有____________、____________和____________。

练一练

1. 将下列二进制数转换成十进制数。

（1）$(101101)_2=$

（2）$(10101)_2=$

（3）（1011）$_2$ =

（4）（101011）$_2$ =

2. 将下列十进制数转换成二进制数。

（1）（367）$_{10}$ =

（2）（52）$_{10}$ =

（3）（43）$_{10}$ =

（4）（186）$_{10}$ =

3. 完成下列数制与码制的转换。

（18）$_{10}$ = （   ）$_{8421BCD}$ （195）$_{10}$ = （   ）$_{8421BCD}$

（36）$_{10}$ = （   ）$_{8421\ BCD}$ （0010000000000110）$_{8421\ BCD}$ = （   ）$_{10}$

记一记

基本逻辑门电路的符号、真值表、表达式和逻辑功能，完成表 3-1。

表 3-1　基本逻辑门电路的符号真值表、表达式和逻辑功能

逻辑电路	逻辑符号	真值表	逻辑表达式	逻辑功能
与门				
或门				
非门				

画一画

1. 与门的两个输入端中，输入 A、B 的波形如图 3-3 所示，试画出输出波形 Y。

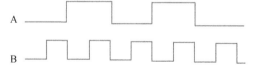

Y

图 3-3　与门电路的应用

2. 或门的两个输入端中，输入 A、B 的波形如图 3-4 所示，试画出输出波形 Y。

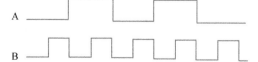

Y

图 3-4　或门电路的应用

3. 非门的 A 输入端的波形如图3-5 所示，试画出输出波形 Y。

图3-5　非门电路的应用

4. 根据输入信号的波形，画出图3-6 所示各逻辑门电路所对应的输出波形。

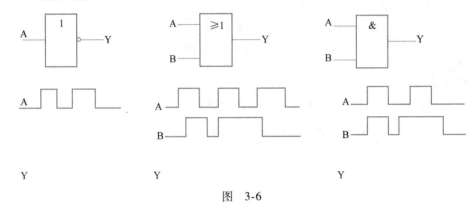

图　3-6

做一做

1. 若 A、B、C 为与门的输入端，Y 为输出端，写出其符号、表达式和真值表。

2. 若 A、B、C 为或门的输入端，Y 为输出端，写出其符号、表达式和真值表。

二、实施步骤

1. 检测数字开关与逻辑指示灯

（1）认识数字开关　电子实验箱中有10 个数字开关（见图3-7），可用来表示数字电路的输入状态。若开关扳向上方（即此时开关闭合），用数字"1"表示；若开关扳向下方（即此时开关断开），用数字"0"表示。

（2）认识逻辑指示灯输出显示　电子实验箱中有10 个逻辑指示灯（见图3-8），可用来表示数字电

图3-7　电子实验箱的数字开关

路的输出状态。若此端接高电平时，对应的逻辑指示灯亮，用数字"1"表示；接低电平时逻辑指示灯不亮，用数字"0"表示。

图 3-8　电子实验箱的逻辑指示灯

（3）检测数字开关与逻辑指示灯好坏　将导线一端接数字开关，另一端接逻辑指示灯，上下扳动开关，观察灯的状态。用此种方法可检测数字开关和逻辑指示灯的好坏。测试同时并记录结果，分别填写表 3-2、表 3-3。

表 3-2　数字开关测试结果

数字开关	1	2	3	4	5	6	7	8	9	10
扳向上方										
扳向下方										
好坏判断										

表 3-3　逻辑指示灯测试结果

逻辑指示灯	1	2	3	4	5	6	7	8	9	10
接高电平										
接低电平										
好坏判断										

2. 逻辑门电路功能测试

（1）与逻辑门电路功能测试　74LS08 集成电路内含有 4 个 2 输入与门，操作方法如下：

1）将 74LS08 插在电子实验箱的 IC 插座上。

2）接好电源，即用导线将其 14 脚与电源 +5V 相接，7 脚与"⊥（GND）"相接。

3）用导线将与门的输入端与数字电平开关相接，输出端接逻辑指示灯，分别测试 4 个与门的逻辑功能，并判断其门电路的好坏。将测试结果填入表 3-4 中。

表 3-4　74LS08 逻辑功能测试结果

G_1 门			G_2 门			G_3 门			G_4 门		
A_1	B_1	Y_1	A_2	B_2	Y_2	A_3	B_3	Y_3	A_4	B_4	Y_4
好坏判断			好坏判断			好坏判断			好坏判断		

（2）或逻辑门电路功能测试　74LS32 集成电路内含有 4 个 2 输入或门，操作方法如下：

1）将74LS32插在电子实验箱IC插座上。

2）接好电源，即用导线将其14脚与电源+5V相接，7脚与"⊥（GND）"相接。

3）用导线将或门输入端与数字开关相接，输出端接逻辑指示灯，分别测试4个或门的逻辑功能，并判断其门电路的好坏。将测试结果填入表3-5中。

表3-5　74LS32逻辑功能测试结果

G_1 门			G_2 门			G_3 门			G_4 门		
A_1	B_1	Y_1	A_2	B_2	Y_2	A_3	B_3	Y_3	A_4	B_4	Y_4
好坏判断			好坏判断			好坏判断			好坏判断		

（3）非逻辑门电路功能测试　74LS04集成电路内含有6个非门，操作方法如下：

1）将74LS04插在电子实验箱IC插座上。

2）接好电源，即用导线将其14脚与电源+5V相接，7脚与"⊥（GND）"相接。

3）用导线将非门的输入端与数字开关相接，输出端接逻辑指示灯，分别测试6个非门的逻辑功能，并判断其门电路的好坏。将测试结果填入表3-6中。

表3-6　74LS04逻辑功能测试结果

G_1 门		G_2 门		G_3 门		G_4 门		G_5 门		G_6 门	
A_1	Y_1	A_2	Y_2	A_3	Y_3	A_4	Y_4	A_5	Y_5	A_6	Y_6
0		0		0		0		0		0	
1		1		1		1		1		1	
好坏		好坏		好坏		好坏		好坏		好坏	

3. 归纳巩固

74LS08是＿＿＿＿＿＿＿＿＿＿＿门，功能是＿＿＿＿＿＿＿＿＿＿＿。

74LS32是＿＿＿＿＿＿＿＿＿＿＿门，功能是＿＿＿＿＿＿＿＿＿＿＿。

74LS04是＿＿＿＿＿＿＿＿＿＿＿门，功能是＿＿＿＿＿＿＿＿＿＿＿。

三、评价

评价表见表3-7。

表3-7　识别检测基本门电路评价表

序号	项目	分值	评价标准	得分
1	数字开关和逻辑指示灯检测	10	导线正确连接2分，数字开关正确检测3分，逻辑指示灯正确检测3分，表格记录正确完整2分	
2	集成电路的识别	20	正确识读集成电路型号每只2分，正确识别集成电路引脚功能每只4分，表格记录正确完整2分	
3	集成电路的测试	50	电源接法正确每只4分，接线正确每只6分，输入/输出电平测量准确每只6分，表格记录正确完整2分	
4	安全规范操作	15	安全、规范操作5分，元器件丢失或损坏扣5~10分	
5	5S现场管理	5	整理、整顿、清扫、清洁、素养各1分	
	总分			

班级＿＿＿＿＿＿　姓名＿＿＿＿＿＿　同组人＿＿＿＿＿＿＿＿　时间：　　年　　月　　日

活动二　识别检测复合门电路

一、工作准备

写一写

1. 集成逻辑门电路是将逻辑电路的_____和_____制作在一块半导体基片上。

2. 数字集成电路按组成的元器件不同，可分为_____和_____两大类。

3. TTL 集成电路的功耗较大，为避免电池电压下降影响电路正常工作，建议使用_____供电。电源极性_____。

4. CMOS 集成电路输入端不允许_____，多余的输入端应根据逻辑功能要求，接_____或接_____端。

5. 总结对比 TTL 集成电路与 CMOS 集成电路。完成表 3-8。

表 3-8　对比 TTL 集成电路与 CMOS 集成电路

项　目	TTL 集成电路	CMOS 集成电路
内部器件		
使用电源		
多余端处理		
型号编号		

记一记

复合逻辑门电路的符号、真值表、表达式和逻辑功能。完成表 3-9。

表 3-9　复合逻辑门电路的符号、真值表、表达式和逻辑功能

逻辑电路	逻辑符号	真值表	逻辑表达式	逻辑功能
与非门				
或非门				
与或非门				
异或门				

画一画

1. 与非门的两个输入端中，A、B 的波形如图 3-9 所示，试画出输出波形 Y。

2. 或非门的两个输入端中，A、B 的波形如图 3-10 所示，试画出输出波形 Y。

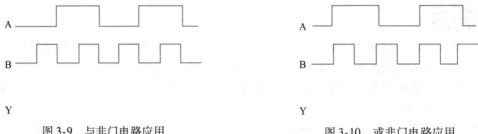

图 3-9　与非门电路应用　　　　　　　　图 3-10　或非门电路应用

3. 图 3-11 所示为与非门集成电路 74LS00 实现 $Y = \overline{AB} + \overline{CD}$，使用 5V 的稳压电源，试画出集成电路引脚的接线图。

二、实施步骤

1. 与非逻辑门电路功能测试

74LS00 集成电路内含有 4 个 2 输入与非门，操作方法如下：

（1）将 74LS00 插在电子实验箱 IC 插座上。

（2）接好电源，即用导线将其 14 脚与电源 +5V 相接，7 脚与"⊥（GND）"相接。

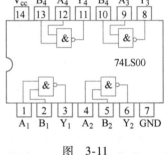

图　3-11

（3）用导线将与非门输入端与数字开关相接，输出端接发光二极管，分别测试 4 个与非门的逻辑功能，并判断其门电路的好坏。将测试结果填入表 3-10 中。

表 3-10　74LS00 逻辑功能测试结果

G1 门			G2 门			G3 门			G4 门		
A_1	B_1	Y_1	A_2	B_2	Y_2	A_3	B_3	Y_3	A_4	B_4	Y_4
好坏判断			好坏判断			好坏判断			好坏判断		

2. 或非逻辑门电路功能测试

74LS02 集成电路内含有 4 个 2 输入或非门，操作方法如下：

（1）将 74LS02 插在电子实验箱 IC 插座上。

（2）接好电源，即用导线将其 14 脚与电源 +5V 相接，7 脚与"⊥（GND）"相接。

（3）用导线将或非门输入端与数据电平开关相接，输出端接发光二极管，分别测试 4 个或非门的逻辑功能，并判断其门电路的好坏。将测试结果填入表 3-11 中。

表 3-11　74LS02 逻辑功能测试结果

G1 门			G2 门			G3 门			G4 门		
A_1	B_1	Y_1	A_2	B_2	Y_2	A_3	B_3	Y_3	A_4	B_4	Y_4
好坏判断			好坏判断			好坏判断			好坏判断		

3. 异或逻辑门电路功能测试

74LS86 集成电路内含有 4 个 2 输入异或门，操作方法如下：

（1）将 74LS86 插在电子实验箱 IC 插座上。

（2）接好电源，即用导线将其 14 脚与电源 +5V 相接，7 脚与"⊥（GND）"相接。

（3）用导线将异或门输入端与数据电平开关相接，输出端接发光二极管，分别测试 4 个异或门的逻辑功能，并判断其门电路的好坏。将测试结果填入表 3-12 中。

表 3-12　74LS86 逻辑功能测试结果

G1 门			G2 门			G3 门			G4 门		
A_1	B_1	Y_1	A_2	B_2	Y_2	A_3	B_3	Y_3	A_4	B_4	Y_4
好坏判断			好坏判断			好坏判断			好坏判断		

4. 归纳巩固

74LS00 是_____门，功能是_____。

74LS02 是_____门，功能是_____。

74LS86 是_____门，功能是_____。

三、评价

评价表见表 3-13。

表 3-13　识别检测复合门电路评价表

序号	项目	分值	评价标准	得分
1	集成电路的识别	30	正确识读集成电路型号每只 3 分,正确识别集成电路引脚功能每只 6 分,表格记录正确完整 3 分	
2	集成电路的测试	50	电源接法正确每只 4 分,接线正确每只 6 分,输入/输出电平测量准确每只 6 分,表格记录正确完整 2 分	
3	安全、规范操作	15	安全、规范操作 5 分,器件丢失或损坏扣 5～10 分	
4	5S 现场管理	5	整理、整顿、清扫、清洁、素养各 1 分	
	总分			

班级_____　　姓名_____　　同组人_____　　时间：　　年　　月　日

拓展一　逻辑代数基础

写一写

1. 0，1 律　　$A \cdot 0 =$ _____　　　　$A + 1 =$ _____

2. 自等律　　$A \cdot 1 =$ _____　　　　$A + 0 =$ _____

3. 重叠律　　$A \cdot A =$ _____　　　　$A + A =$ _____

4. 互补律　　$A \cdot \overline{A} =$ _____　　　　$A + \overline{A} =$ _____

5. 还原律　　$\overline{\overline{A}} =$ _____

6. 交换律　　$A \cdot B =$ _____　　　　　　$A + B =$ _____

7. 结合律　　$A \cdot (B \cdot C) =$ _____　　　$A + (B + C) =$ _____

8. 分配律　　$A \cdot (B + C) =$ _____　　　$A + B \cdot C =$ _____

9. 吸收律　　$(A + B)(A + \overline{B}) =$ _____　　$A + B + A \cdot \overline{B} =$ _____

10. 反演律　　$\overline{A + B} =$ _____　　　　$\overline{A \cdot B} =$ _____

拓展二　逻辑函数化简

写一写

1. 公式 1　　$AB + A\overline{B} =$ _____

2. 公式 2　　$A + AB =$ _____

3. 公式 3　　$A + \overline{A}B =$ _____

4. 公式 4　　$AB + \overline{A}C + BC =$ _____

练一练

化简下列逻辑函数。

1. $Y = ABC + \overline{A}BC$

2. $Y = A\overline{B} + A\overline{B}C(D + E)$

3. $Y = AB + \overline{A}C + \overline{B}C$

4. $Y = ABC + \overline{A}C + BCD$

5. $Y = \overline{\overline{AB} + \overline{A}C}$

6. $Y = \overline{A}\,\overline{B}\,\overline{C} + \overline{A}\,\overline{B}\,C + \overline{A}\,B\,\overline{C} + \overline{A}B\,C$

任务二　识读数字钟电路图

活动一　认识译码器

一、工作准备

写一写

1. 组合逻辑电路是由_____门、_____门、_____门、_____门等几种逻辑电路组合而成的，它的特点是：输出状态仅取决于该时刻的_____信号，与_____无关，无_____功能。

2. 组合逻辑电路的分析步骤：（1）由逻辑电路图写出_____；（2）_____；（3）列出_____；（4）分析_____。

3. 组合逻辑电路的设计方法和步骤为：（1）根据实际问题的逻辑功能，列出_____；（2）写出_____；（3）化简逻辑函数表达式；（4）然后根据表达式_____。

4. 译码是_____的逆过程，其功能是把_____翻译成相应的_____。

5. 译码器类型有_____和_____两大类，通用译码器又分为_____和_____。

6. _____是将二进制码按其原意翻译成相应输出信号的电路。

7. _____是将 BCD 码翻译成对应的 10 个十进制输出信号的电路，有_____个输入端，_____个输出端。74LS142 集成电路为_____译码器。

8. n 个输入端的二进制译码器，共有_____个输出端。对于每一组输入代码，有_____个输出端输出有效电平。74LS138 集成电路是_____线-_____线译码器。

9. 显示译码器的功能是将输入的_____译成能用于显示器件_____的信号，并驱动显示器显示数字。

10. 常用有数码显示器件有_____、_____和_____等。

11. 显示译码器主要由_____、_____和_____三部分组成。

12. 半导体数码管通常是由_____个发光二极管排列而成。

画一画

画出体现以下逻辑表达式的逻辑电路图。

（1）$Y = (A + B) \cdot \overline{AB}$　　　　　　　　　　（2）$Y = AB + AC$

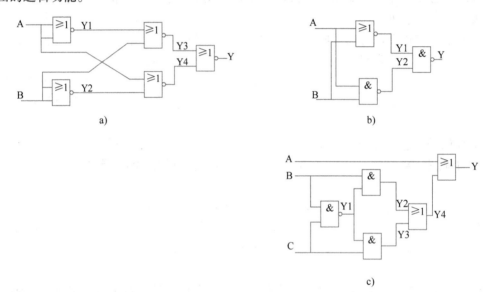

做一做

1. 设计一个举重表决器。设举重比赛有一个主裁判和两个副裁判。只有当两个以上的裁判（其中必须有主裁判）判明成功时，表示"成功"的灯才亮。试用与非门构成该举重表决器。提示：A 代表主裁判，B、C 为副裁判。

2. 根据图 3-12 所示各电路，分别写出相应的逻辑表达式，并分析图 3-12a、b 所示电路图的逻辑功能。

a)

b)

c)

图 3-12

3. 列出下列逻辑函数的真值表。

（1）$Y = \overline{A + B}$ （2）$Y = AB + \overline{AB}$

4. 由表 3-14 给出的真值表，试写出它的逻辑函数表达式。

表 3-14　真值表

A B	Y
0 0	1
0 1	0
1 0	0
1 1	1

5. 写出驱动共阳极数码管的七段显示译码器真值表，填入表 3-15。

表 3-15 七段显示译码器输入/输出真值表

A_3 A_2 A_1 A_0	a b c d e f g	显示数字

二、实施步骤

1. 识别并检测七段数码管

在电子实验箱中设置了七段数码管，操作方法如下：

（1）用$\overline{LT}$端试灯，将此端接 0，各字段全亮，说明数码管是完好的。

（2）将$\overline{LT}$接"1"，按表 3-16 测试译码器的功能，A_1、B_1、C_1、D_1 分别接至逻辑电平开关，观察数码管的字形，填入表 3-16。

表 3-16

输 入				输出字形
D_1	C_1	B_1	A_1	
0	0	0	0	
0	0	0	1	
0	0	1	0	
0	0	1	1	
0	1	0	0	
0	1	0	0	
0	1	1	0	
0	1	1	1	
1	0	0	0	
1	0	0	1	

2. 检测七段显示译码器功能

在电子实验箱中设置了七段显示译码器，操作方法：将 a、b、c、d、e、f、g 分别接至数字开关，扳动数字开关观察显示数码管的字形，填入表 3-17。

表 3-17

输入		输出字形
a b c d e f g		

三、评价

评价表见表3-18。

表3-18 译码器识别评价表

序号	项　目	分值	评价标准	得分
1	七段数码管的识别	20	正确识读七段数码管各段共15分,表格记录正确完整5分	
2	电路连接	35	接线正确30分,表格记录正确完整5分	
3	七段显示译码器功能测试	25	功能正确实现10分,验证方法正确10分,表格记录正确完整5分	
4	安全、规范操作	10	整理到位5分,安全、规范操作5分	
5	学习态度	10	积极主动学习5分,记录填写工整5分	
	总分			

班级_____　姓名_____　同组人_____　时间：　　年　　月　　日

活动二　认识触发器

一、工作准备

写一写

1. 触发器是具有_____和_____功能的逻辑部件。一个触发器可以记忆_____位二进制数。触发器具有_____稳态,分别是_____态和_____态。

2. 根据时钟脉冲触发方式的不同,触发器可分为_____、_____、_____和_____四种类型。

3. RS 触发器从结构上讲,可分为没有时钟脉冲输入的_____触发器和有时钟脉冲输入端的_____触发器。

4. 基本 RS 触发器的 $\overline{R}$ 称为_____, $\overline{S}$ 称为_____。基本 RS 触发器具有_____、_____和_____功能,使用时不允许 $\overline{R}$、$\overline{S}$ 同时输入_____。

5. 同步 RS 触发器是在基本 RS 触发器的基础上增加_____构成的,与基本 RS 触发器输入端的主要不同为:_____的输入不受 CP 脉冲的控制;而_____的输入受 CP 脉冲的控制,且在 CP 为_____时,R、S 输入_____有效。其输入端R称为_____端,输入端 $\overline{S}$ 称为_____端。

6. 同步式触发器的状态会随其输入信号的改变而多次翻转,这种现象称为_____。为防止这种现象的发生,可采用_____触发器和_____触发器。

7. 上升沿触发器是在_____时根据输入信号翻转。在一个时钟周期内,上升沿触发器能触发_____次。

8. 下降沿触发器是在_____时根据输入信号翻转。在一个时钟周期内,下降沿触发器能触发_____次。

9. JK 触发器可避免 RS 触发器的_____状态出现。与 RS 触发器比较,JK 触发器增加了_____功能。

10. JK 触发器的$\overline{R_D}$端的功能是_____，$\overline{S_D}$端的功能是_____。

11. JK 触发器要异步置0，只要使$\overline{R_D}$ = _____、$\overline{S_D}$ = _____，而与_____和_____无关。

12. JK 触发器具有_____、_____、_____、_____功能。

13. D 触发器具有_____和_____功能。

14. D 触发器要异步置1，只要使$\overline{R_D}$ = _____、$\overline{S_D}$ = _____。

画一画

1. 画出基本 RS 触发器和同步 RS 触发器的符号。

2. 基本 RS 触发器初始处于0状态，已知输入信号$\overline{R}$、$\overline{S}$的波形如图3-13所示，请画出输出 Q 的波形。

3. 同步 RS 触发器初始处于0状态，已知时钟脉冲 CP 和输入信号 S、R 的波形如图3-14所示，请画出输出 Q 的波形。

图 3-13　　　　　　　　　　　图 3-14

4. 在图3-15中，已知 CP、R、S 的波形，试画出同步 RS 触发器、上升沿 RS 触发器、下降沿 RS 触发器的输出端 Q 的波形（初态 Q = 0）。

5. 某 JK 触发器的初态 Q = 0，CP 的上升沿触发，试根据图3-16所示的 CP、J、K 的波形，画出 Q 的波形图。

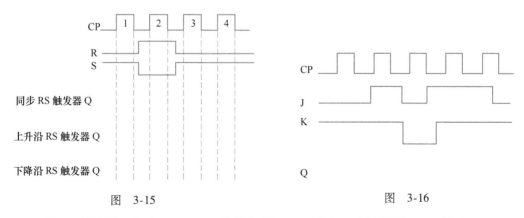

图 3-15　　　　　　　　　　　图 3-16

6. 某 JK 触发器的初态 Q = 0，其符号如图3-17所示，试根据图3-17所示 CP、J、K 的波形，画出 Q 的波形图。

7. 某 D 触发器的初态 Q = 0，CP 的下降沿触发，试根据图3-18所示的 CP、D 的波形，画出 Q 的波形图。

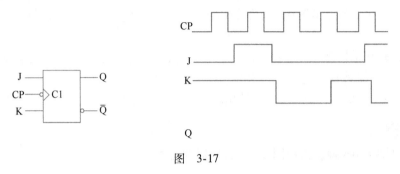

图 3-17

8. 某 D 触发器的初态 Q = 0，其符号如图 3-19 所示，试根据图 3-19 所示 CP、D 的波形，画出 Q 的波形图。

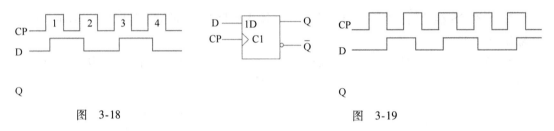

图 3-18   图 3-19

二、实施步骤

1. 识别集成触发器

（1）识别集成 JK 触发器 74LS76 引脚   实际应用中，JK 触发器大多采用集成电路，常用的 JK 触发器型号有 74LS76、74LS70、74LS73、74H71、74H72、CC4027 等。图 3-20 所示为双 JK 触发器 74LS76 引脚排列图。

（2）识别集成 D 触发器 74LS74 引脚   D 触发器有 TTL 和 CMOS 两大类，常用的 TTL 型双 D 触发器 74LS74 引脚排列如图 3-21 所示。

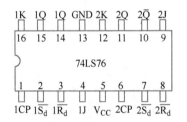

图 3-20   74LS76 内部结构和引脚排列图

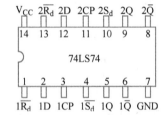

图 3-21   74LS74 内部结构和引脚排列图

2. 测试集成触发器功能

（1）测试集成 JK 触发器 74LS76 功能   操作方法：74LS76 中含有两个 JK 触发器，要分别对其进行功能测试。将 74LS76 插入电子实验箱上的 IC 插座上，连接电源，即 5 脚接 +5V，13 脚接 "⊥"。

1）$\overline{R_D}$、$\overline{S_D}$ 功能测试。将 $\overline{R_D}$、$\overline{S_D}$、J、K 端接逻辑电平开关，CP 端接单次脉冲，输出 Q 端接逻辑电平显示器，完成表 3-19。

表 3-19　异步置 0、1 功能测试

输　　　入					输出	功能说明
$\overline{R_D}$	$\overline{S_D}$	J	K	CP	Q	
0	1	×	×	×		
1	0	×	×	×		

从测试结果得出：将 JK 触发器异步置 0 的方法是＿＿＿＿＿＿＿＿＿＿＿＿＿＿＿＿，
异步置 1 的方法是＿＿＿＿＿＿＿＿＿＿＿＿＿＿＿＿＿＿＿＿。

2）JK 触发器功能测试。将 J、K 端和 $\overline{R_D}$、$\overline{S_D}$ 端，分别接至逻辑电平开关，CP 端接单次脉冲，Q 和 $\overline{Q}$ 分别接逻辑电平显示器。设置 JK 触发器初态为 0。设置 $\overline{R_D}$、$\overline{S_D}$ 端和 CP 的状态，记录输出状态 Q^{n+1}（Q^n 为现态，Q^{n+1} 为次态），填入表 3-20。

表 3-20　JK 触发器功能测试表

输　　　入			输出
J	K	CP	Q^{n+1}
0	0	↓	
0	1	↓	
1	0	↓	
1	1	↓	

（2）测试集成 D 触发器 74LS74 功能　操作方法：74LS74 中含有两个 D 触发器，要分别对其进行功能测试。将 74LS74 插入电子实验箱上的 IC 插座上，接好电源，即 14 脚接 +5V，7 脚接 "⊥"。

1）$\overline{R_D}$、$\overline{S_D}$ 功能测试。将 $\overline{R_D}$、$\overline{S_D}$、D 端接逻辑电平开关，CP 端接单次脉冲，输出 Q 端接逻辑电平显示器。完成表 3-21。

表 3-21　异步置 0、1 功能测试

输　　　入				输出	功能说明
$\overline{R_D}$	$\overline{S_D}$	D	CP	Q	
0	1	×	×		
1	0	×	×		

由测试结果可知：将 D 触发器异步置 0 的方法是＿＿＿＿＿＿＿＿＿＿＿＿＿＿＿＿，
异步置 1 的方法是＿＿＿＿＿＿＿＿＿＿＿＿＿＿＿＿＿＿＿＿。

2）D 触发器功能测试。将输入端 D 和 $\overline{R_D}$、$\overline{S_D}$ 端分别接至逻辑电平开关，CP 端接单次脉冲，Q 和 $\overline{Q}$ 分别接至逻辑电平显示器。设置 D 触发器的初态为 0，设置 $\overline{R_D}$、$\overline{S_D}$、D 端和 CP 的状态，完成表 3-22。

表 3-22　D 触发器功能测试

各　控　制　端		输出
D	CP	Q^{n+1}
0	↑	
1	↑	

三、评价

评价表见表3-23。

表3-23 触发器识别评价表

序号	项目	分值	评价标准	得分
1	集成触发器的识别	15	正确识读集成触发器型号每只2分,正确识别集成触发器引脚功能每只3分,表格记录正确完整5分	
2	电路安装	30	电源接法正确2分,接线正确每处2分,表格记录正确完整5分	
3	触发器功能测试	35	每个触发器逻辑功能正确实现10分,验证方法正确10分,表格记录正确完整5分	
4	安全、规范操作	10	整理到位5分,安全、规范操作5分	
5	学习态度	10	积极主动学习5分,表格填写工整5分	
	总分			

班级＿＿＿＿＿＿ 姓名＿＿＿＿＿＿ 同组人＿＿＿＿＿＿＿＿＿ 时间: 年 月 日

活动三 识读绘制计数器

一、工作准备

写一写

1. 能＿＿＿＿＿＿＿＿＿＿＿＿＿＿＿＿＿＿＿的电路称为计数器。

2. 计数器的分类:

（1）按进制分为＿＿＿＿＿＿＿＿＿＿＿＿＿＿＿＿＿＿＿＿＿；

（2）按计数过程中数值的增减分为＿＿＿＿＿＿＿＿＿＿＿＿＿＿＿＿＿＿＿；

（3）按状态转换时刻分为＿＿＿＿＿＿＿＿＿＿＿＿＿＿＿＿＿＿＿。

3. 构成计数器的基本单元是＿＿＿＿＿＿＿＿＿＿＿＿。

4. 异步计数器在计数时,其JK触发器的J、K端都接＿＿＿＿＿＿＿电平。

5. 由两个触发器最高组成＿＿＿＿＿＿＿进制计数器,三个触发器最高组成＿＿＿＿＿＿＿进制计数器,四个触发器最高组成＿＿＿＿＿＿＿进制计数器。

6. 异步二进制计数器的特点是＿＿＿＿＿＿＿＿＿＿且连接规律易于掌握;由于各级触发器的翻转是逐级进行的,因此工作速度＿＿＿＿＿＿＿＿＿。

7. 集成计数器的型号有多种,如74LS90、74LS160、74LS161等。其中74LS160是＿＿＿＿＿＿步十进制＿＿＿＿＿＿法计数器。

8. 集成计数器74LS160可以利用＿＿＿＿＿＿＿端或＿＿＿＿＿＿＿端改变计数周期,实现10以内任意进制的计数。

9. 利用置数控制端改变计数周期的条件是:置数输入 $D_0 \sim D_3$ 端全部接＿＿＿＿＿＿＿＿,计数控制端 CT_T、CT_P 接＿＿＿＿＿＿＿,清零端$\overline{CR}$接＿＿＿＿＿＿＿。

做一做

1. 写出减法计数器的状态表。

2. 集成计数器 74LS160 利用置数控制端构成的计数器如图 3-22 所示，它是_____进制计数器。写出计数状态表。

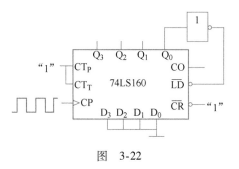

图　3-22

3. 利用置数控制端实现集成计数器 74LS160 不同进制计数。画出连线图、写出计数状态表。

（1）四进制

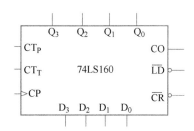

（2）五进制

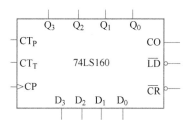

（3）六进制

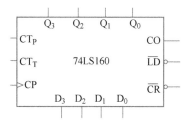

（4）八进制

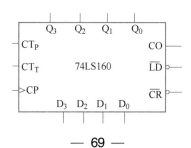

（5）九进制

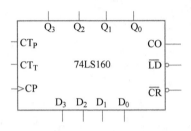

二、实施步骤

1. 识读测试集成计数器

（1）识读集成计数器74LS160引脚，集成计数器74LS160引脚排列如图3-23所示，在图中标注连线方法。

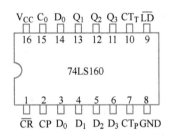

图3-23　74LS160引脚排列图

（2）测试集成计数器74LS160功能，完成表3-24。

操作方法：将集成计数器74LS160缺口向左正确插入电子实验箱IC插座，按图3-22连线，检查无误后通电测试，写出计数状态表3-24。

表3-24　十进制计数状态表

CP	Q_3 Q_2 Q_1 Q_0	显示数字

2. 用74LS160构成五进制计数器并测试

（1）在图3-24中画出连线图。

（2）按图3-24连线并测试，写出计数状态，填入表3-25。

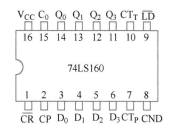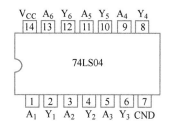

图 3-24

表 3-25　五进制计数状态表

CP	Q_3 Q_2 Q_1 Q_0	显示数字

3. 用 74LS160 构成七进制计数器并测试

（1）在图 3-25 中画出连线图。

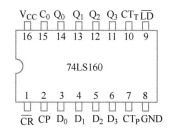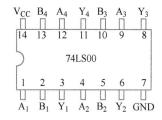

图 3-25

（2）按图 3-25 连线并测试，写出计数状态，填入表 3-26。

表 3-26　七进制计数状态表

CP	Q_3 Q_2 Q_1 Q_0	显示数字

4. 用 74LS160 构成八进制计数器并测试

（1）在图 3-26 中画出连线图。

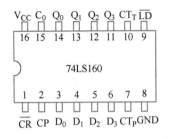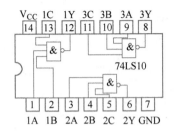

图 3-26

（2）按图 3-26 连线并测试，写出计数状态，填入表 3-27。

表 3-27　八进制计数状态表

CP	Q_3 Q_2 Q_1 Q_0	显示数字

三、评价

评价表见表 3-28。

表 3-28　计数器连接评价表

序号	项目		分值	评价标准	得分
1	十进制	电路连线	8	连线正确 4 分,画图整齐 4 分	
		实际导线连接	8	导线连接正确、规范 8 分	
		测试结果	4	结果正确 4 分	
2	五进制	电路连线	8	连线正确 4 分,画图整齐 4 分	
		实际导线连接	8	导线连接正确、规范 8 分	
		测试结果	4	结果正确 4 分	
3	七进制	电路连线	8	连线正确 4 分,画图整齐 4 分	
		实际导线连接	8	导线连接正确、规范 8 分	
		测试结果	4	结果正确 4 分	
4	八进制	电路连线	8	连线正确 4 分,画图整齐 4 分	
		实际导线连接	8	导线连接正确、规范 8 分	
		测试结果	4	结果正确 4 分	
5	安全、规范操作		15	整理到位 5 分,集成电路插接正确 5 分,元器件、导线无损 5 分	
6	5S 现场管理		5	整理、整顿、清扫、清洁、素养各 1 分	
	总分				

班级＿＿＿＿＿＿　姓名＿＿＿＿＿　同组人＿＿＿＿＿＿＿　时间：　　年　　月　　日

拓展一　编码器

写一写

1. 编码器的主要类型有＿＿＿＿＿＿＿＿、＿＿＿＿＿＿＿＿、优先编码器。

2. 能够将各种输入信息编成二进制代码的电路称为＿＿＿＿＿＿＿＿＿＿＿＿＿。

3. 2 位二进制编码器有＿＿＿＿＿个输入端,有＿＿＿＿＿个输出端。

4. 将十进制数 0～9 的 10 个数字编成二进制代码的电路,称为＿＿＿＿＿＿＿＿＿。

拓展二　寄存器

写一写

1. 寄存器是常用的＿＿＿＿＿＿电路。由＿＿＿＿＿＿和＿＿＿＿＿＿组成,是具有＿＿＿＿＿＿功能的逻辑电路。

2. 一个触发器可以存储＿＿＿＿＿＿位＿＿＿＿＿＿,存储 n 位二进制数码需要 n 个＿＿＿＿＿＿＿＿＿。

3. 寄存器按数码接收的方式分为＿＿＿＿＿＿＿＿式和＿＿＿＿＿＿＿＿式两种。

4. 寄存器按功能分为＿＿＿＿＿寄存器和＿＿＿＿＿寄存器。

5. 移位寄存器除了具有寄存数码的功能外,还具有将数码在寄存器中＿＿＿＿＿或＿＿＿＿＿移位的功能。TTL 集成电路 74LS194 是＿＿＿＿＿位＿＿＿＿＿向集成移位寄存器。

任务三　组装调试数字钟

活动一　组装数字钟

一、工作准备

写一写

1. 在 DS-2042 型数码显示电子钟里,CD4060 内部包含＿＿＿＿＿位二分频器和＿＿＿＿＿个振荡器,电路简洁,30720Hz 的信号经分频后,得到＿＿＿＿＿Hz 的信号送到 LM8560 的 25 脚,经＿＿＿＿＿、＿＿＿＿＿驱动显示屏内的各段笔画分两组轮流点亮。

2. LM8560(IC1)是 50/60Hz 的时基 24h 专用数字钟集成电路,有＿＿＿＿＿只引脚,1～14 脚是显示笔画输出,＿＿＿＿＿脚为正电源端,＿＿＿＿＿脚为负电源端,＿＿＿＿＿脚是内部振荡器 RC 输入端,＿＿＿＿＿脚为报警输出。

3. DS-2042 型数码显示电子钟存在 5 个微动开关,分别是 S4、S3、K1-1、S2、S1。＿＿＿＿＿调小时,S2 调分钟,＿＿＿＿＿调时钟,＿＿＿＿＿调定时,K1-1 为定时报警开关(退闹铃开关)。

4. 闹时电路主要由 LM8560＿＿＿＿＿脚输出音频信号,由＿＿＿＿＿驱动蜂鸣器 BL 鸣叫。当调好定时间后,并按下开关＿＿＿＿＿(白色钮),显示屏右下方有绿点指示,到定时时间有驱动信号经 R3 使＿＿＿＿＿工作,即可定时报警输出。

5. _____为降压变压器,经桥式整流_____及滤波_____后得到直流电,供主电路和显示屏工作。当交流电源停电时,备用电池通过_____向电路供电。

画一画

画出数字钟电路原理图。

议一议

分析数字钟的整机装配流程,填表 3-29 写出安装顺序。

表 3-29　安装顺序

顺序	安装元器件名称

二、实施步骤

1. 对照材料配套清单认真清点、检测元器件,并填写表 3-30。

表 3-30　元器件清单

序号	名称	名称规格	数量	位号	好　坏	
1	二极管	1N4001	9	VD1～VD9	好 □	坏 □
2	晶体管	9013	2	VT3、VT4	好 □	坏 □
3	晶体管	9012	1	VT2	好 □	坏 □
4	晶体管	8050	1	VT1	好 □	坏 □
5	蜂鸣器	Φ12×9mm	1	BL	好 □	坏 □
6	电源变压器	220V/9V/2W	1		好 □	坏 □
7	电阻	1kΩ	1	R7	好 □	坏 □
8	电阻	6.8kΩ	3	R4、R5、R6	好 □	坏 □
9	电阻	10kΩ	1	R3	好 □	坏 □
10	电阻	120kΩ	1	R1	好 □	坏 □
11	电阻	1MΩ	1	R2	好 □	坏 □
12	瓷片电容	20pF	1	C2	好 □	坏 □
13	瓷片电容	103pF	1	C1	好 □	坏 □
14	电解电容	220μF	1	C3	好 □	坏 □
15	电解电容	1000μF	1	C4	好 □	坏 □
16	轻触开关	6×6×17	4	S1～S4	好 □	坏 □
17	自锁开关	7×7	1	K1-1	好 □	坏 □
18	扁插头	1.2m	1		好 □	坏 □
19	排线	8cm×18芯	1		好 □	坏 □

2. 按装配图及规定顺序要求进行装配，填写安装顺序及焊接要点，填入表 3-31。

表 3-31　安装顺序及焊接要点

顺序	元器件	焊接方式（要点）

三、评价

评价表见表 3-32。

表 3-32　组装数字钟评价表

序号	项目	分值	评价标准	得分
1	电阻焊接	14	要求引脚处理、位置正确、钎料量合适、焊接准时完成、焊点圆锥状、焊点光亮、无毛刺、无气孔、助焊剂残留、高度合适、极性正确、接插件牢固	
2	电解电容、瓷片电容焊接	8		
3	整流二极管焊接	36		
4	晶体管焊接	20	高度不合适、有气孔、有毛刺、焊点不光亮、钎料多、摆放歪斜、剪脚过长，一处扣0.5分	
5	跨接线、轻触开关焊接	10	极性错误、漏焊、虚焊、假焊、搭焊、接插件不牢固，一处扣1分	
6	蜂鸣器焊接	4		
7	集成插座焊接	20	错装一处扣2分	
8	晶振焊接	2		

序号	项目	分值	评价标准	得分
9	电池正负极片焊接	10	走线合理、位置合适、热缩管安装美观、连接可靠。接线不牢固、不美观、位置不合适均扣1分	
10	显示屏与电路板焊接	36		
11	220V电源线的焊装	10		
12	安全、规范操作	10	安全意识5分,规范操作5分	
13	5S现场管理	10	整理、整顿、清扫、清洁、素养各2分	
14	学习态度	10	积极主动5分,按时完成5分	
	总分			

班级_____　　姓名_____　　同组人_____　　时间：　年　月　日

活动二　调试数字钟

一、工作准备

写一写

1. 数字钟电路板焊接完成后要进行调试，通电调试之前，首先应认真对照_____、_____，检查有无_____、_____，特别是观察电路板上有无_____现象发生，如有故障要一一排除。通电后，数字钟显示屏出现_____说明电路正常。

2. 数字钟有4个轻触开关，分别是_____、_____、_____和_____，一个自锁开关_____。

3. 按下_____键和_____键，这时显示屏上时钟不断从_____变化，松开任一开关应_____，将时钟调到指定时间，松开轻触开关。

4. 按下_____键和_____键，这时显示屏上分钟数不断从_____变化，松开任一开关应_____，将分钟调到指定时间，松开轻触开关。

5. 将闹时时钟调到指定时间，需按下_____键和_____键，调整到指定时间松开轻触开关。

6. 将闹时分钟调到指定时间，需按下_____键和_____键，调整到指定时间松开轻触开关。

二、实施步骤

用万用表检测主要部位电压，对输出的4个测量点分别测试，看是否满足电路的技术指标，测试数据填入表3-33中。

表　3-33

测量点	测量电压	
	参考值/V	测试值
变压器二次侧两端电压 u_2	9	
电容 C_4 两端电压 U_{C4}	6.7	
电容 C_3 两端电压 U_{C3}	6	
电池极片两端电压	6	

三、评价

评价表见表 3-34。

表 3-34　调试数字钟评价表

序号	项目	分值	评价标准	得分
1	显示屏字段	20	通电后正常全部亮	
2	时间调试	10	时钟、分钟均能调试到指定时间	
3	闹时调试	10	闹时时钟、分钟均能调到指定时间	
4	电池接力	10	维持晶振和计数电路继续工作,只是显示屏没有显示,来电后不需对表正常工作	
5	调试方法掌握情况	20	能自行调试,掌握了基本调试方法	
6	安全、规范操作	10	安全意识5分,规范操作5分	
7	5S 现场管理	10	整理、整顿、清扫、清洁、素养各2分	
8	学习态度	10	积极主动5分,按时完成5分	
	总分			

任务四　验收数字钟

活动　产品验收

一、实施步骤

1. 编写数字钟项目制作报告。

2. 产品验收。

表 3-35　产品验收表

序号	产品验收内容	产品验收要求	产品验收情况
1	产品外观检查	外观封装严密无污迹	
2	时间基本功能	时间显示正确可调	
3	闹时功能检查	闹时功能正确可调	

二、任务评价

表 3-36 产品验收评价表

序号	项目		分值	评分标准	得分
1	项目制作报告	内容全面，说明到位	50	欠缺一项主要内容扣5分,描述不清视情况扣1~5分	
2	产品验收	外观封装严密无污迹	15	外观标示3分,外壳封装严整3分,电源正负极板3分,电源线3分,外观干净整洁无污迹3分	
		时间显示正确可调	20	通电电路工作正常10分,调时功能合格5分,调分功能合格5分	
		闹时功能正确可调	5	闹时功能正常可调5分	
3	安全操作、5S现场管理	爱护设备及工具,安全文明操作,成本及环保意识	10	保持工作环境清洁;未做到5S管理视情况扣1~3分,未执行安全操作视情况扣1~5分	
	总分				

班级_____ 姓名_____ 同组人_____ 时间： 年 月 日